线性代数

主　编　李秀丽
副主编　张新丽　苏鸿雁
参　编　韩银环　周红燕　陈利利

机械工业出版社

本书是一本高等学校非数学专业的线性代数教材. 全书共 6 章，内容包括行列式、矩阵、向量与向量空间、线性方程组、相似矩阵和二次型. 本书力求从促进学生思考的角度进行编写，设计了问题导读、例题补全、思维引导、MATLAB 应用和数学家介绍等环节，在重点、难点和典型例题处提供了微视频讲解. 各章选配了适量习题，以基础题、提升题和拓展题的形式分层设计，书后附有部分习题答案与提示.

本书可作为高等学校工科、农医、经管等专业的线性代数课程的教材，也可作为自学参考书.

图书在版编目（CIP）数据

线性代数/李秀丽主编. —北京：机械工业出版社，2023.2
ISBN 978-7-111-72290-8

Ⅰ.①线… Ⅱ.①李… Ⅲ.①线性代数-高等学校-教材
Ⅳ.①O151.2

中国版本图书馆 CIP 数据核字（2022）第 252571 号

机械工业出版社（北京市百万庄大街 22 号 邮政编码 100037）
策划编辑：韩效杰　　责任编辑：韩效杰　李　乐
责任校对：陈　越　王明欣　　封面设计：王　旭
责任印制：任维东
北京中兴印刷有限公司印刷
2023 年 5 月第 1 版第 1 次印刷
184mm×260mm · 12.75 印张 · 306 千字
标准书号：ISBN 978-7-111-72290-8
定价：39.80 元

电话服务　　网络服务
客服电话：010-88361066　机　工　官　网：www.cmpbook.com
010-88379833　机　工　官　博：weibo.com/cmp1952
010-68326294　金　书　网：www.golden-book.com
封底无防伪标均为盗版　机工教育服务网：www.cmpedu.com

前　言

线性代数是从解线性方程组和讨论二次方程的图形等问题发展起来的一门数学学科. 线性代数主要介绍代数学中线性关系的经典理论，它的基本概念、理论和方法具有较强的逻辑性和抽象性. 随着“以学生为中心”教育理念的实践，编者致力于出版一本面向学生的线性代数教材，并申请了学校的新形态教材立项. 2021 年 7 月编者有幸在哈尔滨的教学会议中结识了机械工业出版社的韩效杰老师，不谋而合，他也在思考教材如何面向学生的问题. 在韩老师的鼓励和引导下，编者对本书的编写萌发了新的思路，实为此次会议的特别收获.

全书共分为 6 章，包括行列式、矩阵、向量与向量空间、线性方程组、相似矩阵和二次型等内容. 本书具有以下特点：①力求启发学生思考，设计了问题导读、例题补全、思维引导等环节，通过应用案例和 MATLAB 实践激发学生的学习兴趣，拓宽知识面，强化科学意识；②注重理论知识应用的示范性和多样性，在重点、难点和典型例题处提供了微视频讲解，帮助学生理解和复习，也为教师开展线上线下混合式教学提供了资源和素材；③每章配备适量的习题，以基础题、提升题和拓展题的形式分层设计，并附有部分习题答案与提示，以适应学生的个性化需求；④通过相关数学史、数学家事迹和案例分析，展示中国智慧、哲学思想、科学精神和数学之美，把价值引领要素及思维方式的培养融合在线性代数所包含的丰富学术逻辑中.

本书章节基本内容由李秀丽执笔；前三章的学习任务由李秀丽和苏鸿雁设计，后三章的学习任务由张新丽和陈利利设计；各章的视频分别由李秀丽、张新丽、苏鸿雁、韩银环、周红燕和陈利利录制；MATLAB 操作演示视频由张新录制；第 1、3、5 章的习题由周红燕选配，第 2、4、6 章的习题由韩银环选配. 全书由李秀丽审稿并定稿，高俊杰、陈晨和张艳对书稿进行了修订校对.

在编写过程中，编者参考了众多教材和辅导书，在此谨向作者表示衷心的感谢. 感谢杨树国教授和王明辉教授给予的大力支持. 对各位领导、同仁的关心和支持，在此一并深表感谢.

由于编者时间和水平有限，书中不妥之处在所难免，敬请读者批评指正.

编者

目　录

前言
第 1 章　行列式 ······ 1
1.1　行列式的定义 ······ 1
1.2　行列式的性质及其应用 ······ 7
1.3　行列式按行（列）展开 ······ 14
1.4　克莱姆法则 ······ 21
1.5　用 MATLAB 计算行列式 ······ 25
1.6　应用案例 ······ 26
第 1 章思维导图 ······ 28
总习题一 ······ 29
第 2 章　矩阵 ······ 32
2.1　矩阵及其运算 ······ 32
2.2　逆矩阵 ······ 41
2.3　矩阵的初等变换 ······ 46
2.4　矩阵的秩 ······ 54
2.5　分块矩阵 ······ 59
2.6　用 MATLAB 进行矩阵运算 ······ 65
2.7　应用案例 ······ 68
第 2 章思维导图 ······ 72
总习题二 ······ 73
第 3 章　向量与向量空间 ······ 76
3.1　向量与向量组及线性表示 ······ 76
3.2　向量组的线性相关性 ······ 80
3.3　极大线性无关组和秩 ······ 88
3.4　向量空间 ······ 92
3.5　用 MATLAB 求解向量问题 ······ 95
3.6　应用案例 ······ 96
第 3 章思维导图 ······ 100
总习题三 ······ 101
第 4 章　线性方程组 ······ 103
4.1　线性方程组的概念及判定方法 ······ 103
4.2　齐次线性方程组解的结构 ······ 111
4.3　非齐次线性方程组解的结构 ······ 116
4.4　用 MATLAB 求解线性方程组 ······ 118
4.5　应用案例 ······ 120
第 4 章思维导图 ······ 123
总习题四 ······ 124
第 5 章　相似矩阵 ······ 126
5.1　向量的内积 ······ 126
5.2　矩阵的特征值与特征向量 ······ 131
5.3　相似矩阵与矩阵的对角化 ······ 138
5.4　实对称矩阵的对角化 ······ 143
5.5　用 MATLAB 进行矩阵对角化 ······ 147
5.6　应用案例 ······ 149
第 5 章思维导图 ······ 154
总习题五 ······ 155
第 6 章　二次型 ······ 157
6.1　二次型及其标准形 ······ 157
6.2　化二次型为标准形 ······ 162
6.3　正定二次型 ······ 168
6.4　用 MATLAB 进行二次型的运算 ······ 174
6.5　应用案例 ······ 176
第 6 章思维导图 ······ 179
总习题六 ······ 180
部分习题答案与提示 ······ 182
参考文献 ······ 200

第1章 行列式

行列式的相关理论是线性代数课程的主要内容之一，是研究线性代数其他内容的重要工具，也在数学各分支中有着广泛的应用. 行列式是一个函数，其定义域为数表. 行列式的研究开始于18世纪中叶之前，其理论起源于解线性方程组. 本章主要介绍行列式的定义、性质、计算方法及解线性方程组的克莱姆(Cramer)法则.

(行列式的历史)

1.1 行列式的定义

【问题导读】

1. 二阶行列式的对角线法则是什么?
2. 三阶行列式的对角线法则是什么?

本节首先从线性方程组出发，介绍二阶、三阶行列式的定义，引入对角线法则. 然后将行列式的概念推广到 n 阶行列式，并用定义计算简单的高阶行列式.

1.1.1 二阶行列式和三阶行列式

行列式是为了解线性方程组而引入的一个概念. 先讨论二元和三元线性方程组的求解公式，由此给出二阶和三阶行列式的定义.

求解二元线性方程组

$$\begin{cases} a_{11}x_1+a_{12}x_2=b_1 \\ a_{21}x_1+a_{22}x_2=b_2 \end{cases}. \tag{1-1}$$

用消元法解线性方程组(1-1)得到

$$(a_{11}a_{22}-a_{12}a_{21})x_1=b_1a_{22}-a_{12}b_2,$$
$$(a_{11}a_{22}-a_{12}a_{21})x_2=a_{11}b_2-b_1a_{21}.$$

当 $a_{11}a_{22}-a_{12}a_{21}\neq 0$ 时，方程组(1-1)有唯一解

$$\begin{cases} x_1=\dfrac{b_1a_{22}-b_2a_{12}}{a_{11}a_{22}-a_{12}a_{21}} \\ x_2=\dfrac{a_{11}b_2-a_{21}b_1}{a_{11}a_{22}-a_{12}a_{21}} \end{cases}. \tag{1-2}$$

【找规律】 对于式(1-2)，你发现有什么规律？

可以看到，式(1-2)中的分子和分母都是四个数分成两对相乘再相减而得. 为了便于记忆，引入二阶行列式的概念.

将四个数排成两行两列，记

$$\begin{vmatrix} a_{11} & a_{12} \\ a_{21} & a_{22} \end{vmatrix} = a_{11}a_{22} - a_{12}a_{21}, \tag{1-3}$$

称式(1-3)左边为二阶行列式，右边为二阶行列式的展开式. 数 $a_{ij}(i=1,2;j=1,2)$ 称为该行列式的元素或元. 元素 a_{ij} 的第一个下标 i 称为行标，表明该元素位于第 i 行；第二个下标 j 称为列标，表明该元素位于第 j 列.

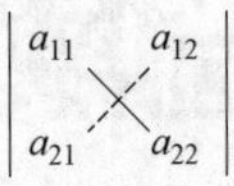

图 1.1

二阶行列式的定义可采用对角线法则来记忆. 参看图 1.1，把 a_{11} 到 a_{22} 的实连线称为主对角线，a_{12} 到 a_{21} 的虚连线称为副对角线，于是二阶行列式便是主对角线上两个元素的乘积减去副对角线上的两个元素的乘积所得的差.

由二阶行列式的定义，式(1-2)中的分子也可用二阶行列式表示，即

$$b_1a_{22} - b_2a_{12} = \begin{vmatrix} b_1 & a_{12} \\ b_2 & a_{22} \end{vmatrix}, \quad a_{11}b_2 - a_{21}b_1 = \begin{vmatrix} a_{11} & b_1 \\ a_{21} & b_2 \end{vmatrix}.$$

若记

$$D = \begin{vmatrix} a_{11} & a_{12} \\ a_{21} & a_{22} \end{vmatrix}, \quad D_1 = \begin{vmatrix} b_1 & a_{12} \\ b_2 & a_{22} \end{vmatrix}, \quad D_2 = \begin{vmatrix} a_{11} & b_1 \\ a_{21} & b_2 \end{vmatrix},$$

那么式(1-2)可写成

$$x_1 = \frac{D_1}{D} = \frac{\begin{vmatrix} b_1 & a_{12} \\ b_2 & a_{22} \end{vmatrix}}{\begin{vmatrix} a_{11} & a_{12} \\ a_{21} & a_{22} \end{vmatrix}}, \quad x_2 = \frac{D_2}{D} = \frac{\begin{vmatrix} a_{11} & b_1 \\ a_{21} & b_2 \end{vmatrix}}{\begin{vmatrix} a_{11} & a_{12} \\ a_{21} & a_{22} \end{vmatrix}}. \tag{1-4}$$

注意，这里的 D 是由方程组(1-1)的系数所确定的二阶行列式，称为方程组(1-1)的系数行列式. D_1 是用常数项 b_1、b_2 替换 D 中第一列元素 a_{11}、a_{21} 所得的二阶行列式；D_2 是用常数项 b_1、b_2 替换 D 中第二列元素 a_{12}、a_{22} 所得的二阶行列式.

例 1.1 用行列式解线性方程组 $\begin{cases} x_1 + 2x_2 = 1 \\ 3x_1 + 5x_2 = 2 \end{cases}$.

解 由于 $D = \begin{vmatrix} 1 & 2 \\ 3 & 5 \end{vmatrix} = 5 - 6 = -1 \neq 0$，$D_1 = \begin{vmatrix} 1 & 2 \\ 2 & 5 \end{vmatrix} = 1$，$D_2 = \begin{vmatrix} 1 & 1 \\ 3 & 2 \end{vmatrix} = -1$，因此

$$x_1=\frac{D_1}{D}=\frac{1}{-1}=-1,\ x_2=\frac{D_2}{D}=\frac{-1}{-1}=1.$$

类似地，对于三元线性方程组

$$\begin{cases}a_{11}x_1+a_{12}x_2+a_{13}x_3=b_1\\ a_{21}x_1+a_{22}x_2+a_{23}x_3=b_2,\\ a_{31}x_1+a_{32}x_2+a_{33}x_3=b_3\end{cases}\tag{1-5}$$

利用消元法也可以得到它的求解公式

$$\begin{cases}x_1=\dfrac{b_1a_{22}a_{33}-b_1a_{32}a_{23}-b_2a_{12}a_{33}+b_2a_{32}a_{13}+b_3a_{12}a_{23}-b_3a_{22}a_{13}}{a_{11}a_{22}a_{33}-a_{11}a_{32}a_{23}-a_{21}a_{12}a_{33}+a_{21}a_{32}a_{13}+a_{31}a_{12}a_{23}-a_{31}a_{22}a_{13}}\\ x_2=\dfrac{a_{11}b_2a_{33}-a_{11}b_3a_{23}-a_{21}b_1a_{33}+a_{21}b_3a_{13}+a_{31}b_1a_{23}-a_{31}b_2a_{13}}{a_{11}a_{22}a_{33}-a_{11}a_{32}a_{23}-a_{21}a_{12}a_{33}+a_{21}a_{32}a_{13}+a_{31}a_{12}a_{23}-a_{31}a_{22}a_{13}}.\\ x_3=\dfrac{a_{11}a_{22}b_3-a_{11}a_{32}b_2-a_{21}a_{12}b_3+a_{21}a_{32}b_1+a_{31}a_{12}b_2-a_{31}a_{22}b_1}{a_{11}a_{22}a_{33}-a_{11}a_{32}a_{23}-a_{21}a_{12}a_{33}+a_{21}a_{32}a_{13}+a_{31}a_{12}a_{23}-a_{31}a_{22}a_{13}}\end{cases}$$

但要记住这个公式是很困难的，为了便于记忆，下面引入三阶行列式的概念.

将九个数排成三行三列，记

$$\begin{vmatrix}a_{11}&a_{12}&a_{13}\\a_{21}&a_{22}&a_{23}\\a_{31}&a_{32}&a_{33}\end{vmatrix}=a_{11}a_{22}a_{33}+a_{12}a_{23}a_{31}+a_{13}a_{32}a_{21}-a_{13}a_{22}a_{31}-a_{12}a_{21}a_{33}-a_{11}a_{32}a_{23},\tag{1-6}$$

称式(1-6)左边为三阶行列式，右边的式子为三阶行列式的展开式.

上述定义表明三阶行列式的展开式中共有 6 项，每项为不同行不同列的三个元素的乘积再冠以正负号，其规律遵循图 1.2 所示的对角线法则：图中三条实线看作平行于主对角线的连线，三条虚线看作平行于副对角线的连线，实线上的三个元素的乘积冠以正号，虚线上的三个元素的乘积冠以负号.

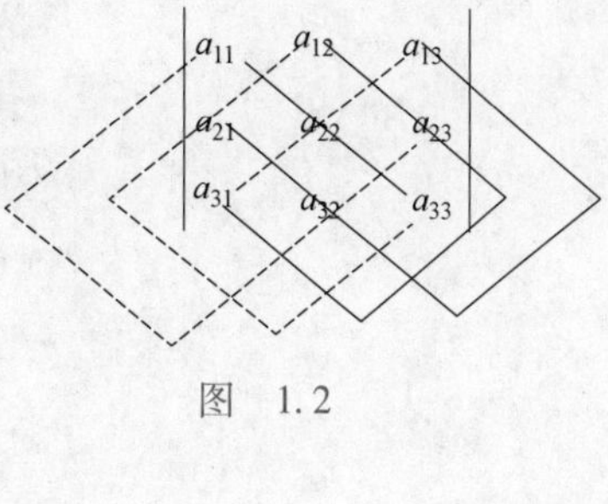

图 1.2

例 1.2 用对角线法则计算行列式 $D=\begin{vmatrix}1&-2&3\\-4&5&-6\\7&-8&9\end{vmatrix}$.

解

$$\begin{aligned}D&=1\times5\times9+(-2)\times(-6)\times7+(-4)\times(-8)\times3-\\&\quad 1\times(-6)\times(-8)-(-2)\times(-4)\times9-3\times5\times7\\&=45+84+96-48-72-105=0.\end{aligned}$$

若记

$$D=\begin{vmatrix} a_{11} & a_{12} & a_{13} \\ a_{21} & a_{22} & a_{23} \\ a_{31} & a_{32} & a_{33} \end{vmatrix},\ D_1=\begin{vmatrix} b_1 & a_{12} & a_{13} \\ b_2 & a_{22} & a_{23} \\ b_3 & a_{32} & a_{33} \end{vmatrix},$$

$$D_2=\begin{vmatrix} a_{11} & b_1 & a_{13} \\ a_{21} & b_2 & a_{23} \\ a_{31} & b_3 & a_{33} \end{vmatrix},\ D_3=\begin{vmatrix} a_{11} & a_{12} & b_1 \\ a_{21} & a_{22} & b_2 \\ a_{31} & a_{32} & b_3 \end{vmatrix}.$$

容易验证当 $D\neq 0$ 时，三元一次方程组(1-5)的解为

$$x_1=\frac{D_1}{D},\ x_2=\frac{D_2}{D},\ x_3=\frac{D_3}{D}.$$

(猜想)

【猜想】　四元一次线性方程组的求解，结果如何表示？

为了研究更高阶的行列式，我们先来做些准备工作.

1.1.2　逆序数与对换

定义 1.1　由 $1,2,\cdots,n$ 按某种次序排成一排，称其为这 n 个数的一个全排列，简称**排列**. 如果这 n 个数按自然数次序由小到大进行排列，则称其为**标准排列**.

定义 1.2　在 n 个数 $1,2,\cdots,n$ 的一个全排列中，若两个数的前后次序和标准排列不一致，则称这两个数构成一个**逆序**. 一个排列中逆序的总个数称为这个排列的**逆序数**，记为 τ.

逆序数为偶数的排列称为**偶排列**，逆序数为奇数的排列称为**奇排列**.

例 1.3　求排列 34152 的逆序数.

解　构成逆序的数对为 31, 32, 41, 42, 52，共 5 对，所以 $\tau(34152)=5$.

【探索】　逆序与逆序数有什么区别吗？

设 $i_1i_2\cdots i_n$ 是 $1,2,\cdots,n$ 的一个全排列，由例 1.3 可得计算排列 $i_1i_2\cdots i_n$ 的逆序数的一个方法：

$\tau(i_1i_2\cdots i_n)=i_1$ 后比 i_1 小的数的个数+

i_2 后比 i_2 小的数的个数+…+

i_{n-1}后比 i_{n-1}小的数的个数.

为了进一步研究高阶行列式的性质，下面给出对换及它与奇偶排列的关系.

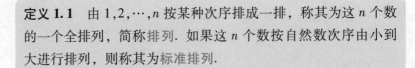

定义 1.3 将一个排列中某两个数的位置互换，其余的数不动，就得到另一个排列，这样的变换称为**对换**.

定理 1.1 任意排列经过一次对换后必改变其奇偶性.（证明略）

例如，将 1,3 两数对换，偶排列 15432 变成奇排列 35412.

1.1.3 *n* 阶行列式的定义

利用逆序数的概念，二阶行列式可以写成

$$\begin{vmatrix} a_{11} & a_{12} \\ a_{21} & a_{22} \end{vmatrix} = \sum (-1)^{\tau(p_1p_2)} a_{1p_1} a_{2p_2},$$

其中 p_1p_2 是 1,2 的一个排列，$\sum$ 表示对 1,2 的所有排列(共 2! 个)求和.

三阶行列式可以写成

$$\begin{vmatrix} a_{11} & a_{12} & a_{13} \\ a_{21} & a_{22} & a_{23} \\ a_{31} & a_{32} & a_{33} \end{vmatrix} = \sum (-1)^{\tau(p_1p_2p_3)} a_{1p_1} a_{2p_2} a_{3p_3},$$

其中 $p_1p_2p_3$ 是 1,2,3 的一个排列，$\sum$ 表示对 1,2,3 的所有排列(共 3! 个)求和.

【探索】 如何给出 n 阶行列式的定义？

类似二阶和三阶行列式，可以定义 n 阶行列式.

定义 1.4 设有 n^2 个数，排成 n 行 n 列，记

$$\begin{vmatrix} a_{11} & a_{12} & \cdots & a_{1n} \\ a_{21} & a_{22} & \cdots & a_{2n} \\ \vdots & \vdots & & \vdots \\ a_{n1} & a_{n2} & \cdots & a_{nn} \end{vmatrix} = \sum (-1)^{\tau(p_1p_2\cdots p_n)} a_{1p_1} a_{2p_2} \cdots a_{np_n}, \quad (1\text{-}7)$$

其中 $p_1p_2\cdots p_n$ 为自然数 $1,2,\cdots,n$ 的一个排列，$\tau(p_1p_2\cdots p_n)$ 为这个排列的逆序数. $\sum$ 表示对 $1,2\cdots,n$ 的所有排列(共 $n!$ 个)求和. 称式(1-7)左边为 **n 阶行列式**，右边的式子为 n 阶行列式的展开式. $a_{ij}(i=1,2,\cdots,n;j=1,2,\cdots,n)$ 是位于行列式的第 i 行第 j 列的元素.

n 阶行列式的展开式中共有 $n!$ 项，其中每一项都是位于不同行不同列的 n 个元素的乘积并冠以正负号. n 阶行列式简记为 $\det(a_{ij})$ 或 $|a_{ij}|$.

(n 阶行列式的定义)

例 1.4 证明:

(1) 主对角线行列式 $\begin{vmatrix} a_{11} & & & \\ & a_{22} & & \\ & & \ddots & \\ & & & a_{nn} \end{vmatrix} = a_{11}a_{22}\cdots a_{nn}$;

(2) 上三角形行列式 $\begin{vmatrix} a_{11} & a_{12} & \cdots & a_{1n} \\ & a_{22} & \cdots & a_{2n} \\ & & \ddots & \vdots \\ & & & a_{nn} \end{vmatrix} = a_{11}a_{22}\cdots a_{nn}$;

(3) 下三角形行列式 $\begin{vmatrix} a_{11} & & & \\ a_{21} & a_{22} & & \\ \vdots & \vdots & \ddots & \\ a_{n1} & a_{n2} & \cdots & a_{nn} \end{vmatrix} = a_{11}a_{22}\cdots a_{nn}$;

(4) 副对角线行列式 $\begin{vmatrix} & & & a_{1n} \\ & & a_{2(n-1)} & \\ & \iddots & & \\ a_{n1} & & & \end{vmatrix} = (-1)^{\frac{n(n-1)}{2}} a_{1n} a_{2(n-1)}\cdots a_{n1}$.

下面只证(2)(4). (1)(3)作为练习.

证明 (2)因为 D 中可能不为 0 的项只有一项，即$(-1)^{\tau(12\cdots n)} a_{11}a_{22}\cdots a_{nn}$，此项符号$(-1)^0=1$，所以 $D=a_{11}a_{22}\cdots a_{nn}$.

(4) 因为 D 中可能不为 0 的项只有一项，即$(-1)^{\tau(n(n-1)\cdots 21)} a_{1n}a_{2(n-1)}\cdots a_{n1}$，而

$$\tau(n(n-1)\cdots 21)=(n-1)+(n-2)+\cdots+1=\frac{n(n-1)}{2},$$

所以 $D=(-1)^{\frac{n(n-1)}{2}} a_{1n}a_{2(n-1)}\cdots a_{n1}$. □

这里行列式展开式每一项中作乘积的 n 个元素的行标排列都是标准排列. 实际上，由于数的乘法满足交换律，因此这 n 个元素的乘积次序是可以任意排列的，例如可以写成 $a_{i_1j_1}a_{i_2j_2}\cdots a_{i_nj_n}$，其中 $i_1i_2\cdots i_n$ 是行标的一个排列，$j_1j_2\cdots j_n$ 是列标的一个排列. 下面我们来说明该项前面所冠的符号等于$(-1)^{\tau(i_1i_2\cdots i_n)+\tau(j_1j_2\cdots j_n)}$.

事实上，交换 $a_{i_1j_1}a_{i_2j_2}\cdots a_{i_nj_n}$ 中任意两个因子后，$\tau(i_1i_2\cdots i_n)$和$\tau(j_1j_2\cdots j_n)$的奇偶性同时改变，从而 $\tau(i_1i_2\cdots i_n)+\tau(j_1j_2\cdots j_n)$的奇偶性不变. 由此可见，若经一系列因子的交换过程，将 $a_{i_1j_1}a_{i_2j_2}\cdots a_{i_nj_n}$变成 $a_{1l_1}a_{2l_2}\cdots a_{nl_n}$，应有

$$(-1)^{\tau(i_1i_2\cdots i_n)+\tau(j_1j_2\cdots j_n)}=(-1)^{\tau(12\cdots n)+\tau(l_1l_2\cdots l_n)}=(-1)^{\tau(l_1l_2\cdots l_n)},$$

特别地，当 $a_{1j_1}a_{2j_2}\cdots a_{nj_n}$ 经若干次因子交换变为 $a_{i_11}a_{i_22}\cdots a_{i_nn}$ 时，就有

$$(-1)^{\tau(12\cdots n)+\tau(j_1j_2\cdots j_n)}=(-1)^{\tau(i_1i_2\cdots i_n)+\tau(12\cdots n)},$$

即 $(-1)^{\tau(j_1j_2\cdots j_n)}=(-1)^{\tau(i_1i_2\cdots i_n)}$. 于是 n 阶行列式的定义又可写成

$$D=\begin{vmatrix} a_{11} & a_{12} & \cdots & a_{1n} \\ a_{21} & a_{22} & \cdots & a_{2n} \\ \vdots & \vdots & & \vdots \\ a_{n1} & a_{n2} & \cdots & a_{nn} \end{vmatrix}=\sum(-1)^{\tau(p_1p_2\cdots p_n)}a_{p_11}a_{p_22}\cdots a_{p_nn}. \quad (1\text{-}8)$$

【特殊与一般】 从二阶、三阶行列式的定义，用递归的方法给出 n 阶行列式的定义.

习题 1.1

一、基础题

1. 计算下列行列式：

(1) $\begin{vmatrix} a & a^2 \\ b & b^2 \end{vmatrix}$； (2) $\begin{vmatrix} \cos\alpha & -\sin\alpha \\ \sin\alpha & \cos\alpha \end{vmatrix}$；

(3) $\begin{vmatrix} -1 & 2 & 4 \\ 0 & 3 & 1 \\ -1 & 4 & 2 \end{vmatrix}$； (4) $\begin{vmatrix} 0 & 0 & 0 & a \\ 0 & 0 & b & 0 \\ 0 & c & 0 & 0 \\ d & 0 & 0 & 0 \end{vmatrix}$.

2. 求下列各排列的逆序数：

(1) 32154；(2) 54123；(3) $n(n-1)\cdots321$.

二、提升题

3. 用定义计算下列各行列式：

(1) $\begin{vmatrix} 0 & 2 & 0 & 0 \\ 0 & 0 & 1 & 0 \\ 3 & 0 & 0 & 0 \\ 0 & 0 & 0 & 4 \end{vmatrix}$； (2) $\begin{vmatrix} 1 & 2 & 3 & 0 \\ 0 & 0 & 2 & 0 \\ 3 & 0 & 4 & 5 \\ 0 & 0 & 0 & 1 \end{vmatrix}$；

(3) $\begin{vmatrix} a & 0 & 0 & 0 \\ 0 & 0 & b & 0 \\ 0 & c & 0 & 0 \\ 0 & 0 & 0 & d \end{vmatrix}$.

4. 写出四阶行列式 $\det(a_{ij})$ 所有含有 a_{23} 并带正号的项.

5. 求下列各排列的逆序数：

(1) $13\cdots(2n-1)24\cdots(2n)$；

(2) $13\cdots(2n-1)(2n)(2n-2)\cdots42$.

三、拓展题

6. 求行列式 $D_4=\begin{vmatrix} 5x & 1 & 2 & 3 \\ x & x & 1 & 2 \\ 1 & 2 & x & 3 \\ x & 1 & 2 & 2x \end{vmatrix}$ 的展开式中包含 x^3 和 x^4 的项.

7. 若 n 阶行列式中，等于零的元素个数大于 n^2-n，则此行列式的值等于多少？说明理由.

1.2 行列式的性质及其应用

【问题导读】

1. 行列式的性质在行列式计算中的作用是什么？

2. 熟悉 1.1 节特殊类型行列式计算结果的意义.

行列式的计算是本章的重点. 用行列式的定义计算行列式，

只有对某些特殊的行列式才较为可行，如上三角形行列式. 对于一般的行列式，随着阶数 n 的增大，用定义来计算是极其复杂的. 本节将讨论行列式的性质，利用这些性质可大大简化行列式的计算.

1.2.1 行列式的性质

设

$$D=\begin{vmatrix} a_{11} & a_{12} & \cdots & a_{1n} \\ a_{21} & a_{22} & \cdots & a_{2n} \\ \vdots & \vdots & & \vdots \\ a_{n1} & a_{n2} & \cdots & a_{nn} \end{vmatrix}.$$

记

$$D^{\mathrm{T}}=\begin{vmatrix} a_{11} & a_{21} & \cdots & a_{n1} \\ a_{12} & a_{22} & \cdots & a_{n2} \\ \vdots & \vdots & & \vdots \\ a_{1n} & a_{2n} & \cdots & a_{nn} \end{vmatrix},$$

即 D^{T} 是由 D 经过行列位置互换后得到的，称 D^{T} 为 D 的转置行列式.

性质 1.1　行列式 D 与它的转置行列式 D^{T} 相等.

证明　记 $D^{\mathrm{T}}=\begin{vmatrix} b_{11} & b_{12} & \cdots & b_{1n} \\ b_{21} & b_{22} & \cdots & b_{2n} \\ \vdots & \vdots & & \vdots \\ b_{n1} & b_{n2} & \cdots & b_{nn} \end{vmatrix}$，即 $b_{ij}=a_{ji}(i,j=1,2,\cdots,n)$.

由行列式定义 $D^{\mathrm{T}}=\sum(-1)^{\tau(i_1i_2\cdots i_n)}b_{1i_1}b_{2i_2}\cdots b_{ni_n}=\sum(-1)^{\tau(i_1i_2\cdots i_n)}$ $a_{i_11}a_{i_22}\cdots a_{i_nn}=D$. □

此性质表明行列式中行与列的地位是对等的，因此以下对行成立的性质对列也成立.

性质 1.2　互换行列式的两行(列)，行列式变号.

证明　设行列式

$$D_1=\begin{vmatrix} b_{11} & b_{12} & \cdots & b_{1n} \\ b_{21} & b_{22} & \cdots & b_{2n} \\ \vdots & \vdots & & \vdots \\ b_{n1} & b_{n2} & \cdots & b_{nn} \end{vmatrix}$$

是由行列式 $\det(a_{ij})$ 对换 i,j 两行得到，即当 $k\neq i,j$ 时，$b_{kp}=a_{kp}$；

当 $k=i,j$ 时，$b_{ip}=a_{jp}$，$b_{jp}=a_{ip}$，则

$$\begin{aligned} D_1 &= \sum(-1)^{\tau} b_{1p_1}\cdots b_{ip_i}\cdots b_{jp_j}\cdots b_{np_n} \\ &= \sum(-1)^{\tau} a_{1p_1}\cdots a_{jp_i}\cdots a_{ip_j}\cdots a_{np_n} \\ &= \sum(-1)^{\tau} a_{1p_1}\cdots a_{ip_j}\cdots a_{jp_i}\cdots a_{np_n}, \end{aligned}$$

其中，$1\cdots i\cdots j\cdots n$ 为自然排列，τ 为排列 $p_1\cdots p_i\cdots p_j\cdots p_n$ 的逆序数.

设排列 $p_1\cdots p_j\cdots p_i\cdots p_n$ 的逆序数为 τ_1，则 $(-1)^{\tau}=-(-1)^{\tau_1}$，故

$$\begin{aligned} D_1 &= \sum(-1)^{\tau} a_{1p_1}\cdots a_{ip_j}\cdots a_{jp_i}\cdots a_{np_n} \\ &= -\sum(-1)^{\tau_1} a_{1p_1}\cdots a_{ip_j}\cdots a_{jp_i}\cdots a_{np_n} \\ &= -D. \end{aligned}$$

□

以 r_i 表示行列式 D 的第 i 行，以 c_j 表示其第 j 列. 交换 D 的 i，j 两行记作 $r_i\leftrightarrow r_j$，交换 D 的 i,j 两列记作 $c_i\leftrightarrow c_j$.

推论 1.1 如果行列式有两行(列)完全相同，则此行列式等于零.

证明 两行互换后 $D=-D$，故 $D=0$.

性质 1.3 行列式的某一行(列)中所有的元素乘以同一数 k，等于用数 k 乘此行列式. 即

$$\begin{vmatrix} a_{11} & a_{12} & \cdots & a_{1n} \\ \vdots & \vdots & & \vdots \\ ka_{i1} & ka_{i2} & \cdots & ka_{in} \\ \vdots & \vdots & & \vdots \\ a_{n1} & a_{n2} & \cdots & a_{nn} \end{vmatrix} = k\begin{vmatrix} a_{11} & a_{12} & \cdots & a_{1n} \\ \vdots & \vdots & & \vdots \\ a_{i1} & a_{i2} & \cdots & a_{in} \\ \vdots & \vdots & & \vdots \\ a_{n1} & a_{n2} & \cdots & a_{nn} \end{vmatrix}.$$

证明
$$\begin{aligned} 左 &= \sum(-1)^{\tau(j_1j_2\cdots j_n)} a_{1j_1}a_{2j_2}\cdots(ka_{ij_i})\cdots a_{nj_n} \\ &= k\sum(-1)^{\tau(j_1j_2\cdots j_n)} a_{1j_1}a_{2j_2}\cdots a_{ij_i}\cdots a_{nj_n} \\ &= 右. \end{aligned}$$

□

第 i 行(或列)乘以 k，这种运算记作 $r_i\times k$(或 $c_i\times k$).

推论 1.2 行列式的某一行(列)的所有元素的公因子可以提到行列式符号外面.

第 i 行(或列)提出公因子 k，这种运算记作 $r_i\div k$(或 $c_i\div k$).

性质 1.4 行列式如果有两行(列)元素成比例，则此行列式等于零.

证明 利用性质 1.3 和推论 1.1 可得. □

性质 1.5 分行(列)相加性.

$$\begin{vmatrix} a_{11} & a_{12} & \cdots & a_{1n} \\ \vdots & \vdots & & \vdots \\ b_{i1}+c_{i1} & b_{i2}+c_{i2} & \cdots & b_{in}+c_{in} \\ \vdots & \vdots & & \vdots \\ a_{n1} & a_{n2} & \cdots & a_{nn} \end{vmatrix} = \begin{vmatrix} a_{11} & a_{12} & \cdots & a_{1n} \\ \vdots & \vdots & & \vdots \\ b_{i1} & b_{i2} & \cdots & b_{in} \\ \vdots & \vdots & & \vdots \\ a_{n1} & a_{n2} & \cdots & a_{nn} \end{vmatrix} + \begin{vmatrix} a_{11} & a_{12} & \cdots & a_{1n} \\ \vdots & \vdots & & \vdots \\ c_{i1} & c_{i2} & \cdots & c_{in} \\ \vdots & \vdots & & \vdots \\ a_{n1} & a_{n2} & \cdots & a_{nn} \end{vmatrix}$$

证明 左$=\sum(-1)^{\tau(j_1j_2\cdots j_n)}a_{1j_1}a_{2j_2}\cdots(b_{ij_i}+c_{ij_i})\cdots a_{nj_n}$

$=\sum(-1)^{\tau(j_1j_2\cdots j_n)}a_{1j_1}a_{2j_2}\cdots b_{ij_i}\cdots a_{nj_n}+$

$\sum(-1)^{\tau(j_1j_2\cdots j_n)}a_{1j_1}a_{2j_2}\cdots c_{ij_i}\cdots a_{nj_n}$

=右. □

▶(知识探索)

【知识探索】 $\begin{vmatrix} a+b & b+c \\ e+f & g+h \end{vmatrix} = \begin{vmatrix} a & b \\ e & g \end{vmatrix} + \begin{vmatrix} b & c \\ f & h \end{vmatrix}$，你认为对吗?

性质 1.6 行列式的某一行(列)元素加上另一行(列)对应元素的 k 倍，行列式不变，即 $i\neq j$ 时，

$$\begin{vmatrix} a_{11} & a_{12} & \cdots & a_{1n} \\ \vdots & \vdots & & \vdots \\ a_{i1}+ka_{j1} & a_{i2}+ka_{j2} & \cdots & a_{in}+ka_{jn} \\ \vdots & \vdots & & \vdots \\ a_{j1} & a_{j2} & \cdots & a_{jn} \\ \vdots & \vdots & & \vdots \\ a_{n1} & a_{n2} & \cdots & a_{nn} \end{vmatrix} = \begin{vmatrix} a_{11} & a_{12} & \cdots & a_{1n} \\ \vdots & \vdots & & \vdots \\ a_{i1} & a_{i2} & \cdots & a_{in} \\ \vdots & \vdots & & \vdots \\ a_{j1} & a_{j2} & \cdots & a_{jn} \\ \vdots & \vdots & & \vdots \\ a_{n1} & a_{n2} & \cdots & a_{nn} \end{vmatrix}.$$

证明 左$=\begin{vmatrix} a_{11} & a_{12} & \cdots & a_{1n} \\ \vdots & \vdots & & \vdots \\ a_{i1} & a_{i2} & \cdots & a_{in} \\ \vdots & \vdots & & \vdots \\ a_{j1} & a_{j2} & \cdots & a_{jn} \\ \vdots & \vdots & & \vdots \\ a_{n1} & a_{n2} & \cdots & a_{nn} \end{vmatrix} + \begin{vmatrix} a_{11} & a_{12} & \cdots & a_{1n} \\ \vdots & \vdots & & \vdots \\ ka_{j1} & ka_{j2} & \cdots & ka_{jn} \\ \vdots & \vdots & & \vdots \\ a_{j1} & a_{j2} & \cdots & a_{jn} \\ \vdots & \vdots & & \vdots \\ a_{n1} & a_{n2} & \cdots & a_{nn} \end{vmatrix}$

$=\begin{vmatrix} a_{11} & a_{12} & \cdots & a_{1n} \\ \vdots & \vdots & & \vdots \\ a_{i1} & a_{i2} & \cdots & a_{in} \\ \vdots & \vdots & & \vdots \\ a_{j1} & a_{j2} & \cdots & a_{jn} \\ \vdots & \vdots & & \vdots \\ a_{n1} & a_{n2} & \cdots & a_{nn} \end{vmatrix}+0=$右. □

以数 k 乘第 j 行加到第 i 行上，这种运算记作 r_i+kr_j.

上面我们对行列式共进行了三种变换：

（1）换法变换：交换两行(列)；

（2）倍法变换：将行列式的某一行(列)的所有元素同乘以数 k;

（3）消法变换：把行列式的某一行(列)的所有元素乘以一个数 k 并加到另一行(列)的对应元素上.

定义 1.5 称以上三种变换为**行列式的初等行(列)变换**. 初等行变换和初等列变换统称为**初等变换**.

基于行列式的基本性质，对行列式做初等变换，有如下特征：换法变换后行列式要变号；倍法变换后行列式要变 k 倍；消法变换后行列式不变.

1.2.2 利用行列式的性质计算行列式

计算行列式是本章的重点内容，从例 1.4 可以看到，上(下)三角形行列式的值等于主对角线上元素的积. 因此，若能利用行列式的性质将所给行列式化成上(下)三角形行列式，便可以求出行列式的值，这是计算行列式的基本方法之一.

例 1.5 计算行列式 $D=\begin{vmatrix}1&2&0&1\\1&3&5&0\\0&1&5&6\\1&2&3&4\end{vmatrix}$.

（例 1.5）

解

$$D\xlongequal[r_2-r_1]{r_4-r_1}\begin{vmatrix}1&2&0&1\\0&1&5&-1\\0&1&5&6\\0&0&3&3\end{vmatrix}\xlongequal{r_3-r_2}\begin{vmatrix}1&2&0&1\\0&1&5&-1\\0&0&0&7\\0&0&3&3\end{vmatrix}\xlongequal{r_3\leftrightarrow r_4}-\begin{vmatrix}1&2&0&1\\0&1&5&-1\\0&0&3&3\\0&0&0&7\end{vmatrix}=-21.$$

【计算】 你会用初等行变换化 $D=\begin{vmatrix}1&2&0&1\\1&3&5&0\\0&1&5&6\\1&2&3&4\end{vmatrix}$ 为下三角形行列式吗？会用初等列变换分别化 $D=\begin{vmatrix}1&2&0&1\\1&3&5&0\\0&1&5&6\\1&2&3&4\end{vmatrix}$ 为上三角形和下三角形行列式吗？

（计算）

例 1.6

计算 n 阶行列式 $D=\begin{vmatrix} a & b & b & \cdots & b \\ b & a & b & \cdots & b \\ b & b & a & \cdots & b \\ \vdots & \vdots & \vdots & & \vdots \\ b & b & b & \cdots & a \end{vmatrix}$.

解　此行列式的特点是行和或列和相等，因此把 D 的第 2 列，第 3 列，…，第 n 列都加到第 1 列上，然后将第一行的 -1 倍加到其余各行. 即

$$D=\begin{vmatrix} a+(n-1)b & b & b & \cdots & b \\ a+(n-1)b & a & b & \cdots & b \\ a+(n-1)b & b & a & \cdots & b \\ \vdots & \vdots & \vdots & & \vdots \\ a+(n-1)b & b & b & \cdots & a \end{vmatrix}=\begin{vmatrix} a+(n-1)b & b & b & \cdots & b \\ 0 & a-b & 0 & \cdots & 0 \\ 0 & 0 & a-b & \cdots & 0 \\ \vdots & \vdots & \vdots & & \vdots \\ 0 & 0 & 0 & \cdots & a-b \end{vmatrix}$$

$$=[a+(n-1)b](a-b)^{n-1}.$$

例 1.7

设　$D=\begin{vmatrix} a_{11} & \cdots & a_{1k} & 0 & \cdots & 0 \\ \vdots & & \vdots & \vdots & & \vdots \\ a_{k1} & \cdots & a_{kk} & 0 & \cdots & 0 \\ c_{11} & \cdots & c_{1k} & b_{11} & \cdots & b_{1n} \\ \vdots & & \vdots & \vdots & & \vdots \\ c_{n1} & \cdots & c_{nk} & b_{n1} & \cdots & b_{nn} \end{vmatrix}$，记 $D_1=\begin{vmatrix} a_{11} & \cdots & a_{1k} \\ \vdots & & \vdots \\ a_{k1} & \cdots & a_{kk} \end{vmatrix}$，$D_2=\begin{vmatrix} b_{11} & \cdots & b_{1n} \\ \vdots & & \vdots \\ b_{n1} & \cdots & b_{nn} \end{vmatrix}$，证明：$D=D_1D_2$.

证明　对 D_1 做运算 r_i+kr_j，把 D_1 化为下三角形行列式. 设

$$D_1=\begin{vmatrix} p_{11} & & \\ \vdots & \ddots & \\ p_{k1} & \cdots & p_{kk} \end{vmatrix}=p_{11}\cdots p_{kk}.$$

对 D_2 做运算 c_i+kc_j，把 D_2 化为下三角形行列式. 设

$$D_2=\begin{vmatrix} q_{11} & & \\ \vdots & \ddots & \\ q_{n1} & \cdots & q_{nn} \end{vmatrix}=q_{11}\cdots q_{nn}.$$

于是，对 D 的前 k 行做运算 r_i+kr_j 后，再对后 n 列做运算 c_i+kc_j，把 D 化为下三角形行列式

$$D=\begin{vmatrix} p_{11} & & & & & \\ \vdots & \ddots & & & & \\ p_{k1} & \cdots & p_{kk} & & & \\ c_{11} & \cdots & c_{1k} & q_{11} & & \\ \vdots & & \vdots & \vdots & \ddots & \\ c_{n1} & \cdots & c_{nk} & q_{n1} & \cdots & q_{nn} \end{vmatrix},$$

故 $D=p_{11}\cdots p_{kk}q_{11}\cdots q_{nn}=D_1D_2$. □

例 1.8 计算行列式 $D=\begin{vmatrix} 1 & a_1 & 0 & 0 & 0 \\ -1 & 1-a_1 & a_2 & 0 & 0 \\ 0 & -1 & 1-a_2 & a_3 & 0 \\ 0 & 0 & -1 & 1-a_3 & a_4 \\ 0 & 0 & 0 & -1 & 1-a_4 \end{vmatrix}$.

(例 1.8)

解 此行列式的特点是主对角线及与主对角线平行的上下两条斜线上元素不全为零，其余元素全为零，这种行列式称为三对角行列式，根据此行列式的特点，从第一行开始每行逐次加到下面一行，可得上三角形行列式. 即

$$D\xlongequal{r_2+r_1}\begin{vmatrix} 1 & a_1 & 0 & 0 & 0 \\ 0 & 1 & a_2 & 0 & 0 \\ 0 & -1 & 1-a_2 & a_3 & 0 \\ 0 & 0 & -1 & 1-a_3 & a_4 \\ 0 & 0 & 0 & -1 & 1-a_4 \end{vmatrix}\xlongequal[\substack{r_4+r_3\\ r_5+r_4}]{r_3+r_2}\begin{vmatrix} 1 & a_1 & 0 & 0 & 0 \\ 0 & 1 & a_2 & 0 & 0 \\ 0 & 0 & 1 & a_3 & 0 \\ 0 & 0 & 0 & 1 & a_4 \\ 0 & 0 & 0 & 0 & 1 \end{vmatrix}=1.$$

【知识探索】 $\begin{vmatrix} a & b \\ c & d \end{vmatrix}\xlongequal[r_2-r_1]{r_1+r_2}\begin{vmatrix} a+c & b+d \\ c-a & d-b \end{vmatrix}$，你认为对吗?

(知识探索)

【体验】 用行列式的性质简化计算，化整为零、循序渐进，简捷有效.

习题 1.2

一、基础题

1. 填空题:

(1) 若 $\begin{vmatrix} a_{11} & a_{12} \\ a_{21} & a_{22} \end{vmatrix}=a$，则 $\begin{vmatrix} a_{12} & ka_{22} \\ a_{11} & ka_{21} \end{vmatrix}=$________;

(2) 若 $D=\begin{vmatrix} a_{11} & a_{12} & a_{13} \\ a_{21} & a_{22} & a_{23} \\ a_{31} & a_{32} & a_{33} \end{vmatrix}=\dfrac{1}{2}$，则 $D_1=\begin{vmatrix} 2a_{11} & a_{13} & a_{11}-2a_{12} \\ 2a_{21} & a_{23} & a_{21}-2a_{22} \\ 2a_{31} & a_{33} & a_{31}-2a_{32} \end{vmatrix}=$________.

2. 利用行列式的性质计算下列行列式:

(1) $\begin{vmatrix} 24215 & 25215 \\ 38092 & 39092 \end{vmatrix}$; (2) $\begin{vmatrix} -1 & 3 & 4 \\ 1 & 3 & 5 \\ -1 & 4 & 2 \end{vmatrix}$;

(3) $\begin{vmatrix} 1 & 1 & 1 & 1 \\ -1 & 1 & 1 & 1 \\ -1 & -1 & 1 & 1 \\ -1 & -1 & -1 & 1 \end{vmatrix}$；(4) $\begin{vmatrix} 1 & 2 & 3 & 4 \\ 2 & 3 & 4 & 1 \\ 3 & 4 & 1 & 2 \\ 4 & 1 & 2 & 3 \end{vmatrix}$.

二、提升题

3. 计算下列行列式：

(1) $\begin{vmatrix} 1 & 1 & 1 \\ a & b & c \\ b+c & c+a & a+b \end{vmatrix}$；(2) $D_n=\begin{vmatrix} x-a & a & a & \cdots & a \\ a & x-a & a & \cdots & a \\ \vdots & \vdots & \vdots & & \vdots \\ a & a & a & \cdots & x-a \end{vmatrix}$；

(3) $\begin{vmatrix} 1 & 2 & 3 & \cdots & n-1 & n \\ -1 & 0 & 3 & \cdots & n-1 & n \\ -1 & -2 & 0 & \cdots & n-1 & n \\ \vdots & \vdots & \vdots & & \vdots & \vdots \\ -1 & -2 & -3 & \cdots & 0 & n \\ -1 & -2 & -3 & \cdots & -(n-1) & 0 \end{vmatrix}$.

4. 证明下列等式：

(1) $D_n=\begin{vmatrix} 1+a_1 & a_2 & \cdots & a_n \\ a_1 & 1+a_2 & \cdots & a_n \\ \vdots & \vdots & & \vdots \\ a_1 & a_2 & \cdots & 1+a_n \end{vmatrix}=1+\sum_{i=1}^{n}a_i$；

(2) $D_n=\begin{vmatrix} 0 & 1 & 1 & \cdots & 1 & 1 \\ 1 & 0 & 1 & \cdots & 1 & 1 \\ 1 & 1 & 0 & \cdots & 1 & 1 \\ \vdots & \vdots & \vdots & & \vdots & \vdots \\ 1 & 1 & 1 & \cdots & 0 & 1 \\ 1 & 1 & 1 & \cdots & 1 & 0 \end{vmatrix}=(-1)^{n-1}(n-1)$.

三、拓展题

5. 已知 255，459，527 都能被 17 整除，不求行列式的值，证明行列式 $\begin{vmatrix} 2 & 4 & 5 \\ 5 & 5 & 2 \\ 5 & 9 & 7 \end{vmatrix}$ 能被 17 整除.

1.3 行列式按行(列)展开

【问题导读】

1. $a_{i1}A_{i1}+a_{i2}A_{i2}+\cdots+a_{in}A_{in}=?\quad(i=1,2,\cdots,n)$

   $a_{1j}A_{1j}+a_{2j}A_{2j}+\cdots+a_{nj}A_{nj}=?\quad(j=1,2,\cdots,n)$

2. $a_{i1}A_{j1}+a_{i2}A_{j2}+\cdots+a_{in}A_{jn}=?\quad(i,j=1,2,\cdots,n)$

   $a_{1i}A_{1j}+a_{2i}A_{2j}+\cdots+a_{ni}A_{nj}=?\quad(i,j=1,2,\cdots,n)$

一般地，低阶行列式的计算要比高阶行列式的计算简单，因此计算中常考虑把阶数较高的行列式化为阶数较低的行列式. 为此，先给出余子式和代数余子式的概念.

定义 1.6 在 n 阶行列式 $\det(a_{ij})$ 中划掉元素 a_{ij} 所在的第 i 行和第 j 列后，留下的元素按原来的位置构成的 $n-1$ 阶行列式，称为元素 a_{ij} 的**余子式**，记为 M_{ij}. 又记 $A_{ij}=(-1)^{i+j}M_{ij}$，称 A_{ij} 为元素 a_{ij} 的**代数余子式**.

例如，对于四阶行列式

$$\begin{vmatrix} a_{11} & a_{12} & a_{13} & a_{14} \\ a_{21} & a_{22} & a_{23} & a_{24} \\ a_{31} & a_{32} & a_{33} & a_{34} \\ a_{41} & a_{42} & a_{43} & a_{44} \end{vmatrix},$$

元素 a_{32} 的余子式是

$$M_{32}=\begin{vmatrix} a_{11} & a_{13} & a_{14} \\ a_{21} & a_{23} & a_{24} \\ a_{41} & a_{43} & a_{44} \end{vmatrix}.$$

元素 a_{32} 的代数余子式是 $A_{32}=(-1)^{3+2}M_{32}=-M_{32}$.

【知识探索】　对于 n 阶行列式 $\det(a_{ij})$，a_{ij} 的代数余子式与 a_{ij} 的值有关系吗?

(知识探索)

定理 1.2　n 阶行列式 $\det(a_{ij})$ 等于它的任意一行(列)的各元素与其对应的代数余子式乘积之和. 即

$$D=a_{i1}A_{i1}+a_{i2}A_{i2}+\cdots+a_{in}A_{in}\quad (i=1,2,\cdots,n),$$

或

$$D=a_{1j}A_{1j}+a_{2j}A_{2j}+\cdots+a_{nj}A_{nj}\quad (j=1,2,\cdots,n).$$

(定理 1.2)

证明　首先讨论 D 的第一行元素除 a_{11} 外其余元素为零的情况，即

$$D=\begin{vmatrix} a_{11} & 0 & 0 & \cdots & 0 \\ a_{21} & a_{22} & a_{23} & \cdots & a_{2n} \\ \vdots & \vdots & \vdots & & \vdots \\ a_{n1} & a_{n2} & a_{n3} & \cdots & a_{nn} \end{vmatrix}.$$

根据 1.1 节中例 1.4 的结论，有

$$D=a_{11}M_{11},\ A_{11}=M_{11},$$

所以 $D=a_{11}A_{11}$.

其次讨论 D 的第 i 行元素除 a_{ij} 外其余元素均为零的情况，即

$$D=\begin{vmatrix} a_{11} & \cdots & a_{1j} & \cdots & a_{1n} \\ \vdots & & \vdots & & \vdots \\ 0 & \cdots & a_{ij} & \cdots & 0 \\ \vdots & & \vdots & & \vdots \\ a_{n1} & \cdots & a_{nj} & \cdots & a_{nn} \end{vmatrix}.$$

将 D 的第 i 行依次与第 $i-1$ 行，…，第 2 行，第 1 行做 $i-1$ 次相邻行交换，调到第 1 行，再将第 j 列依次与第 $j-1$ 列，…，第 2 列，第 1 列做 $j-1$ 次相邻列交换，调到第 1 列，共经过 $i+j-2$ 次交换，再利用上面的结果得 $D=(-1)^{i+j-2}a_{ij}M_{ij}=a_{ij}(-1)^{i+j}M_{ij}=a_{ij}A_{ij}$.

最后讨论一般情况，

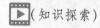

$$D=\begin{vmatrix} a_{11} & a_{12} & \cdots & a_{1n} \\ \vdots & \vdots & & \vdots \\ a_{i1}+0+\cdots+0 & 0+a_{i2}+0+\cdots+0 & \cdots & 0+\cdots+0+a_{in} \\ \vdots & \vdots & & \vdots \\ a_{n1} & a_{n2} & \cdots & a_{nn} \end{vmatrix}$$

$$=\begin{vmatrix} a_{11} & a_{12} & \cdots & a_{1n} \\ \vdots & \vdots & & \vdots \\ a_{i1} & 0 & \cdots & 0 \\ \vdots & \vdots & & \vdots \\ a_{n1} & a_{n2} & \cdots & a_{nn} \end{vmatrix}+\begin{vmatrix} a_{11} & a_{12} & \cdots & a_{1n} \\ \vdots & \vdots & & \vdots \\ 0 & a_{i2} & \cdots & 0 \\ \vdots & \vdots & & \vdots \\ a_{n1} & a_{n2} & \cdots & a_{nn} \end{vmatrix}+\cdots+\begin{vmatrix} a_{11} & a_{12} & \cdots & a_{1n} \\ \vdots & \vdots & & \vdots \\ 0 & 0 & \cdots & a_{in} \\ \vdots & \vdots & & \vdots \\ a_{n1} & a_{n2} & \cdots & a_{nn} \end{vmatrix}$$

$$=a_{i1}A_{i1}+a_{i2}A_{i2}+\cdots+a_{in}A_{in} \quad (i=1,2,\cdots,n).$$

类似地，若按列进行分拆，可得

$$D=a_{1j}A_{1j}+a_{2j}A_{2j}+\cdots+a_{nj}A_{nj} \quad (j=1,2,\cdots,n). \qquad \square$$

这个定理叫作行列式按行(列)展开法则，利用此法则结合前面行列式的性质，特别是 1.2 节中性质 1.6 可把高阶行列式进行降阶简化计算.

例 1.9 计算行列式 $D=\begin{vmatrix} 0 & 1 & 2 & -1 & 4 \\ 2 & 0 & 1 & 2 & 1 \\ -1 & 3 & 5 & 1 & 2 \\ 3 & 3 & 1 & 2 & 1 \\ 2 & 1 & 0 & 3 & 5 \end{vmatrix}$.

(例 1.9)

解
$$D \xlongequal[c_5-4c_2]{c_3-2c_2,\ c_4+c_2} \begin{vmatrix} 0 & 1 & 0 & 0 & 0 \\ 2 & 0 & 1 & 2 & 1 \\ -1 & 3 & -1 & 4 & -10 \\ 3 & 3 & -5 & 5 & -11 \\ 2 & 1 & -2 & 4 & 1 \end{vmatrix} \xlongequal{\text{按第一行展开}} -\begin{vmatrix} 2 & 1 & 2 & 1 \\ -1 & -1 & 4 & -10 \\ 3 & -5 & 5 & -11 \\ 2 & -2 & 4 & 1 \end{vmatrix}$$

$$\xlongequal[r_4+2r_2]{r_1+2r_2,\ r_3+3r_2} -\begin{vmatrix} 0 & \underline{\quad} & 10 & -19 \\ -1 & -1 & 4 & -10 \\ 0 & -8 & 17 & -41 \\ 0 & -4 & 12 & -19 \end{vmatrix} \xlongequal{\text{按第一列展开}} -\begin{vmatrix} -1 & 10 & -19 \\ -8 & \underline{\quad} & -41 \\ -4 & 12 & -19 \end{vmatrix}$$

$$\xlongequal[r_3-r_1]{r_2-2r_3} -\begin{vmatrix} -1 & 10 & -19 \\ 0 & -7 & -3 \\ -3 & 2 & 0 \end{vmatrix} \xlongequal{\text{对角线法则计算}} -(90+399-6)=-483.$$

【填空】 请将例 1.9 计算过程中下划线部分的内容补全.（答案：-1；17.）

例 1.10 证明范德蒙德(Vandermonde)行列式

$$D_n=\begin{vmatrix}1&1&\cdots&1\\x_1&x_2&\cdots&x_n\\x_1^2&x_2^2&\cdots&x_n^2\\\vdots&\vdots&&\vdots\\x_1^{n-1}&x_2^{n-1}&\cdots&x_n^{n-1}\end{vmatrix}=\prod_{n\geqslant i>j\geqslant 1}(x_i-x_j), \tag{1-9}$$

其中记号"Π"表示全体同类因子的乘积.

证明 用数学归纳法. 因为

$$D_2=\begin{vmatrix}1&1\\x_1&x_2\end{vmatrix}=x_2-x_1=\prod_{2\geqslant i>j\geqslant 1}(x_i-x_j),$$

所以当 $n=2$ 时式(1-9)成立. 现在假设式(1-9)对于 $n-1$ 阶范德蒙德行列式成立. 要证式(1-9)对 n 阶范德蒙德行列式也成立.

为此, 把 D_n 降阶: 从第 n 行开始, 依次将上一行的 $-x_1$ 倍加到该行, 有

$$D_n=\begin{vmatrix}1&1&1&\cdots&1\\0&x_2-x_1&x_3-x_1&\cdots&x_n-x_1\\0&x_2(x_2-x_1)&x_3(x_3-x_1)&\cdots&x_n(x_n-x_1)\\\vdots&\vdots&\vdots&&\vdots\\0&x_2^{n-2}(x_2-x_1)&x_3^{n-2}(x_3-x_1)&\cdots&x_n^{n-2}(x_n-x_1)\end{vmatrix}.$$

按第 1 列展开, 并把每列的公因子 x_i-x_1 提出, 就有

$$D_n=(x_2-x_1)(x_3-x_1)\cdots(x_n-x_1)\begin{vmatrix}1&1&\cdots&1\\x_2&x_3&\cdots&x_n\\\vdots&\vdots&&\vdots\\x_2^{n-2}&x_3^{n-2}&\cdots&x_n^{n-2}\end{vmatrix},$$

上式右端的行列式是 $n-1$ 阶的范德蒙德行列式, 按归纳法假设, 它等于所有 x_i-x_j 因子的乘积, 其中 $n\geqslant i>j\geqslant 2$, 故

$$\begin{aligned}D_n&=(x_2-x_1)(x_3-x_1)\cdots(x_n-x_1)\prod_{n\geqslant i>j\geqslant 2}(x_i-x_j)\\&=\prod_{n\geqslant i>j\geqslant 1}(x_i-x_j).\end{aligned}$$

□

例 1.11 计算 n 阶行列式

$$D_n=\begin{vmatrix}x&-1&0&\cdots&0&0\\0&x&-1&\cdots&0&0\\\vdots&\vdots&\vdots&&\vdots&\vdots\\0&0&0&\cdots&x&-1\\a_n&a_{n-1}&a_{n-2}&\cdots&a_2&x+a_1\end{vmatrix}.$$

解　把 D_n 按第一列展开，得

$$D_n = x\begin{vmatrix} x & -1 & \cdots & 0 & 0 \\ \vdots & \vdots & & \vdots & \vdots \\ 0 & 0 & \cdots & x & -1 \\ a_{n-1} & a_{n-2} & \cdots & a_2 & x+a_1 \end{vmatrix} + (-1)^{n+1}a_n\begin{vmatrix} -1 & 0 & \cdots & 0 & 0 \\ x & -1 & \cdots & 0 & 0 \\ \vdots & \vdots & & \vdots & \vdots \\ 0 & 0 & \cdots & x & -1 \end{vmatrix}$$

$$= a_n + D_{n-1}x,$$

以此作为递推公式继续展开，即得

$$\begin{aligned} D_n &= a_n + (D_{n-2}x + a_{n-1})x = a_n + a_{n-1}x + D_{n-2}x^2 = \cdots \\ &= a_n + a_{n-1}x + \cdots + a_3x^{n-3} + D_2x^{n-2}, \end{aligned}$$

而

$$D_2 = \begin{vmatrix} x & -1 \\ a_2 & x+a_1 \end{vmatrix} = a_2 + a_1x + x^2,$$

代入上式，得

$$D_n = a_n + a_{n-1}x + \cdots + a_2x^{n-2} + a_1x^{n-1} + x^n.$$

(定理 1.3)

定理 1.3　行列式某一行(列)的元素与另一行(列)的对应元素的代数余子式乘积之和等于零. 即对于行列式 $\det(a_{ij})$ 来说，有

$$a_{i1}A_{j1} + a_{i2}A_{j2} + \cdots + a_{in}A_{jn} = 0, \quad i \neq j,$$

或

$$a_{1i}A_{1j} + a_{2i}A_{2j} + \cdots + a_{ni}A_{nj} = 0, \quad i \neq j.$$

证明　把行列式 $D=\det(a_{ij})$ 按第 j 行展开，有

$$a_{j1}A_{j1} + a_{j2}A_{j2} + \cdots + a_{jn}A_{jn} = \begin{vmatrix} a_{11} & \cdots & a_{1n} \\ \vdots & & \vdots \\ a_{i1} & \cdots & a_{in} \\ \vdots & & \vdots \\ a_{j1} & \cdots & a_{jn} \\ \vdots & & \vdots \\ a_{n1} & \cdots & a_{nn} \end{vmatrix}.$$

将上式两端的 a_{jk} 换成 $a_{ik}(k=1,2,\cdots,n)$，可得

$$a_{i1}A_{j1} + a_{i2}A_{j2} + \cdots + a_{in}A_{jn} = \begin{vmatrix} a_{11} & \cdots & a_{1n} \\ \vdots & & \vdots \\ a_{i1} & \cdots & a_{in} \\ \vdots & & \vdots \\ a_{i1} & \cdots & a_{in} \\ \vdots & & \vdots \\ a_{n1} & \cdots & a_{nn} \end{vmatrix}.$$

当 $i\neq j$ 时，上式右端行列式有两行对应元素相同，故行列式等于零，即得

$$a_{i1}A_{j1}+a_{i2}A_{j2}+\cdots+a_{in}A_{jn}=0 \quad (i\neq j).$$

上述证明如按列进行，可得

$$a_{1i}A_{1j}+a_{2i}A_{2j}+\cdots+a_{ni}A_{nj}=0 \quad (i\neq j). \qquad \square$$

综合定理 1.2 和定理 1.3，得到有关于代数余子式的重要性质：

$$a_{i1}A_{j1}+a_{i2}A_{j2}+\cdots+a_{in}A_{jn}=\begin{cases}D, & i=j\\ 0, & i\neq j\end{cases},$$

或

$$a_{1i}A_{1j}+a_{2i}A_{2j}+\cdots+a_{ni}A_{nj}=\begin{cases}D, & i=j\\ 0 & i\neq j\end{cases}.$$

仿照上面证法，用 $b_1,b_2,\cdots,b_n$ 依次代替 $a_{i1},a_{i2},\cdots,a_{in}$，可得

$$\begin{vmatrix} a_{11} & \cdots & a_{1n}\\ \vdots & & \vdots\\ a_{i-1,1} & \cdots & a_{i-1,n}\\ b_1 & \cdots & b_n\\ a_{i+1,1} & \cdots & a_{i+1,n}\\ \vdots & & \vdots\\ a_{n1} & \cdots & a_{nn}\end{vmatrix}=b_1A_{i1}+b_2A_{i2}+\cdots+b_nA_{in}.$$

例 1.12

设 $D=\begin{vmatrix} 3 & -5 & 2 & 1\\ 1 & 1 & 0 & -5\\ -1 & 3 & 1 & 3\\ 2 & -4 & -1 & -3\end{vmatrix}$，求

$$A_{11}+A_{12}+A_{13}+A_{14} \text{及} M_{11}+M_{21}+M_{31}+M_{41}.$$

(例 1.12)

解 $$A_{11}+A_{12}+A_{13}+A_{14}=\begin{vmatrix} — & — & — & —\\ 1 & 1 & 0 & -5\\ -1 & 3 & 1 & 3\\ 2 & -4 & -1 & -3\end{vmatrix}\xlongequal[r_3-r_1]{r_4+r_3}\begin{vmatrix} 1 & 1 & 1 & 1\\ 1 & 1 & 0 & -5\\ -2 & 2 & 0 & 2\\ 1 & -1 & 0 & 0\end{vmatrix}$$

$$=(-1)^{1+3}\begin{vmatrix} 1 & 1 & -5\\ -2 & 2 & 2\\ 1 & -1 & 0\end{vmatrix}\xlongequal{c_2+c_1}\begin{vmatrix} 1 & 2 & -5\\ -2 & 0 & 2\\ 1 & 0 & 0\end{vmatrix}$$

$$=\begin{vmatrix} 2 & -5\\ 0 & 2\end{vmatrix}=4.$$

$$M_{11}+M_{21}+M_{31}+M_{41}=A_{11}-A_{21}+A_{31}-A_{41}=\begin{vmatrix} — & -5 & 2 & 1\\ — & 1 & 0 & -5\\ — & 3 & 1 & 3\\ — & -4 & -1 & -3\end{vmatrix}\xlongequal[r_4+r_1]{r_2+r_1 \; r_3-r_1}$$

$$\begin{vmatrix} 1 & -5 & 2 & 1 \\ 0 & -4 & 2 & -4 \\ 0 & 8 & -1 & 2 \\ 0 & -9 & 1 & -2 \end{vmatrix} = \begin{vmatrix} -4 & 2 & -4 \\ 8 & -1 & 2 \\ -9 & 1 & -2 \end{vmatrix} = 0.$$

【知识探索】 请将例 1.12 计算过程中下划线部分的内容填写上.（答案：1,1,1,1；1,-1,1,-1.）

【感悟】 转化的思想和从一般到特殊的演绎.

习题 1.3

一、基础题

1. 填空题：

（1）已知三阶行列式中第二列元素依次为 1,2,3, 其对应的余子式依次为 3,2,1, 则该行列式的值为________；

（2）设行列式 $D=\begin{vmatrix} 1 & 2 & 3 & 4 \\ 5 & 6 & 7 & 8 \\ 4 & 3 & 2 & 1 \\ 8 & 7 & 6 & 5 \end{vmatrix}$，$A_{4j}(j=1,2,3,4)$ 为 D 中第四行元素的代数余子式，则 $4A_{41}+3A_{42}+2A_{43}+A_{44}=$________；

（3）已知 $D=\begin{vmatrix} a & b & c & a \\ c & b & a & b \\ b & a & c & c \\ a & c & b & d \end{vmatrix}$，$D$ 中第四列元素的代数余子式的和为________.

2. 设 $D=\begin{vmatrix} 1 & 0 & -3 & 7 \\ 0 & 1 & 2 & 1 \\ -3 & 4 & 0 & 3 \\ 1 & -2 & 2 & -1 \end{vmatrix}$，求：（1）代数余子式 A_{14}；（2）$A_{11}-2A_{12}+2A_{13}-A_{14}$；（3）$A_{11}+A_{21}+2A_{31}+2A_{41}$.

3. 计算下列行列式：

（1）$\begin{vmatrix} -1 & 2 & 4 \\ 0 & 3 & 1 \\ -1 & 4 & 2 \end{vmatrix}$；

（2）$\begin{vmatrix} 3 & 5 & 7 \\ -1 & 0 & 0 \\ 0 & 2 & 3 \end{vmatrix}$；

（3）$\begin{vmatrix} a_1 & b_1 & c_1 & d_1 & e_1 \\ a_2 & b_2 & c_2 & d_2 & e_2 \\ a_3 & b_3 & 0 & 0 & 0 \\ a_4 & b_4 & 0 & 0 & 0 \\ a_5 & b_5 & 0 & 0 & 0 \end{vmatrix}$.

二、提升题

4. 计算下列 n 阶行列式：

（1）$\begin{vmatrix} x & y & 0 & \cdots & 0 & 0 \\ 0 & x & y & \cdots & 0 & 0 \\ 0 & 0 & x & \cdots & 0 & 0 \\ \vdots & \vdots & \vdots & & \vdots & \vdots \\ 0 & 0 & 0 & \cdots & x & y \\ y & 0 & 0 & \cdots & 0 & x \end{vmatrix}$；

（2）$\begin{vmatrix} a_1-b & a_2 & a_3 & \cdots & a_n \\ a_1 & a_2-b & a_3 & \cdots & a_n \\ \vdots & \vdots & \vdots & & \vdots \\ a_1 & a_2 & a_3 & \cdots & a_n-b \end{vmatrix}$.

5. 用范德蒙德行列式计算：

$$D_n=\begin{vmatrix} 1 & 1 & 1 & \cdots & 1 \\ 2 & 2^2 & 2^3 & \cdots & 2^n \\ 3 & 3^2 & 3^3 & \cdots & 3^n \\ \vdots & \vdots & \vdots & & \vdots \\ n & n^2 & n^3 & \cdots & n^n \end{vmatrix}.$$

三、拓展题

6. 计算行列式

$$D_n=\begin{vmatrix} 2 & 1 & 0 & \cdots & 0 & 0 \\ 1 & 2 & 1 & \cdots & 0 & 0 \\ 0 & 1 & 2 & \cdots & 0 & 0 \\ \vdots & \vdots & \vdots & & \vdots & \vdots \\ 0 & 0 & 0 & \cdots & 2 & 1 \\ 0 & 0 & 0 & \cdots & 1 & 2 \end{vmatrix}.$$

1.4 克莱姆法则

【问题导读】

1. 克莱姆法则所给解的表达式中 $D,D_1,D_2,\cdots,D_n$ 分别怎么计算?

2. 克莱姆法则适用于所有线性方程组吗?

当线性方程组中方程的个数等于未知量的个数时，我们可以利用行列式来求解这一类特殊的线性方程组. 在 1.1 节我们利用二阶行列式求解了由两个二元线性方程构成的方程组，本节将介绍求解由 n 个 n 元线性方程构成的方程组的克莱姆法则.

1.4.1 克莱姆法则

含有 n 个未知数 $x_1,x_2,\cdots,x_n$ 的 n 个线性方程的方程组

$$\begin{cases}a_{11}x_1+a_{12}x_2+\cdots+a_{1n}x_n=b_1\\a_{21}x_1+a_{22}x_2+\cdots+a_{2n}x_n=b_2\\\quad\vdots\\a_{n1}x_1+a_{n2}x_2+\cdots+a_{nn}x_n=b_n\end{cases}\tag{1-10}$$

与二、三元线性方程组相似. 它的解可用 n 阶行列式表示，即有:

克莱姆法则: 如果线性方程组(1-10)的系数行列式不等于零，即

$$D=\begin{vmatrix}a_{11}&\cdots&a_{1n}\\\vdots&&\vdots\\a_{n1}&\cdots&a_{nn}\end{vmatrix}\neq 0,$$

那么，方程组(1-10)有唯一解

$$x_1=\frac{D_1}{D},x_2=\frac{D_2}{D},\cdots,x_n=\frac{D_n}{D},$$

其中 $D_j(j=1,2,\cdots,n)$ 是用 $b_1,b_2,\cdots,b_n$ 代替 D 中第 j 列元素所得到的 n 阶行列式，即

$$D_j=\begin{vmatrix}a_{11}&\cdots&a_{1,j-1}&b_1&a_{1,j+1}&\cdots&a_{1n}\\\vdots&&\vdots&\vdots&\vdots&&\vdots\\a_{n1}&\cdots&a_{n,j-1}&b_n&a_{n,j+1}&\cdots&a_{nn}\end{vmatrix}.\tag{1-11}$$

证明 用 D 中第 j 列元素的代数余子式依次乘方程组(1-10)的 n 个方程，再把它们相加得

$$\left(\sum_{k=1}^{n} a_{k1}A_{kj}\right)x_1+\cdots+\left(\sum_{k=1}^{n} a_{kj}A_{kj}\right)x_j+\cdots+\left(\sum_{k=1}^{n} a_{kn}A_{kj}\right)x_n=\sum_{k=1}^{n} b_kA_{kj}.$$

利用代数余子式的性质得

$$Dx_j=D_j\quad(j=1,2,\cdots,n).\tag{1-12}$$

当 $D\neq 0$ 时，方程组(1-10)有唯一解

$$x_j=\frac{D_j}{D}\quad(j=1,2,\cdots,n).\tag{1-13}$$

由于方程组(1-12)是由方程组(1-10)经过乘以常数和相加两种运算而得，故方程组(1-10)的解一定是方程组(1-12)的解. 下面验证方程组(1-12)的解也是方程组(1-10)的解.

考虑 $n+1$ 阶行列式

$$\begin{vmatrix} b_i & a_{i1} & a_{i2} & \cdots & a_{in} \\ b_1 & a_{11} & a_{12} & \cdots & a_{1n} \\ \vdots & \vdots & \vdots & & \vdots \\ b_i & a_{i1} & a_{i2} & \cdots & a_{in} \\ \vdots & \vdots & \vdots & & \vdots \\ b_n & a_{n1} & a_{n2} & \cdots & a_{nn} \end{vmatrix}.$$

这个行列式有两行元素相同，因而行列式的值为 0. 把它按第一行展开，由于第一行元素 a_{ij} 的代数余子式是

$$(-1)^{1+j+1}\begin{vmatrix} b_1 & a_{11} & \cdots & a_{1,j-1} & a_{1,j+1} & \cdots & a_{1n} \\ b_2 & a_{21} & \cdots & a_{2,j-1} & a_{2,j+1} & \cdots & a_{2n} \\ \vdots & \vdots & & \vdots & \vdots & & \vdots \\ b_n & a_{n1} & \cdots & a_{n,j-1} & a_{n,j+1} & \cdots & a_{nn} \end{vmatrix}$$

$$=(-1)^{j+2}(-1)^{j-1}\begin{vmatrix} a_{11} & \cdots & a_{1,j-1} & b_1 & a_{1,j+1} & \cdots & a_{1n} \\ a_{21} & \cdots & a_{2,j-1} & b_2 & a_{2,j+1} & \cdots & a_{2n} \\ \vdots & & \vdots & \vdots & \vdots & & \vdots \\ a_{n1} & \cdots & a_{n,j-1} & b_n & a_{n,j+1} & \cdots & a_{nn} \end{vmatrix}$$

$$=-D_j(j=1,2,\cdots,n).$$

因此

$$0=b_iD-a_{i1}D_1-a_{i2}D_2-\cdots-a_{in}D_n,$$

$$a_{i1}\frac{D_1}{D}+a_{i2}\frac{D_2}{D}+\cdots+a_{in}\frac{D_n}{D}=b_i\quad(i=1,2,\cdots,n),$$

从而知式(1-13)是方程组(1-10)的解，也是唯一解. □

例 1.13　解线性方程组

$$\begin{cases} x_1+\ x_2+2x_3+3x_4=1 \\ 3x_1-\ x_2-\ x_3-2x_4=-4 \\ 2x_1+3x_2-\ x_3-\ x_4=-6 \\ x_1+2x_2+3x_3-\ x_4=-4 \end{cases}.$$

解　因为系数行列式

$$D=\begin{vmatrix} 1 & 1 & 2 & 3 \\ 3 & -1 & -1 & -2 \\ 2 & 3 & -1 & -1 \\ 1 & 2 & 3 & -1 \end{vmatrix}=-153\neq 0,$$

所以方程组有唯一解. 又

$$D_1=\begin{vmatrix} 1 & 1 & 2 & 3 \\ -4 & -1 & -1 & -2 \\ -6 & 3 & -1 & -1 \\ -4 & 2 & 3 & -1 \end{vmatrix}=153,\ D_2=\begin{vmatrix} 1 & 1 & 2 & 3 \\ 3 & -4 & -1 & -2 \\ 2 & -6 & -1 & -1 \\ 1 & -4 & 3 & -1 \end{vmatrix}=153,$$

$$D_3=\begin{vmatrix} 1 & 1 & 1 & 3 \\ 3 & -1 & -4 & -2 \\ 2 & 3 & -6 & -1 \\ 1 & 2 & -4 & -1 \end{vmatrix}=0,\ D_4=\begin{vmatrix} 1 & 1 & 2 & 1 \\ 3 & -1 & -1 & -4 \\ 2 & 3 & -1 & -6 \\ 1 & 2 & 3 & -4 \end{vmatrix}=-153,$$

于是得　$x_1=\dfrac{D_1}{D}=-1$，$x_2=\dfrac{D_2}{D}=-1$，$x_3=\dfrac{D_3}{D}=0$，$x_4=\dfrac{D_4}{D}=1$.

克莱姆法则也可叙述为如下定理：

定理 1.4　如果线性方程组(1-10)的系数行列式 $D\neq 0$，则线性方程组(1-10)一定有唯一解.

定理 1.4′　如果线性方程组(1-10)无解或有两个以上不同的解，则它的系数行列式必为零.

例 1.14

设方程组$\begin{cases} x+\ \ y+\ \ z=a+b+c \\ ax+\ by+\ cz=a^2+b^2+c^2 \\ bcx+acy+abz=3abc \end{cases}$，试问 a,b,c 满足什么条件时，方程组有唯一解？并求唯一解.

解　由定理 1.4 知若方程组有唯一解，则系数行列式 D 不为

零，而

$$D=\begin{vmatrix}1&1&1\\a&b&c\\bc&ac&ab\end{vmatrix}=\begin{vmatrix}1&0&0\\a&b-a&c-a\\bc&(a-b)c&(a-c)b\end{vmatrix}=(a-b)(a-c)\begin{vmatrix}-1&-1\\c&b\end{vmatrix}$$

$$=(a-c)(a-b)(c-b),$$

所以当 a，b，c 互不相同时，方程组有唯一解. 又

$$D_1=\begin{vmatrix}a+b+c&1&1\\a^2+b^2+c^2&b&c\\3abc&ac&ab\end{vmatrix}=\begin{vmatrix}a&1&1\\a^2&b&c\\abc&ac&ab\end{vmatrix}=a\begin{vmatrix}1&1&1\\a&b&c\\bc&ac&ab\end{vmatrix}=aD,$$

同理，

$$D_2=\begin{vmatrix}1&a+b+c&1\\a&a^2+b^2+c^2&c\\bc&3abc&ab\end{vmatrix}=bD,\ D_3=\begin{vmatrix}1&1&a+b+c\\a&b&a^2+b^2+c^2\\bc&ac&3abc\end{vmatrix}=cD.$$

所以当 $D\neq0$ 时，方程组的唯一解为

$$x=\frac{D_1}{D}=a,\ y=\frac{D_2}{D}=b,\ z=\frac{D_3}{D}=c.$$

1.4.2 克莱姆法则在齐次线性方程组中的应用

当线性方程组(1-10)右端的常数项 $b_1,b_2,\cdots,b_n$ 全为零时，称其为齐次线性方程组，即

$$\begin{cases}a_{11}x_1+a_{12}x_2+\cdots+a_{1n}x_n=0\\a_{21}x_1+a_{22}x_2+\cdots+a_{2n}x_n=0\\\quad\vdots\\a_{n1}x_1+a_{n2}x_2+\cdots+a_{nn}x_n=0\end{cases}. \tag{1-14}$$

显然 $x_1=x_2=\cdots=x_n=0$ 一定是方程组(1-14)的解，这个解叫作齐次线性方程组(1-14)的零解. 如果一组不全为零的数是方程组(1-14)的解，则它叫作齐次线性方程组(1-14)的非零解. 齐次线性方程组(1-14)一定有零解，但不一定有非零解.

把定理 1.4 应用于齐次线性方程组(1-14)，可得：

定理 1.5 如果齐次线性方程组(1-14)的系数行列式 $D\neq0$，则齐次线性方程组(1-14)只有零解.

定理 1.5′ 如果齐次线性方程组(1-14)有非零解，则它的系数行列式必为零.

例 1.15 设齐次线性方程组

$$\begin{cases} x_1-\ x_2+2x_3=0 \\ -2x_1+\lambda x_2-3x_3=0 \\ 2x_1-2x_2+3x_3=0 \end{cases}$$

有非零解，求 λ 的值.

解 由定理 1.5′可知，此齐次线性方程组的系数行列式必为零. 而

$$D=\begin{vmatrix} 1 & -1 & 2 \\ -2 & \lambda & -3 \\ 2 & -2 & 3 \end{vmatrix}=\begin{vmatrix} 1 & -1 & 2 \\ 0 & \lambda-2 & 1 \\ 0 & 0 & -1 \end{vmatrix}=-(\lambda-2).$$

由 $D=0$，得 $\lambda=2$.

【拓展任务】 思考讨论：克莱姆法则在适用范围上有什么样的局限性？

(拓展任务)

习题 1.4

一、基础题

1. 利用克莱姆法则解下列方程组：

（1）$\begin{cases} 2x+5y=1 \\ 3x+7y=2 \end{cases}$；（2）$\begin{cases} x+2y+2z=3 \\ -x-4y+\ z=7. \\ 3x+7y+4z=3 \end{cases}$

二、提升题

2. 利用克莱姆法则解下列方程组：

（1）$\begin{cases} x_1+\ x_2+\ x_3 \qquad\ \ =5 \\ 2x_1+\ x_2-\ x_3+\ x_4=1 \\ x_1+2x_2-\ x_3+\ x_4=2 \\ \qquad x_2+2x_3+3x_4=3 \end{cases}$；

（2）$\begin{cases} bx-ay+2ab \qquad =0 \\ -2cy+3bz-bc=0 \\ cx\ +\ az \qquad =0 \end{cases}$，$abc\neq 0$.

3. a 与 b 为何值时，齐次线性方程组 $\begin{cases} ax_1+\ x_2+x_3=0 \\ x_1+\ bx_2+x_3=0 \\ x_1+2bx_2+x_3=0 \end{cases}$ 有非零解？

三、拓展题

4. 设 $\begin{cases} x_1=a_{11}y_1+a_{12}y_2+a_{13}y_3+a_{14}y_4 \\ x_2=a_{21}y_1+a_{22}y_2+a_{23}y_3+a_{24}y_4 \\ x_3=a_{31}y_1+a_{32}y_2+a_{33}y_3+a_{34}y_4 \\ x_4=a_{41}y_1+a_{42}y_2+a_{43}y_3+a_{44}y_4 \end{cases}$，已知其系数行列式不等于 0，将 y_1,y_2,y_3,y_4 用 x_1,x_2,x_3,x_4 表示.

1.5 用 MATLAB 计算行列式

【问题导读】

1. MATLAB 的主要特点是什么？
2. MATLAB 中计算行列式的命令是什么？

MATLAB 是 Matrix 和 Laboratory 两个词的组合，意为矩阵实验室，该软件主要面对科学计算、可视化以及交互式程序设计的高科技计算环境. 它将数值分析、矩阵计算、科学数据可视化以及非线性动态系统的建模和仿真等诸多强大功能集成在一个易于使用的视窗环境中，为科学研究、工程设计以及必须进行有效数值计算的众多科学领域提供了一种全面的解决方案，并在很大程度上摆脱了传统非交互式程序设计语言（如 C、Fortran）的编辑模式.

用 MATLAB 计算行列式的步骤如下：

(1) 打开 MATLAB 软件；

(2) 在工作窗口输入自己的数表，记为 A；

(3) 输入计算行列式的命令：det(A).

例 1.16　用 MATLAB 计算行列式 $\begin{vmatrix} 4 & 1 & 2 & 4 \\ 1 & 2 & 0 & 2 \\ 10 & 5 & 2 & 0 \\ 0 & 1 & 1 & 8 \end{vmatrix}$.

(例 1.16)

【编写代码】　分组查资料，了解 MATLAB 中计算行列式的命令，并利用 MATLAB 计算上述行列式的值.

解　在 MATLAB 命令行窗口中输入：

```
>>A=[4,1,2,4;1,2,0,2;10,5,2,0;0,1,1,8];
>>det(A)
```

得到结果：

```
ans=
    -16.0000
```

1.6 应用案例

1.6.1 计算面积和体积

1. 平面上三点所构成三角形的面积

设 xOy 平面上有一平行四边形 $OACB$，A、B 点的坐标分别为 (x_1,y_1)、(x_2,y_2)，如图 1.3 所示.

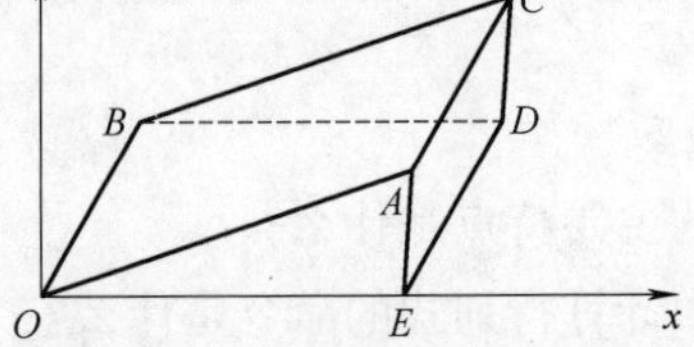

图　1.3

过A作x轴的垂线，交x轴于点E；过B作平行于x轴的直线，与过C作平行于y轴的直线交于点D. 显然$S_{\triangle CDB}=S_{\triangle AEO}$，则有

$$S_{\square OACB}=S_{\square OEDB}+S_{\triangle CDB}-S_{\triangle AEO}-S_{\square AEDC}=S_{\square OEDB}-S_{\square AEDC}$$
$$=x_1y_2-x_2y_1=\begin{vmatrix} x_1 & y_1 \\ x_2 & y_2 \end{vmatrix}.$$

若三个顶点的坐标为$A(a_1,a_2)$，$B(b_1,b_2)$，$C(c_1,c_2)$. 先将三角形的一个顶点平移到原点，则三个顶点的坐标分别为$(0,0)$，(b_1-a_1, b_2-a_2)，(c_1-a_1,c_2-a_2)，则

$$S_{\triangle ABC}=\frac{1}{2}\begin{vmatrix} b_1-a_1 & c_1-a_1 \\ b_2-a_2 & c_2-a_2 \end{vmatrix}$$
$$=\frac{1}{2}\begin{vmatrix} a_1 & b_1 & c_1 \\ a_2 & b_2 & c_2 \\ 1 & 1 & 1 \end{vmatrix}.$$

2. 空间中四点所构成三棱锥的体积

若顶点坐标为$A(a_1,a_2,a_3)$，$B(b_1,b_2,b_3)$，$C(c_1,c_2,c_3)$，$D(d_1,d_2,d_3)$. 大胆猜测，类比平面中三角形的面积，三棱锥的体积为

$$V_{D\text{-}ABC}=k\begin{vmatrix} b_1-a_1 & c_1-a_1 & d_1-a_1 \\ b_2-a_2 & c_2-a_2 & d_2-a_2 \\ b_3-a_3 & c_3-a_3 & d_3-a_3 \end{vmatrix}.$$

经过实际验算后，$k=\frac{1}{6}$. 事实上，的确有

$$V_{D\text{-}ABC}=\frac{1}{6}\begin{vmatrix} b_1-a_1 & c_1-a_1 & d_1-a_1 \\ b_2-a_2 & c_2-a_2 & d_2-a_2 \\ b_3-a_3 & c_3-a_3 & d_3-a_3 \end{vmatrix}$$
$$=\frac{1}{6}\begin{vmatrix} a_1 & b_1 & c_1 & d_1 \\ a_2 & b_2 & c_2 & d_2 \\ a_3 & b_3 & c_3 & d_3 \\ 1 & 1 & 1 & 1 \end{vmatrix}.$$

1.6.2 原子轨道线性组合成分子轨道

在原子轨道线性组合为分子轨道中，关于组合系数的线性齐次方程组称为久期方程，这类方程中未知元个数与方程个数相等. 该方程组有不全为零的解的条件是由系数所构成的行列式等于零.

此行列式称为久期行列式. 例如下面组合系数为 $c_i(i=1,2,3)$ 的久期方程

$$\begin{cases}(\alpha-E)c_1+\beta c_2+\beta c_3=0\\ \beta c_1+(\alpha-E)c_2+\beta c_3=0\\ \beta c_1+\beta c_2+(\alpha-E)c_3=0\end{cases}$$

有不全为零的解的条件是

$$\begin{vmatrix}\alpha-E & \beta & \beta\\ \beta & \alpha-E & \beta\\ \beta & \beta & \alpha-E\end{vmatrix}=0.$$

第 1 章思维导图

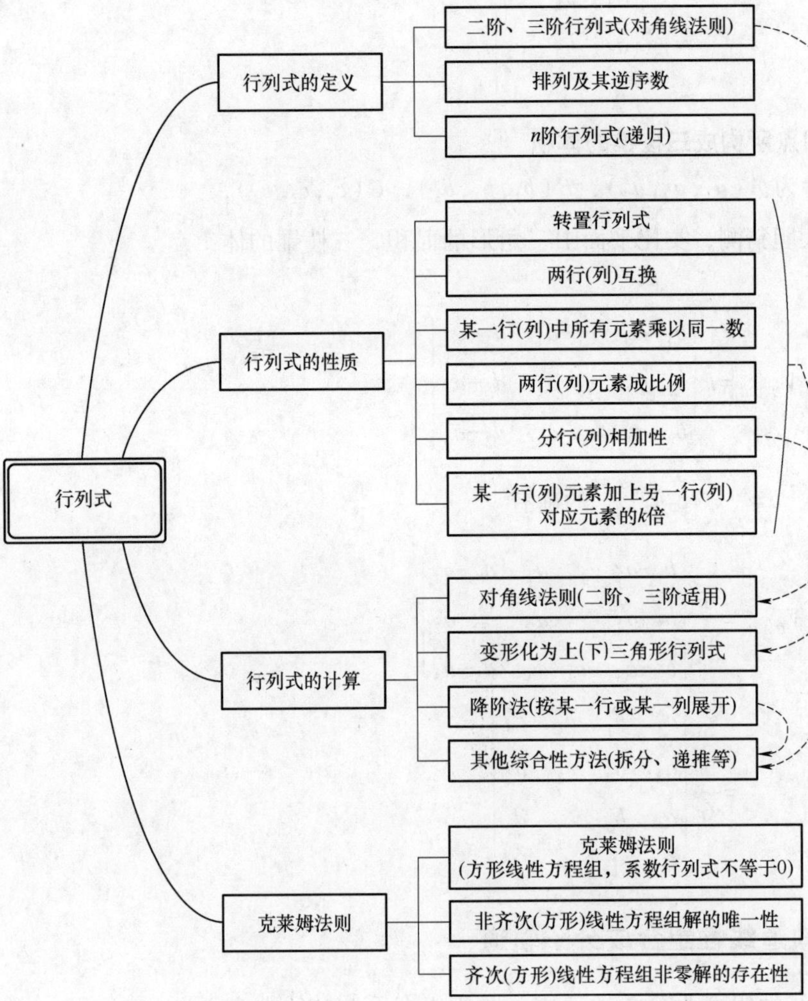

(计算技巧)

(计算手段)

中国代数学的发展

"代数"(algebra)一词最初来源于9世纪阿拉伯数学家、天文学家花拉子米(约783—约850)一本著作的名称. 1859年，我国数学家李善兰首次把"algebra"译成"代数". 后来清代学者华蘅芳和英国人傅兰雅合译英国瓦里斯的《代数学》，卷首有"代数之法，无论何数，皆可以任何记号代之"，说明了所谓"代数"，就是用符号来代表数的一种方法.

当然，代数的内容和方法，我国古代早就产生了. 在古代数学名著《九章算术》中，记载了用算筹解一次联立方程组的一般方法. 所采用的"正负术"给出了负数的概念，建立了正、负数的运算法则. 中国古代把开各次方和解二次以上的方程，统称为"开方". 在《周髀算经》和赵爽注以及《九章算术》和刘徽注中已经有完整的开平方法和开立方法，在二次方程的数值解法和求根公式方面也有一定的成就. 唐初王孝通的《缉古算经》的大部分内容是求三次方程的正根，还发展了三次方程的数值解法. 北宋数学家贾宪提出了著名的"开方作法本源图"(即贾宪三角)和增乘开方法，并用来解决二项方程近似根求法. 南宋秦九韶把增乘开方法运用于高次方程，在高次方程数值解法问题上做出了具有世界意义的重大贡献. 金元之际数学家李冶研究列一元方程的方法，创立"天元术"；元朝数学家朱世杰又把这种方法推广到多元高次方程组，创立"四元术"，建立并完善了高次方程的布列方法和数值解法，为代数学的发展做出了新的贡献.

总 习 题 一

一、基础题

1. 填空题：

(1) 排列 $12i5479k6$ 是偶排列，则 $i=$________，$k=$________；

(2) $a_{14}a_{4i}a_{35}a_{2k}a_{52}$ 为5阶行列式中一个带正号的项，则 $i=$________，$k=$________；

(3) 4阶行列式中包含因子 $a_{12}a_{24}$ 的项为______；

(4) 设 $\begin{vmatrix} a_{11} & a_{12} & a_{13} \\ a_{21} & a_{22} & a_{23} \\ a_{31} & a_{32} & a_{33} \end{vmatrix}=M$，则 $\begin{vmatrix} 2a_{11} & 2a_{12} & 2a_{13} \\ a_{21}+a_{31} & a_{22}+a_{32} & a_{23}+a_{33} \\ a_{31} & a_{32} & a_{33} \end{vmatrix}=$________.

2. 选择题：

(1) 下列选项中是5阶行列式 $\det(a_{ij})(i,j=1,2,3,4,5)$ 中一项的是(　　)；

A. $a_{12}a_{43}a_{34}a_{21}a_{55}$

B. $a_{12}a_{45}a_{34}a_{23}a_{55}$

C. $-a_{13}a_{42}a_{34}a_{21}a_{51}$

D. $-a_{14}a_{43}a_{31}a_{22}a_{55}$

（2）4 阶行列式 $\begin{vmatrix} a_1 & 0 & 0 & b_1 \\ 0 & a_2 & b_2 & 0 \\ 0 & b_3 & a_3 & 0 \\ b_4 & 0 & 0 & a_4 \end{vmatrix}$ 的值为(　　)；

A. $a_1a_2a_3a_4-b_1b_2b_3b_4$

B. $a_1a_2a_3a_4+b_1b_2b_3b_4$

C. $(a_1a_2-b_1b_2)(a_3a_4-b_3b_4)$

D. $(a_2a_3-b_2b_3)(a_1a_4-b_1b_4)$

（3）行列式 $\begin{vmatrix} 1 & 2 & 3 \\ 1 & -4 & 0 \\ -6 & 0 & 5 \end{vmatrix}$ 中，元素 3 的余子式是(　　)；

A. 24　　B. −24　　C. 6　　D. −4

（4）设 $D_n=\begin{vmatrix} 1 & 1 & \cdots & 1 \\ 0 & 2 & \cdots & 2 \\ \vdots & \vdots & & \vdots \\ 0 & 0 & \cdots & n \end{vmatrix}$，则 D_n 中所有元素的代数余子式之和为(　　).

A. 0　　B. $-n!$　　C. $n!$　　D. $2n!$

二、提升题

3. 计算下列各行列式：

（1）$\begin{vmatrix} 4 & 1 & 2 & 4 \\ 1 & 2 & 0 & 2 \\ 10 & 5 & 2 & 0 \\ 0 & 1 & 1 & 7 \end{vmatrix}$；（2）$\begin{vmatrix} 1 & -3 & 4 & 2 \\ 3 & 0 & 8 & 9 \\ -4 & 7 & -8 & -5 \\ 2 & -4 & 7 & 7 \end{vmatrix}$；

（3）$\begin{vmatrix} 3 & 1 & 0 & 0 & 0 \\ 1 & 3 & 1 & 0 & 0 \\ 0 & 1 & 3 & 1 & 0 \\ 0 & 0 & 1 & 3 & 1 \\ 0 & 0 & 0 & 1 & 3 \end{vmatrix}$；（4）$\begin{vmatrix} 2 & 0 & 0 & -1 & 0 \\ 0 & 1 & 0 & 1 & -1 \\ 1 & 3 & 1 & -1 & 0 \\ 2 & 1 & 0 & 0 & 0 \\ 0 & 0 & 1 & 2 & 1 \end{vmatrix}$；

（5）$\begin{vmatrix} a & x & x & x & x \\ x & a & x & x & x \\ x & x & a & x & x \\ x & x & x & a & x \\ x & x & x & x & a \end{vmatrix}$.

4. 证明下列各式：

（1）$\begin{vmatrix} ax+by & ay+bz & az+bx \\ ay+bz & az+bx & ax+by \\ az+bx & ax+by & ay+bz \end{vmatrix}=(a^3+b^3)\begin{vmatrix} x & y & z \\ y & z & x \\ z & x & y \end{vmatrix}$；

（2）$\begin{vmatrix} 1 & 1 & 1 & 1 \\ a & b & c & d \\ a^2 & b^2 & c^2 & d^2 \\ a^4 & b^4 & c^4 & d^4 \end{vmatrix}=(a-b)(a-c)(a-d)(b-c)(b-d)(c-d)(a+b+c+d)$；

（3）$\begin{vmatrix} x & -1 & 0 & 0 \\ 0 & x & -1 & 0 \\ 0 & 0 & x & -1 \\ a_0 & a_1 & a_2 & a_3 \end{vmatrix}=a_3x^3+a_2x^2+a_1x+a_0$；

（4）$D_5=\begin{vmatrix} 1-a & a & 0 & 0 & 0 \\ -1 & 1-a & a & 0 & 0 \\ 0 & -1 & 1-a & a & 0 \\ 0 & 0 & -1 & 1-a & 0 \\ 0 & 0 & 0 & -1 & 1-a \end{vmatrix}=1-a+a^2-a^3+a^4-a^5$.

5. 用克莱姆法则解下列方程组：

（1）$\begin{cases} x_1+2x_2-x_3+3x_4=2 \\ 2x_1-x_2+3x_3-2x_4=7 \\ 3x_2-x_3+x_4=6 \\ x_1-x_2+x_3+4x_4=-4 \end{cases}$；

（2）$\begin{cases} x_1+x_2+x_3+x_4=0 \\ x_2+x_3+x_4+x_5=0 \\ x_1+2x_2+3x_3=2 \\ x_2+3x_3+3x_4=-1 \\ x_3+2x_4+3x_5=2 \end{cases}$.

三、拓展题

6. 计算下列行列式：

（1）$D_n=\begin{vmatrix} a & 0 & \cdots & 0 & 1 \\ 0 & a & \cdots & 0 & 0 \\ \vdots & \vdots & & \vdots & \vdots \\ 0 & 0 & \cdots & a & 0 \\ 1 & 0 & \cdots & 0 & a \end{vmatrix}$；

（2）$D_{n+1}=\begin{vmatrix} a_1 & -a_1 & 0 & \cdots & 0 & 0 \\ 0 & a_2 & -a_2 & \cdots & 0 & 0 \\ \vdots & \vdots & \vdots & & \vdots & \vdots \\ 0 & 0 & 0 & \cdots & a_n & -a_n \\ 1 & 1 & 1 & \cdots & 1 & 1 \end{vmatrix}$；

(3) $D_{n+1}=\begin{vmatrix} a^n & (a-1)^n & \cdots & (a-n)^n \\ a^{n-1} & (a-1)^{n-1} & \cdots & (a-n)^{n-1} \\ \vdots & \vdots & & \vdots \\ a & a-1 & \cdots & a-n \\ 1 & 1 & \cdots & 1 \end{vmatrix}$.

7. a 与 b 为何值时，齐次线性方程组 $\begin{cases} x_1+x_2+x_3+ax_4=0 \\ x_1+2x_2+x_3+x_4=0 \\ x_1+x_2-3x_3+x_4=0 \\ x_1+x_2+ax_3+bx_4=0 \end{cases}$ 有非零解？

第2章 矩阵

矩阵是线性代数中一个重要的基本概念，是本课程讨论的主要对象，它在研究向量组的线性相关性、线性方程组求解以及求二次型的标准形等方面有着不可替代的重要作用. 另外，矩阵也是现代科学技术不可或缺的数学工具，它在数学的很多分支及其他相关学科中都具有非常广泛的应用. 熟练地掌握矩阵的各种基本运算，并注重矩阵运算的一些特有规律，对线性代数研究的一些基本问题是十分重要的. 我国数学家在魏晋时期就已经熟练掌握通过线性方程组增广矩阵的初等变换方法解线性方程组了. 本章主要介绍矩阵的概念及其运算、逆矩阵、矩阵的初等变换、矩阵的秩、分块矩阵及其运算等.

(矩阵的历史)

2.1 矩阵及其运算

【问题导读】

1. 矩阵和行列式有哪些不同?
2. 矩阵的乘法与数的乘法运算律的异同点.
3. 矩阵都可以计算其行列式吗?

【拓展任务】 查找矩阵的相关资料，了解引入矩阵的意义.

本节介绍矩阵的基本概念，给出几种特殊矩阵，并介绍矩阵的基本运算.

2.1.1 矩阵的概念

在自然科学、经济学、管理学和工程技术领域等诸多方面都和某些数表有着密切的联系，从这些数表中抽象出矩阵的定义.

定义 2.1 由 $m\times n$ 个数 $a_{ij}(i=1,2,\cdots,m;j=1,2,\cdots,n)$ 排成一个 m 行 n 列的矩形数表

$$\begin{pmatrix} a_{11} & a_{12} & \cdots & a_{1n} \\ a_{21} & a_{22} & \cdots & a_{2n} \\ \vdots & \vdots & & \vdots \\ a_{m1} & a_{m2} & \cdots & a_{mn} \end{pmatrix}$$

称为一个 $m\times n$ **矩阵**. 位于第 i 行第 j 列的数 $a_{ij}(i=1,2,\cdots,m;\ j=1,2,\cdots,n)$ 称为矩阵的元素. 通常我们用大写的英文字母 $\boldsymbol{A}$, $\boldsymbol{B}$, $\boldsymbol{C}$ 等来表示矩阵, 可以把上面的矩阵记作

$$\boldsymbol{A}=\begin{pmatrix} a_{11} & a_{12} & \cdots & a_{1n} \\ a_{21} & a_{22} & \cdots & a_{2n} \\ \vdots & \vdots & & \vdots \\ a_{m1} & a_{m2} & \cdots & a_{mn} \end{pmatrix}$$

或 $\boldsymbol{A}=(a_{ij})_{m\times n}$ 或 $\boldsymbol{A}=(a_{ij})$, $m\times n$ 矩阵 $\boldsymbol{A}$ 也记作 $\boldsymbol{A}_{m\times n}$, $n\times n$ 矩阵称为 n 阶**方阵**, 并简记为 $\boldsymbol{A}_n$.

元素为实数的矩阵称为**实矩阵**, 元素为复数的矩阵称为**复矩阵**. 本书中的矩阵如无特别说明外, 均指实矩阵.

例 2.1 某种商品有 5 个产地 A_1,A_2,A_3,A_4,A_5 和 4 个销地 B_1,B_2,B_3,B_4, 那么商品的一个调运方案就可以用一个矩阵

$$\boldsymbol{A}=\begin{pmatrix} a_{11} & a_{12} & a_{13} & a_{14} \\ a_{21} & a_{22} & a_{23} & a_{24} \\ a_{31} & a_{32} & a_{33} & a_{34} \\ a_{41} & a_{42} & a_{43} & a_{44} \\ a_{51} & a_{52} & a_{53} & a_{54} \end{pmatrix}$$

来表示, 其中 a_{ij} 表示由产地 A_i 运到销地 B_j 的数量, $i=1,2,3,4,5, j=1,2,3,4$.

2.1.2 几种特殊矩阵

只有一列的矩阵, 如 $m\times 1$ 矩阵

$$\boldsymbol{A}=\begin{pmatrix} a_1 \\ a_2 \\ \vdots \\ a_m \end{pmatrix}$$

称为**列矩阵**, 也称为 m 维列向量.

只有一行的矩阵, 如 $1\times n$ 矩阵

$$A=(a_1, \quad a_2, \quad \cdots, \quad a_n)$$

称为**行矩阵**，也称为 n 维行向量.

如果一个矩阵的元素全为零，则称该矩阵为**零矩阵**. $m\times n$ 零矩阵记为 $\boldsymbol{O}_{m\times n}$ 或简记为 $\boldsymbol{O}$.

在方阵中，从左上角到右下角的对角线称为**主对角线**，从右上角到左下角的对角线称为**副对角线**. 如果位于主对角线上(下)方的元素全为零，则称该方阵为**下(上)三角矩阵**. 既是上三角矩阵，又是下三角矩阵的矩阵

$$\boldsymbol{A}=\begin{pmatrix} \lambda_1 & 0 & \cdots & 0 \\ 0 & \lambda_2 & \cdots & 0 \\ \vdots & \vdots & & \vdots \\ 0 & 0 & \cdots & \lambda_n \end{pmatrix}$$

称为**对角矩阵**，并简记为 $\boldsymbol{A}=\mathrm{diag}(\lambda_1,\lambda_2,\cdots,\lambda_n)$.

若对角矩阵 $\boldsymbol{A}$ 的主对角线上的元素 $\lambda_1,\lambda_2,\cdots,\lambda_n$ 全相等，则称矩阵 $\boldsymbol{A}$ 为**数量矩阵**. 主对角线上的元素全为 1 的数量矩阵称为**单位矩阵**，通常用 $\boldsymbol{E}$ 表示. 例如，n 阶单位矩阵可表示为

$$\boldsymbol{E}_n=\begin{pmatrix} 1 & 0 & \cdots & 0 \\ 0 & 1 & \cdots & 0 \\ \vdots & \vdots & & \vdots \\ 0 & 0 & \cdots & 1 \end{pmatrix}.$$

显然，n 阶数量矩阵 $\boldsymbol{A}=\mathrm{diag}(\lambda,\lambda,\cdots,\lambda)$.

2.1.3 矩阵的运算

下面我们定义矩阵的运算，包括矩阵的加法、数与矩阵的乘法(数乘)、矩阵与矩阵的乘法(矩阵乘法)以及矩阵的转置等，这些运算是矩阵最基本的运算.

两个矩阵的行数和列数分别相等，称这两个矩阵为**同型矩阵**. 如果 $\boldsymbol{A}=(a_{ij})$，$\boldsymbol{B}=(b_{ij})$ 为同型矩阵，并且 $a_{ij}=b_{ij}(i=1,2,\cdots,m;$ $j=1,2,\cdots,n)$，则称矩阵 $\boldsymbol{A}$ 和矩阵 $\boldsymbol{B}$ **相等**，记为 $\boldsymbol{A}=\boldsymbol{B}$.

1. 矩阵的加(减)法

定义 2.2 设矩阵 $\boldsymbol{A}=(a_{ij})_{m\times n}$，$\boldsymbol{B}=(b_{ij})_{m\times n}$，称矩阵 $\boldsymbol{C}=(c_{ij})_{m\times n}=(a_{ij}+b_{ij})_{m\times n}$ 为**矩阵 $\boldsymbol{A}$ 和 $\boldsymbol{B}$ 的和**，并记为 $\boldsymbol{C}=\boldsymbol{A}+\boldsymbol{B}$.

【判断】 $\begin{pmatrix} a & b \\ c & d \end{pmatrix}+\begin{pmatrix} e & f \\ g & h \end{pmatrix}=\begin{pmatrix} a+e & b+f \\ c+g & d+h \end{pmatrix}$，你认为对吗?

由定义 2.2 不难看出，矩阵的加法实际上就是矩阵的对应元

素相加，当然相加的两个矩阵必须为同型矩阵. 矩阵加法满足以下运算律：

（1）交换律：$\boldsymbol{A}+\boldsymbol{B}=\boldsymbol{B}+\boldsymbol{A}$；

（2）结合律：$\boldsymbol{A}+(\boldsymbol{B}+\boldsymbol{C})=(\boldsymbol{A}+\boldsymbol{B})+\boldsymbol{C}$；

（3）负矩阵：对于任意一个矩阵 $\boldsymbol{A}$，都存在一个矩阵 $\boldsymbol{B}$，使得 $\boldsymbol{A}+\boldsymbol{B}=\boldsymbol{B}+\boldsymbol{A}=\boldsymbol{O}$，称矩阵 $\boldsymbol{B}$ 为矩阵 $\boldsymbol{A}$ 的负矩阵，记为 $\boldsymbol{B}=-\boldsymbol{A}$.

显然，若 $\boldsymbol{A}=(a_{ij})_{m\times n}$，则 $\boldsymbol{A}$ 的负矩阵 $-\boldsymbol{A}=(-a_{ij})_{m\times n}$. 由此可定义矩阵的减法为

$$\boldsymbol{B}-\boldsymbol{A}=\boldsymbol{B}+(-\boldsymbol{A}).$$

2. 数与矩阵的乘法

定义 2.3　设矩阵 $\boldsymbol{A}=(a_{ij})_{m\times n}$，称矩阵 $(ka_{ij})_{m\times n}$ 为数 k 与矩阵 $\boldsymbol{A}$ 的乘积，记为 $k\boldsymbol{A}$，即 $k\boldsymbol{A}=k(a_{ij})=(ka_{ij})$. 换句话说，用数 k 去乘矩阵 $\boldsymbol{A}$ 就是用数 k 乘矩阵 $\boldsymbol{A}$ 中的每一个元素.

数与矩阵的乘积也称为**数量乘积**或**数乘矩阵**，不难验证数乘矩阵满足：

（1）结合律：$\lambda(\mu\boldsymbol{A})=(\lambda\mu)\boldsymbol{A}$；

（2）分配律：$(\lambda+\mu)\boldsymbol{A}=\lambda\boldsymbol{A}+\mu\boldsymbol{A}$，$\lambda(\boldsymbol{A}+\boldsymbol{B})=\lambda\boldsymbol{A}+\lambda\boldsymbol{B}$.

例 2.2　设 $\boldsymbol{A}=\begin{pmatrix}1 & 2\\ -1 & -2\end{pmatrix}$，$\boldsymbol{B}=\begin{pmatrix}1 & 1\\ 2 & 2\end{pmatrix}$，求 $2\boldsymbol{A}-3\boldsymbol{B}$.

解　$$2\boldsymbol{A}-3\boldsymbol{B}=2\begin{pmatrix}1 & 2\\ -1 & -2\end{pmatrix}-3\begin{pmatrix}1 & 1\\ 2 & 2\end{pmatrix}=\begin{pmatrix}2 & 4\\ -2 & -4\end{pmatrix}-\begin{pmatrix}3 & 3\\ 6 & 6\end{pmatrix}$$
$$=\underline{\qquad\qquad}.$$

【填空】　请将例 2.2 计算过程中横线部分的内容补全. $\left(答案：\begin{pmatrix}-1 & 1\\ -8 & -10\end{pmatrix}.\right)$

【找不同】　矩阵的数乘运算与行列式的性质 1.3 有什么区别?

（矩阵数乘与行列式数乘的区别）

3. 矩阵的乘法

定义 2.4　设矩阵 $\boldsymbol{A}=(a_{ij})_{m\times p}$，$\boldsymbol{B}=(b_{ij})_{p\times n}$，规定**矩阵 $\boldsymbol{A}$ 与矩阵 $\boldsymbol{B}$ 的乘积**是一个 $m\times n$ 矩阵 $\boldsymbol{C}=(c_{ij})_{m\times n}$，其中

$$c_{ij}=a_{i1}b_{1j}+a_{i2}b_{2j}+\cdots+a_{ip}b_{pj}=\sum_{k=1}^{p}a_{ik}b_{kj},$$

并把此乘积记为 $\boldsymbol{C}=\boldsymbol{AB}$. 由矩阵乘法的定义不难看出，矩阵 $\boldsymbol{A}$ 与 $\boldsymbol{B}$ 的乘积 $\boldsymbol{C}$ 的元素 $c_{ij}(i=1,2,\cdots,m;j=1,2,\cdots,n)$ 等于左边的矩阵 $\boldsymbol{A}$ 的第 i 行与右边的矩阵 $\boldsymbol{B}$ 的第 j 列的对应元素乘积的和.

【注意】 在矩阵乘法中，要求左边矩阵 $\boldsymbol{A}$ 的列数与右边矩阵 $\boldsymbol{B}$ 的行数相等.

(例 2.3)

例 2.3 设 $\boldsymbol{A}=\begin{pmatrix}-1&2\\3&1\\2&4\end{pmatrix}$，$\boldsymbol{B}=\begin{pmatrix}2&1&0&-2\\1&2&-3&4\end{pmatrix}$，求 $\boldsymbol{AB}$ 和 $\boldsymbol{BA}$.

解 $$\boldsymbol{AB}=\begin{pmatrix}-1&2\\3&1\\2&4\end{pmatrix}\begin{pmatrix}2&1&0&-2\\1&2&-3&4\end{pmatrix}=\begin{pmatrix}0&3&-6&10\\7&5&-3&-2\\8&10&-12&12\end{pmatrix}.$$

由于 $\boldsymbol{B}$ 的列数与 $\boldsymbol{A}$ 的行数不相等，所以 $\boldsymbol{BA}$ 无意义.

(例 2.4)

例 2.4 设 $\boldsymbol{A}=\begin{pmatrix}1&1\\-1&-1\end{pmatrix}$，$\boldsymbol{B}=\begin{pmatrix}2&-2\\-2&2\end{pmatrix}$，计算 $\boldsymbol{AB}$ 和 $\boldsymbol{BA}$.

解 由矩阵乘法定义得

$$\boldsymbol{AB}=\begin{pmatrix}1&1\\-1&-1\end{pmatrix}\begin{pmatrix}2&-2\\-2&2\end{pmatrix}=\begin{pmatrix}0&0\\0&0\end{pmatrix},$$

$$\boldsymbol{BA}=\begin{pmatrix}2&-2\\-2&2\end{pmatrix}\begin{pmatrix}1&1\\-1&-1\end{pmatrix}=\begin{pmatrix}4&4\\-4&-4\end{pmatrix}.$$

从例 2.4 可以看出，矩阵 $\boldsymbol{A}\neq\boldsymbol{O}$，$\boldsymbol{B}\neq\boldsymbol{O}$，但 $\boldsymbol{AB}=\boldsymbol{O}$. 因此当 $\boldsymbol{AB}=\boldsymbol{O}$，一般不能得出 $\boldsymbol{A}=\boldsymbol{O}$ 或 $\boldsymbol{B}=\boldsymbol{O}$. 由此可知，当 $\boldsymbol{AB}=\boldsymbol{AC}$ 且 $\boldsymbol{A}\neq\boldsymbol{O}$时，一般不能得出 $\boldsymbol{B}=\boldsymbol{C}$. 从例 2.4 还可以看出，矩阵的乘法不满足交换律，即 $\boldsymbol{AB}\neq\boldsymbol{BA}$，因为当 $\boldsymbol{AB}$ 有意义时，$\boldsymbol{BA}$ 不一定有意义，当 $\boldsymbol{AB}$ 和 $\boldsymbol{BA}$ 都有意义，$\boldsymbol{AB}$ 与 $\boldsymbol{BA}$ 未必是同型矩阵，即便 $\boldsymbol{A}$，$\boldsymbol{B}$ 都是同阶方阵，$\boldsymbol{AB}$ 与 $\boldsymbol{BA}$ 也不一定相等.

如果 $\boldsymbol{A}$，$\boldsymbol{B}$ 都是同阶方阵，且 $\boldsymbol{AB}=\boldsymbol{BA}$，称矩阵 $\boldsymbol{A}$ 与 $\boldsymbol{B}$ 可交换，简称 $\boldsymbol{A}$ 与 $\boldsymbol{B}$ 可交换.

尽管矩阵乘法不满足交换律，但容易验证矩阵乘法满足以下运算律：

(1) **结合律**：$(\boldsymbol{AB})\boldsymbol{C}=\boldsymbol{A}(\boldsymbol{BC})$；

(2) **左分配律**：$\boldsymbol{A}(\boldsymbol{B}+\boldsymbol{C})=\boldsymbol{AB}+\boldsymbol{AC}$；

右分配律：$(\boldsymbol{B}+\boldsymbol{C})\boldsymbol{A}=\boldsymbol{BA}+\boldsymbol{CA}$；

(3) **数乘结合律**：$k(\boldsymbol{AB})=(k\boldsymbol{A})\boldsymbol{B}=\boldsymbol{A}(k\boldsymbol{B})$，其中 k 为数；

(4) **单位矩阵 $\boldsymbol{E}$ 满足**：$\boldsymbol{E}_m\boldsymbol{A}_{m\times n}=\boldsymbol{A}_{m\times n}\boldsymbol{E}_n=\boldsymbol{A}_{m\times n}$，或简记为 $\boldsymbol{EA}=\boldsymbol{AE}=\boldsymbol{A}$.

证明 我们仅证明(1)，其他等式的证明留给读者.

设 $\boldsymbol{A}=(a_{ij})_{m\times n}$，$\boldsymbol{B}=(b_{ij})_{n\times k}$，$\boldsymbol{C}=(c_{ij})_{k\times s}$. 易知$(\boldsymbol{AB})\boldsymbol{C}$ 和$\boldsymbol{A}(\boldsymbol{BC})$都是 $m\times s$ 矩阵，只需证明 $(\boldsymbol{AB})\boldsymbol{C}$ 和 $\boldsymbol{A}(\boldsymbol{BC})$对应位置的元素相等即可. 事实上，$\boldsymbol{A}(\boldsymbol{BC})$中第 i 行第 j 列的元素为 $\boldsymbol{A}$ 的第 i 行的元素 a_{i1}，

$a_{i2},\cdots,a_{in}$ 与 $\boldsymbol{BC}$ 的第 j 列的元素 $\sum\limits_{t=1}^{k} b_{1t}c_{tj}, \sum\limits_{t=1}^{k} b_{2t}c_{tj},\cdots,\sum\limits_{t=1}^{k} b_{nt}c_{tj}$ 对应乘积之和，即为

$$\sum_{\tau=1}^{n}\left(a_{i\tau}\sum_{t=1}^{k} b_{\tau t}c_{tj}\right)=\sum_{\tau=1}^{n}\sum_{t=1}^{k} a_{i\tau}b_{\tau t}c_{tj}. \tag{2-1}$$

而 $(\boldsymbol{AB})\boldsymbol{C}$ 中第 i 行第 j 列的元素为 $\boldsymbol{AB}$ 的第 i 行的元素 $\sum\limits_{\tau=1}^{n} a_{i\tau}b_{\tau 1}$, $\sum\limits_{\tau=1}^{n} a_{i\tau}b_{\tau 2},\cdots,\sum\limits_{\tau=1}^{n} a_{i\tau}b_{\tau k}$ 与 $\boldsymbol{C}$ 的第 j 列的元素 $c_{1j},c_{2j},\cdots,c_{kj}$ 对应乘积之和，即为

$$\sum_{t=1}^{k}\left[\left(\sum_{\tau=1}^{n} a_{i\tau}b_{\tau t}\right)c_{tj}\right]=\sum_{t=1}^{k}\left(\sum_{\tau=1}^{n} a_{i\tau}b_{\tau t}c_{tj}\right)=\sum_{t=1}^{k}\sum_{\tau=1}^{n} a_{i\tau}b_{\tau t}c_{tj}=\sum_{\tau=1}^{n}\sum_{t=1}^{k} a_{i\tau}b_{\tau t}c_{tj}. \tag{2-2}$$

而式(2-1)、式(2-2)两式相等，故 $(\boldsymbol{AB})\boldsymbol{C}=\boldsymbol{A}(\boldsymbol{BC})$. □

有了矩阵乘法，下面定义矩阵的幂. 设矩阵 $\boldsymbol{A}$ 为 n 阶方阵，定义

$$\boldsymbol{A}^0=\boldsymbol{E},\boldsymbol{A}^1=\boldsymbol{A},\boldsymbol{A}^2=\boldsymbol{AA},\cdots,\boldsymbol{A}^{k+1}=\boldsymbol{A}^k\boldsymbol{A}.$$

易知

$$\boldsymbol{A}^k\boldsymbol{A}^l=\boldsymbol{A}^{k+l},(\boldsymbol{A}^k)^l=\boldsymbol{A}^{kl},$$

其中 k, l 为非负整数.

因为矩阵乘积不满足交换律，一般来说，$(\boldsymbol{AB})^k\neq\boldsymbol{A}^k\boldsymbol{B}^k$. 当 $\boldsymbol{A}$ 与 $\boldsymbol{B}$ 可交换时，$(\boldsymbol{AB})^k=\boldsymbol{A}^k\boldsymbol{B}^k$，$(\boldsymbol{A}+\boldsymbol{B})^2=\boldsymbol{A}^2+2\boldsymbol{AB}+\boldsymbol{B}^2$，$(\boldsymbol{A}-\boldsymbol{B})^2=\boldsymbol{A}^2-2\boldsymbol{AB}+\boldsymbol{B}^2$ 均成立.

【判断】 $(\boldsymbol{A}+\boldsymbol{E})^2=\boldsymbol{A}^2+2\boldsymbol{A}+\boldsymbol{E}$，你认为对吗?

(判断)

定义 2.5 设两组变量 $x_1,x_2,\cdots,x_m$ 和 $y_1,y_2,\cdots,y_n$，关系式

$$\begin{cases}x_1=c_{11}y_1+c_{12}y_2+\cdots+c_{1n}y_n\\ x_2=c_{21}y_1+c_{22}y_2+\cdots+c_{2n}y_n\\ \qquad\vdots\\ x_m=c_{m1}y_1+c_{m2}y_2+\cdots+c_{mn}y_n\end{cases} \tag{2-3}$$

称为由变量 $y_1,y_2,\cdots,y_n$ 到变量 $x_1,x_2,\cdots,x_m$ 的一个**线性变量替换**，简称**线性变换**. 矩阵

$$\boldsymbol{C}=\begin{pmatrix}c_{11}&c_{12}&\cdots&c_{1n}\\ c_{21}&c_{22}&\cdots&c_{2n}\\ \vdots&\vdots&\vdots&\vdots\\ c_{m1}&c_{m2}&\cdots&c_{mn}\end{pmatrix}$$

称为线性变换的矩阵.

记 $\boldsymbol{X}=\begin{pmatrix}x_1\\x_2\\\vdots\\x_m\end{pmatrix}$，$\boldsymbol{Y}=\begin{pmatrix}y_1\\y_2\\\vdots\\y_n\end{pmatrix}$，则线性变换(2-3)可用矩阵形式表示为 $\boldsymbol{X}=\boldsymbol{CY}$.

4. 矩阵的转置

定义 2.6 把一个 $m\times n$ 矩阵

$$\boldsymbol{A}=\begin{pmatrix}a_{11} & a_{12} & \cdots & a_{1n}\\a_{21} & a_{22} & \cdots & a_{2n}\\\vdots & \vdots & & \vdots\\a_{m1} & a_{m2} & \cdots & a_{mn}\end{pmatrix}$$

的行换成同序数的列得到一个 $n\times m$ 矩阵，称此矩阵为矩阵 $\boldsymbol{A}$ 的转置矩阵，记为 $\boldsymbol{A}^{\mathrm{T}}$，即

$$\boldsymbol{A}^{\mathrm{T}}=\begin{pmatrix}a_{11} & a_{21} & \cdots & a_{m1}\\a_{12} & a_{22} & \cdots & a_{m2}\\\vdots & \vdots & & \vdots\\a_{1n} & a_{2n} & \cdots & a_{mn}\end{pmatrix}.$$

容易验证矩阵的转置满足下面的运算律：

(1) $(\boldsymbol{A}^{\mathrm{T}})^{\mathrm{T}}=\boldsymbol{A}$；

(2) $(\boldsymbol{A}+\boldsymbol{B})^{\mathrm{T}}=\boldsymbol{A}^{\mathrm{T}}+\boldsymbol{B}^{\mathrm{T}}$；

(3) $(\lambda\boldsymbol{A})^{\mathrm{T}}=\lambda\boldsymbol{A}^{\mathrm{T}}$；

(4) $(\boldsymbol{AB})^{\mathrm{T}}=\boldsymbol{B}^{\mathrm{T}}\boldsymbol{A}^{\mathrm{T}}$.

证明 运算律(1)(2)(3)的证明由定义 2.6 易得，这里仅给出(4)的证明.

设 $\boldsymbol{A}=(a_{ij})_{m\times n}$，$\boldsymbol{B}=(b_{ij})_{n\times k}$，$(\boldsymbol{AB})^{\mathrm{T}}$ 中第 i 行第 j 列的元素为 $\boldsymbol{AB}$ 中第 j 行第 i 列的元素，即为

$$\sum_{\tau=1}^{n}a_{j\tau}b_{\tau i},$$

而 $\boldsymbol{B}^{\mathrm{T}}\boldsymbol{A}^{\mathrm{T}}$ 中第 i 行第 j 列的元素为 $\boldsymbol{B}$ 中第 i 列与 $\boldsymbol{A}$ 中第 j 行的对应元素的乘积之和，即为

$$\sum_{\tau=1}^{n} b_{\tau i} a_{j\tau} = \sum_{\tau=1}^{n} a_{j\tau} b_{\tau i}$$

由此知$(\boldsymbol{AB})^{\mathrm{T}}=\boldsymbol{B}^{\mathrm{T}}\boldsymbol{A}^{\mathrm{T}}$. □

例 2.5

设$\boldsymbol{A}=\begin{pmatrix}1 & -2\\ 2 & 1\\ 1 & 3\end{pmatrix}$，$\boldsymbol{B}=\begin{pmatrix}2 & 1 & 0\\ 1 & -1 & 2\end{pmatrix}$，求$(\boldsymbol{AB})^{\mathrm{T}}$，$(\boldsymbol{BA})^{\mathrm{T}}$.

解　$\boldsymbol{AB}=\begin{pmatrix}1 & -2\\ 2 & 1\\ 1 & 3\end{pmatrix}\begin{pmatrix}2 & 1 & 0\\ 1 & -1 & 2\end{pmatrix}=\begin{pmatrix}0 & 3 & -4\\ 5 & 1 & 2\\ 5 & -2 & 6\end{pmatrix}$，于是$(\boldsymbol{AB})^{\mathrm{T}}=$______.

又$\boldsymbol{BA}=\begin{pmatrix}2 & 1 & 0\\ 1 & -1 & 2\end{pmatrix}\begin{pmatrix}1 & -2\\ 2 & 1\\ 1 & 3\end{pmatrix}=\begin{pmatrix}4 & -3\\ 1 & 3\end{pmatrix}$，从而$(\boldsymbol{BA})^{\mathrm{T}}=$______.

【填空】　请将例 2.5 计算过程中横线部分的内容补全.

$\left(\text{答案：}\begin{pmatrix}0 & 5 & 5\\ 3 & 1 & -2\\ -4 & 2 & 6\end{pmatrix}；\begin{pmatrix}4 & 1\\ -3 & 3\end{pmatrix}.\right)$

设矩阵$\boldsymbol{A}$为n阶方阵，如果满足$\boldsymbol{A}^{\mathrm{T}}=\boldsymbol{A}$，则称$\boldsymbol{A}$为对称矩阵；如果满足$\boldsymbol{A}^{\mathrm{T}}=-\boldsymbol{A}$，则称$\boldsymbol{A}$为反对称矩阵.

例 2.6　试证明：任一方阵都可表示为一个对称矩阵和一个反对称矩阵的和.

证明　设矩阵$\boldsymbol{A}$为任意一个n阶方阵，令$\boldsymbol{B}=\frac{1}{2}(\boldsymbol{A}+\boldsymbol{A}^{\mathrm{T}})$，$\boldsymbol{C}=\frac{1}{2}(\boldsymbol{A}-\boldsymbol{A}^{\mathrm{T}})$，则$\boldsymbol{A}=\boldsymbol{B}+\boldsymbol{C}$，而$\boldsymbol{B}^{\mathrm{T}}=\boldsymbol{B}$，$\boldsymbol{C}^{\mathrm{T}}=-\boldsymbol{C}$，即矩阵$\boldsymbol{B}$和$\boldsymbol{C}$分别为对称矩阵和反对称矩阵，从而结论得到证明. □

5. 矩阵的行列式

定义 2.7　由n阶方阵$\boldsymbol{A}$的元素按原来的位置所构成的行列式，称为方阵$\boldsymbol{A}$的行列式，记为$|\boldsymbol{A}|$或$\det\boldsymbol{A}$.

【记忆】　n阶方阵$\boldsymbol{A}$，$\boldsymbol{B}$的行列式具有以下性质：

(1)　$|\boldsymbol{A}^{\mathrm{T}}|=|\boldsymbol{A}|$；

(2)　$|\lambda\boldsymbol{A}|=\lambda^{n}|\boldsymbol{A}|$；

(3)　$|\boldsymbol{AB}|=|\boldsymbol{BA}|=|\boldsymbol{A}||\boldsymbol{B}|$.

证明　仅证明性质(3)，性质(1)、性质(2)的证明略.

设$\boldsymbol{A}=(a_{ij})_{n\times n}$，$\boldsymbol{B}=(b_{ij})_{n\times n}$，构造如下$2n$阶行列式

$$D=\begin{vmatrix}\boldsymbol{A} & -\boldsymbol{E}\\ \boldsymbol{O} & \boldsymbol{B}\end{vmatrix}=\begin{vmatrix}a_{11} & \cdots & a_{1n} & -1 & \cdots & 0\\ \vdots & & \vdots & \vdots & & \vdots\\ a_{n1} & \cdots & a_{nn} & 0 & \cdots & -1\\ 0 & \cdots & 0 & b_{11} & \cdots & b_{1n}\\ \vdots & & \vdots & \vdots & & \vdots\\ 0 & \cdots & 0 & b_{n1} & \cdots & b_{nn}\end{vmatrix},$$

一方面，由例 1.7 可知，

$$D=\begin{vmatrix}\boldsymbol{A} & -\boldsymbol{E}\\ \boldsymbol{O} & \boldsymbol{B}\end{vmatrix}=|\boldsymbol{A}||\boldsymbol{B}|.$$

另一方面，在 D 中分别以 $a_{1j},a_{2j},\cdots,a_{nj}$ 乘第 $n+1,n+2,\cdots,2n$ 列都加到第 j 列上$(j=1,2,\cdots,n)$，由行列式的性质得

$$D=\begin{vmatrix}\boldsymbol{O} & -\boldsymbol{E}\\ \boldsymbol{BA} & \boldsymbol{B}\end{vmatrix}=(-1)^n\begin{vmatrix}-\boldsymbol{E} & \boldsymbol{O}\\ \boldsymbol{B} & \boldsymbol{BA}\end{vmatrix}=(-1)^n|-\boldsymbol{E}||\boldsymbol{BA}|=|\boldsymbol{BA}|,$$

从而 $|\boldsymbol{BA}|=|\boldsymbol{A}||\boldsymbol{B}|=|\boldsymbol{B}||\boldsymbol{A}|=|\boldsymbol{AB}|$. □

对于 n 阶方阵 $\boldsymbol{A},\boldsymbol{B}$，一般情况下 $\boldsymbol{AB}\neq\boldsymbol{BA}$，但由上述性质(3)总有 $|\boldsymbol{BA}|=|\boldsymbol{AB}|$.

【科学思维】 矩阵和数的运算进行类比和对比，体现从变与不变和对立统一的辩证思想.

【科学精神】 注意矩阵运算的书写格式和规范性，注重科学方法论的严谨和实事求是.

习题 2.1

一、基础题

1. (1) $\boldsymbol{A}=\begin{pmatrix}1 & 2 & -3\\ 0 & -3 & 2\end{pmatrix}$，$\boldsymbol{B}=\begin{pmatrix}-1 & 0 & 2\\ 3 & 1 & 1\end{pmatrix}$，求 $\boldsymbol{A}+\boldsymbol{B}$.

(2) 已知 $\begin{pmatrix}3 & -4 & 0\\ 2 & 8 & -1\end{pmatrix}+\boldsymbol{A}=\begin{pmatrix}1 & -4 & 3\\ -2 & 2 & 1\end{pmatrix}$，求 $\boldsymbol{A}$.

2. (1) $\boldsymbol{A}=\begin{pmatrix}2 & 0 & -1\\ 1 & 3 & 2\end{pmatrix}$，$\boldsymbol{B}=\begin{pmatrix}1 & 7 & -1\\ 4 & 2 & 3\\ 2 & 0 & 1\end{pmatrix}$，求 $\boldsymbol{AB}$.

(2) 设 $\boldsymbol{A}=\begin{pmatrix}1\\ 2\\ 3\end{pmatrix}$，$\boldsymbol{B}=(1\ \ -1\ \ 3)$，求 $\boldsymbol{AB}$ 和 $\boldsymbol{BA}$.

3. 设 $\boldsymbol{A}=\begin{pmatrix}1 & 2 & 1\\ 2 & 1 & 2\\ 1 & 2 & 3\end{pmatrix}$，$\boldsymbol{B}=\begin{pmatrix}4 & 1 & 1\\ -4 & 2 & 0\\ 1 & 2 & 1\end{pmatrix}$，计算 $(\boldsymbol{A}+\boldsymbol{B})^2-(\boldsymbol{A}^2+2\boldsymbol{AB}+\boldsymbol{B}^2)$.

4. 设

$$\boldsymbol{A}=\begin{pmatrix}1 & 1 & 1\\ -1 & 1 & 1\\ 1 & -1 & 1\end{pmatrix},\ \boldsymbol{B}=\begin{pmatrix}1 & 2 & 1\\ 1 & 3 & -1\\ 2 & 1 & 4\end{pmatrix},$$

计算：(1) $\boldsymbol{A}^2-\boldsymbol{B}^2$；(2) $(\boldsymbol{A}+\boldsymbol{B})(\boldsymbol{A}-\boldsymbol{B})$；(3) $\boldsymbol{B}^{\mathrm{T}}\boldsymbol{A}^{\mathrm{T}}$；(4) $3\boldsymbol{AB}-2\boldsymbol{A}$.

二、提升题

5. 举反例说明下列命题是错误的：

(1) 若 $\boldsymbol{A}^2=\boldsymbol{O}$，则 $\boldsymbol{A}=\boldsymbol{O}$；

(2) 若 $\boldsymbol{A}^2=\boldsymbol{A}$，则 $\boldsymbol{A}=\boldsymbol{O}$ 或 $\boldsymbol{A}=\boldsymbol{E}$；

(3) 若 $\boldsymbol{AX}=\boldsymbol{AY}$，且 $\boldsymbol{A}\neq\boldsymbol{O}$，则 $\boldsymbol{X}=\boldsymbol{Y}$.

6. 设 $A=\begin{pmatrix}1 & 0\\ \lambda & 1\end{pmatrix}$，求 A^2，A^3，…，A^k.

三、拓展题

7. 已知 3 阶方阵 A 的伴随矩阵 $A^*=\begin{pmatrix}1 & 0 & 0\\ 2 & 3 & 0\\ 4 & 5 & 6\end{pmatrix}$，试求矩阵 A.

2.2 逆矩阵

【问题导读】

1. 任何矩阵都存在逆矩阵吗？逆矩阵如果存在，唯一吗？

2. 什么是伴随矩阵？它有什么特点和具体应用？

3. 解矩阵方程 $AX=B$，$XA=B$，$AXB=C$ 的基本思路是什么？

在 2.1 节中我们看到，矩阵与实数有类似的运算，比如有加、减、乘运算，特别是对于一个非零实数 a（也可视为一阶方阵），它的倒数（或称为 a 的逆）a^{-1} 满足 $aa^{-1}=a^{-1}a=1$. 在矩阵的乘法运算中，单位矩阵 E 相当于数的乘法运算中 1. 对于矩阵 A，是否也存在一个矩阵 A^{-1}，使得 $AA^{-1}=A^{-1}A=E$ 呢？下面给出可逆矩阵及其逆矩阵的定义，并进一步探讨矩阵可逆的条件及求逆矩阵的方法.

2.2.1 逆矩阵的概念

定义 2.8　对于 n 阶方阵 A，如果存在一个 n 阶方阵 B，使得

$$AB=BA=E,$$

则称矩阵 A 为可逆矩阵（简称 A 可逆或 A 是可逆的），并称矩阵 B 为 A 的逆矩阵.

如果矩阵 A 是可逆的，其逆矩阵 B 是唯一的. 事实上，如果矩阵 C 也是 A 的逆矩阵，$AC=CA=E$，则有

$$C=EC=(BA)C=B(AC)=BE=B,$$

所以 A 的逆矩阵是唯一的. A 的逆矩阵 B 记为 A^{-1}. 由定义 2.8 易知 $A=B^{-1}$，A 与 B 互为逆矩阵.

由定义 2.8 易知，单位矩阵 E 的逆矩阵是 E.

（例 2.7）

例 2.7　判断下列矩阵是否可逆，如果可逆，写出其逆矩阵：

$$A=\begin{pmatrix}1 & 1\\ -1 & -1\end{pmatrix},\ B=\begin{pmatrix}1 & 2\\ 3 & 4\end{pmatrix}.$$

解　矩阵 A 不可逆，矩阵 B 可逆，且其逆矩阵为

$$B^{-1}=\begin{pmatrix}-2 & 1\\ \frac{3}{2} & -\frac{1}{2}\end{pmatrix}.$$

2.2.2 矩阵可逆的充分必要条件

从定义 2.8 可以看出，只有方阵才有可能存在逆矩阵，那么，方阵满足什么条件时存在逆矩阵呢？为了回答这个问题，首先给出伴随矩阵的概念.

定义 2.9 设 $A=\begin{pmatrix}a_{11} & a_{12} & \cdots & a_{1n}\\ a_{21} & a_{22} & \cdots & a_{2n}\\ \vdots & \vdots & & \vdots\\ a_{n1} & a_{n2} & \cdots & a_{nn}\end{pmatrix}$，称 $A^*=\begin{pmatrix}A_{11} & A_{21} & \cdots & A_{n1}\\ A_{12} & A_{22} & \cdots & A_{n2}\\ \vdots & \vdots & & \vdots\\ A_{1n} & A_{2n} & \cdots & A_{nn}\end{pmatrix}$ 为矩阵 A 的**伴随矩阵**，其中 A_{ij} 为行列式 $|A|$ 中元素 a_{ij} 的代数余子式.

定理 2.1 对于任意的 n 阶方阵 A，总有 $AA^*=A^*A=|A|E$.

证明 由行列式的性质及矩阵乘法的定义可直接得到 $AA^*=A^*A=|A|E$. □

定理 2.2 矩阵 A 可逆的充要条件是 $|A|\neq 0$，并且 $A^{-1}=\frac{1}{|A|}A^*$.

证明 由定理 2.1 知，对于任意的 n 阶方阵 A，有 $AA^*=A^*A=|A|E$，当 $|A|\neq 0$ 时，$AA^*=A^*A=|A|E$ 的两边同乘 $\frac{1}{|A|}$，得

$$A\left(\frac{1}{|A|}A^*\right)=\left(\frac{1}{|A|}A^*\right)A=E.$$

由定义 2.8 知，矩阵 A 可逆，且 $A^{-1}=\frac{1}{|A|}A^*$.

反之，若矩阵 A 可逆，那么存在 A^{-1}，使得 $AA^{-1}=A^{-1}A=E$，两边取行列式，得

$$|A||A^{-1}|=|E|=1.$$

因而 $|A|\neq 0$. □

当矩阵 A 可逆时，也称矩阵 A 是**非退化**的，或是**非奇异**的.

【记忆】 矩阵 A 可逆的充要条件是 $|A|\neq 0$，并且 $A^{-1}=\frac{1}{|A|}A^*$.

例 2.8 求矩阵

$$A=\begin{pmatrix}1 & -1 & 3\\ 2 & -1 & 4\\ -1 & 2 & -4\end{pmatrix}$$

的逆矩阵.

(例 2.8)

解 易知 $|A|=1\neq 0$，所以矩阵 A 可逆. A 的伴随矩阵为

$$A^*=\begin{pmatrix}A_{11} & A_{21} & A_{31}\\ A_{12} & A_{22} & A_{32}\\ A_{13} & A_{23} & A_{33}\end{pmatrix}=\begin{pmatrix}-4 & 2 & -1\\ 4 & -1 & 2\\ 3 & -1 & 1\end{pmatrix},$$

所以

$$A^{-1}=\frac{1}{|A|}A^*=\begin{pmatrix}-4 & 2 & -1\\ 4 & -1 & 2\\ 3 & -1 & 1\end{pmatrix}.$$

【填空】 设 A 是 3 阶矩阵，已知 $A^{-1}=\begin{pmatrix}2 & 1 & 1\\ 1 & 2 & 1\\ 1 & 1 & 2\end{pmatrix}$，则 $|A^*|=$________.

(填空)

解 $|A^*|=|A|^2=\dfrac{1}{|A^{-1}|^2}=\dfrac{1}{16}$.

定理 2.2 不仅给出了判断矩阵可逆的条件，同时也给出了求逆矩阵的方法，但当矩阵的阶数较大时，计算量非常大，后期我们还会介绍求逆矩阵的其他方法.

例 2.9

已知 $AX=2X+B$，求矩阵 X. 其中 $A=\begin{pmatrix}3 & 0 & 0\\ 0 & 1 & -1\\ 0 & 1 & 4\end{pmatrix}$，$B=\begin{pmatrix}3 & 6\\ 1 & 1\\ 2 & -3\end{pmatrix}$.

解 将方程 $AX=2X+B$ 改写为 $(A-2E)X=B$，由题意可得

$A-2E=\begin{pmatrix}1 & 0 & 0\\ 0 & -1 & -1\\ 0 & 1 & 2\end{pmatrix}$，$|A-2E|=-1$，易求得 $(A-2E)^*=\begin{pmatrix}-1 & 0 & 0\\ 0 & 2 & 1\\ 0 & -1 & -1\end{pmatrix}$，

故

$$(\boldsymbol{A}-2\boldsymbol{E})^{-1}=\frac{(\boldsymbol{A}-2\boldsymbol{E})^*}{|\boldsymbol{A}-2\boldsymbol{E}|}=\begin{pmatrix}1&0&0\\0&-2&-1\\0&1&1\end{pmatrix}.$$

方程$(\boldsymbol{A}-2\boldsymbol{E})\boldsymbol{X}=\boldsymbol{B}$两边同时左乘$(\boldsymbol{A}-2\boldsymbol{E})^{-1}$得

$$\boldsymbol{X}=(\boldsymbol{A}-2\boldsymbol{E})^{-1}\boldsymbol{B}=\begin{pmatrix}1&0&0\\0&-2&-1\\0&1&1\end{pmatrix}\begin{pmatrix}3&6\\1&1\\2&-3\end{pmatrix}=\begin{pmatrix}3&6\\-4&1\\3&-2\end{pmatrix}.$$

2.2.3 逆矩阵的性质

可逆矩阵有以下主要性质：

性质 2.1 若$\boldsymbol{AB}=\boldsymbol{E}$(或$\boldsymbol{BA}=\boldsymbol{E}$)，则$\boldsymbol{B}=\boldsymbol{A}^{-1}$.

证明 由$\boldsymbol{AB}=\boldsymbol{E}$得$|\boldsymbol{A}||\boldsymbol{B}|=|\boldsymbol{E}|=1$，故$|\boldsymbol{A}|\neq 0$，因而$\boldsymbol{A}$可逆，于是

$$\boldsymbol{B}=\boldsymbol{EB}=(\boldsymbol{A}^{-1}\boldsymbol{A})\boldsymbol{B}=\boldsymbol{A}^{-1}(\boldsymbol{AB})=\boldsymbol{A}^{-1}\boldsymbol{E}=\boldsymbol{A}^{-1}.$$ □

性质 2.2 若矩阵$\boldsymbol{A}$可逆，则$\boldsymbol{A}^{-1}$也可逆，且$(\boldsymbol{A}^{-1})^{-1}=\boldsymbol{A}$.

证明 若矩阵$\boldsymbol{A}$可逆，则存在$\boldsymbol{A}^{-1}$，使得$\boldsymbol{AA}^{-1}=\boldsymbol{A}^{-1}\boldsymbol{A}=\boldsymbol{E}$，由定义 2.8 知，矩阵$\boldsymbol{A}$是$\boldsymbol{A}^{-1}$的逆矩阵，即$(\boldsymbol{A}^{-1})^{-1}=\boldsymbol{A}$. □

性质 2.3 若矩阵$\boldsymbol{A}$可逆，数$\lambda\neq 0$，则$\lambda\boldsymbol{A}$也可逆，且$(\lambda\boldsymbol{A})^{-1}=\lambda^{-1}\boldsymbol{A}^{-1}$.

证明 由于$(\lambda\boldsymbol{A})(\lambda^{-1}\boldsymbol{A}^{-1})=(\lambda\lambda^{-1})(\boldsymbol{AA}^{-1})=\boldsymbol{E}$，所以$(\lambda\boldsymbol{A})^{-1}=\lambda^{-1}\boldsymbol{A}^{-1}$. □

性质 2.4 若矩阵$\boldsymbol{A}$，$\boldsymbol{B}$为同阶方阵，且都可逆，则$\boldsymbol{AB}$也可逆，且$(\boldsymbol{AB})^{-1}=\boldsymbol{B}^{-1}\boldsymbol{A}^{-1}$.

证明 因为$(\boldsymbol{AB})(\boldsymbol{B}^{-1}\boldsymbol{A}^{-1})=\boldsymbol{A}(\boldsymbol{BB}^{-1})\boldsymbol{A}^{-1}=\boldsymbol{A}(\boldsymbol{E})\boldsymbol{A}^{-1}=\boldsymbol{AA}^{-1}=\boldsymbol{E}$，所以

$$(\boldsymbol{AB})^{-1}=\boldsymbol{B}^{-1}\boldsymbol{A}^{-1}.$$ □

性质 2.5 若矩阵$\boldsymbol{A}$可逆，则$\boldsymbol{A}^{\mathrm{T}}$，$\boldsymbol{A}^*$也可逆，且$(\boldsymbol{A}^{\mathrm{T}})^{-1}=(\boldsymbol{A}^{-1})^{\mathrm{T}}$，$(\boldsymbol{A}^*)^{-1}=(\boldsymbol{A}^{-1})^*$.

证明 因为$\boldsymbol{A}^{\mathrm{T}}(\boldsymbol{A}^{-1})^{\mathrm{T}}=(\boldsymbol{A}^{-1}\boldsymbol{A})^{\mathrm{T}}=\boldsymbol{E}^{\mathrm{T}}=\boldsymbol{E}$，所以$(\boldsymbol{A}^{\mathrm{T}})^{-1}=(\boldsymbol{A}^{-1})^{\mathrm{T}}$.

因为$\boldsymbol{AA}^*=\boldsymbol{A}^*\boldsymbol{A}=|\boldsymbol{A}|\boldsymbol{E}$，所以$(\boldsymbol{A}^*)^{-1}=\dfrac{1}{|\boldsymbol{A}|}\boldsymbol{A}$. 又因为

$$A^{-1}(A^{-1})^*=(A^{-1})^*A^{-1}=|A^{-1}|E=\frac{E}{|A|},$$

所以$(A^{-1})^*=\dfrac{A}{|A|}$，于是$(A^*)^{-1}=(A^{-1})^*$. □

从性质 2.5 的证明过程可得到下面的性质 2.6.

性质 2.6　若矩阵 A 可逆，则 A 的伴随矩阵 A^* 也可逆，且$(A^*)^{-1}=\dfrac{A}{|A|}$.

(判断)

【判断】　设 A 是 3 阶方阵，$|kA^{-1}|=k|A^{-1}|=k\dfrac{1}{|A|}$，你认为对吗？

(例 2.10)

例 2.10　设 A 是 3 阶方阵，$|A|=\dfrac{1}{2}$，计算$|(3A)^{-1}-2A^*|$.

解　因为 $AA^*=A^*A=|A|E=\dfrac{1}{2}E$，所以 $A^*=\dfrac{1}{2}A^{-1}$. 从而

$$|(3A)^{-1}-2A^*|=|\underline{\qquad\qquad\qquad}|=\left|-\frac{2}{3}A^{-1}\right|$$

$$=\left(-\frac{2}{3}\right)^3|A^{-1}|=-\frac{8}{27}\frac{1}{|A|}=-\frac{16}{27}.$$

【填空】　请将例 2.10 计算过程中下划线部分的内容补全. $\left(\text{答案：}\dfrac{1}{3}A^{-1}-2\left(\dfrac{1}{2}A^{-1}\right).\right)$

(例 2.11)

例 2.11　设方阵 A 满足方程 $A^2-A-2E=O$，证明：A，$A+2E$ 都可逆，并求它们的逆矩阵.

证明　由 $A^2-A-2E=O$，得 $A(A-E)=2E$，有 $A\dfrac{A-E}{2}=E$，故 A 可逆. 而且 $A^{-1}=\dfrac{1}{2}(A-E)$.

又由 $A^2-A-2E=O$，得$(A+2E)(A-3E)=-4E$，从而$(A+2E)\dfrac{(3E-A)}{4}=E$，所以 $A+2E$ 可逆，而且$(A+2E)^{-1}=\dfrac{3E-A}{4}$. □

【以量定质】　通过行列式的值是否等于零判定一个方阵是否可逆.

【规则意识】　矩阵乘法不满足交换律，解矩阵方程时需注意是左乘还是右乘，要有规则意识.

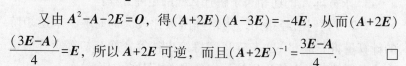

习题 2.2

一、基础题

1. 求下列矩阵的逆矩阵：

(1) $\begin{pmatrix}2&5\\1&3\end{pmatrix}$；(2) $\begin{pmatrix}1&-1&3\\2&-1&4\\-1&2&-4\end{pmatrix}$；(3) $\begin{pmatrix}1&-3&2\\-3&0&1\\1&1&-1\end{pmatrix}$.

2. 解下列矩阵方程：

(1) $\begin{pmatrix}3&-1\\-4&2\end{pmatrix}X=\begin{pmatrix}-1&5\\2&-6\end{pmatrix}$；

(2) $X\begin{pmatrix}3&-1\\-4&2\end{pmatrix}=\begin{pmatrix}-1&5\\2&-6\end{pmatrix}$.

3. 设 $A=\begin{pmatrix}5&-1&0\\-2&3&1\\2&-1&6\end{pmatrix}$，$C=\begin{pmatrix}2&1\\2&0\\3&5\end{pmatrix}$，满足 $AX=C+2X$，求 X.

二、提升题

4. 解矩阵方程 $\begin{pmatrix}0&1&0\\1&0&0\\0&0&1\end{pmatrix}X\begin{pmatrix}1&0&0\\0&0&1\\0&1&0\end{pmatrix}=\begin{pmatrix}2&4&3\\2&0&-1\\3&2&4\end{pmatrix}$.

5. 设 $A=\begin{pmatrix}1&-3&0\\2&1&0\\0&0&2\end{pmatrix}$，满足 $A+X=XA$，求 X.

6. 设 n 阶方阵 A 满足 $A^2-2A-4E=O$，求 $(A+E)^{-1}$.

7. 设矩阵 A 可逆，证明：(1) 若 $AB=O$，则 $B=O$；(2) 若 $AB=AC$，则 $B=C$.

8. 设 A，B 都是 n 阶方阵，已知 $|B|\neq 0$，$A-E$可逆，且$(A-E)^{-1}=(B-E)^{\mathrm{T}}$，证明 A 可逆.

三、拓展题

9. 设矩阵 $A=\begin{pmatrix}1&0&0\\1&1&0\\1&1&1\end{pmatrix}$，$B=\begin{pmatrix}0&1&1\\1&0&1\\1&1&0\end{pmatrix}$，矩阵 X 满足 $AXA+BXB=AXB+BXA+E$，其中 E 是3阶单位矩阵，试求矩阵 X.

2.3 矩阵的初等变换

【问题导读】

1. 设 A 是一个 4×5 的矩阵，E 是一个 4 阶单位矩阵. 尝试一下分别左乘 $E(2,4)$，$E(3(5))$，$E(3,1(-7))$的效果.

2. 设 A 是一个 4×5 的矩阵，E 是一个 5 阶单位矩阵. 尝试一下分别右乘 $E(2,4)$，$E(3(5))$，$E(3,1(-7))$的效果.

3. 求方阵 A 的逆相当于解什么样的矩阵方程？

2.2 节我们已经指出，当矩阵阶数比较大的时候，求逆矩阵的计算量将非常大. 这一节我们将给出初等变换与初等矩阵的概念，并在此基础上给出用初等变换求逆矩阵的方法.

2.3.1 矩阵的初等变换

在计算行列式的时候，行列式有三种初等变换：

(1) 交换行列式中任意两行或两列的位置；

(2) 用某个非零的数 k 乘行列式的任意一行或列；

(3) 将行列式某一行或列的 k 倍加到另一行或列上.

行列式的初等变换在行列式的计算和行列式的理论上都有着很重要的作用.

行列式的三种初等变换施加在矩阵上就得到下面将要介绍的矩阵的初等变换. 矩阵的初等变换在求逆矩阵、解线性方程组、研究向量组的线性相关性以及求二次型的标准形中都具有非常重要的作用.

定义 2.10　下面三种变换称为**矩阵 $\boldsymbol{A}$ 的初等行(列)变换**:

(1) 交换矩阵 $\boldsymbol{A}$ 的第 i 行(列)和第 j 行(列)的位置, 用 $r_i \leftrightarrow r_j(c_i \leftrightarrow c_j)$ 表示;

(2) 用非零数 k 乘矩阵 $\boldsymbol{A}$ 的第 i 行(列)的每一个元素, 用 $kr_i(kc_i)$ 表示;

(3) 将矩阵 $\boldsymbol{A}$ 的第 j 行(列)的 k 倍加到 $\boldsymbol{A}$ 的第 i 行(列), 用 $r_i+kr_j(c_i+kc_j)$ 表示.

矩阵的初等行变换和初等列变换统称为**矩阵的初等变换**. 显然, 三种初等变换都是可逆的, 其逆变换还是同类型的变换, 即变换 $r_i \leftrightarrow r_j$ 的逆变换还是 $r_i \leftrightarrow r_j$(变换 $c_i \leftrightarrow c_j$ 的逆变换还是 $c_i \leftrightarrow c_j$); 变换 kr_i 的逆变换是 $k^{-1}r_i$(变换 kc_i 的逆变换是 $k^{-1}c_i$); 变换 r_i+kr_j 的逆变换是 r_i-kr_j(变换 c_i+kc_j 的逆变换是 c_i-kc_j).

定义 2.11　如果矩阵 $\boldsymbol{A}$ 经过有限次初等变换后得到矩阵 $\boldsymbol{B}$, 就称矩阵 $\boldsymbol{A}$ 与 $\boldsymbol{B}$ **等价**, 记为 $\boldsymbol{A} \sim \boldsymbol{B}$.

由定义 2.11, 易知矩阵之间的等价关系具有下列性质:

(1) **反身性**: $\boldsymbol{A} \sim \boldsymbol{A}$;

(2) **对称性**: $\boldsymbol{A} \sim \boldsymbol{B}$, 则 $\boldsymbol{B} \sim \boldsymbol{A}$;

(3) **传递性**: 若 $\boldsymbol{A} \sim \boldsymbol{B}$, 且 $\boldsymbol{B} \sim \boldsymbol{C}$, 则 $\boldsymbol{A} \sim \boldsymbol{C}$.

矩阵经过若干次初等变换可以化为某些特殊的矩阵: 行阶梯形矩阵、行最简形矩阵及标准形. 它们的定义如下.

定义 2.12　若矩阵的每一行从左边开始, 第一个非零元素下方的元素全为零, 则称这样的矩阵为**行阶梯形矩阵**; 若矩阵的每一行从左边开始, 第一个非零元素为 1, 并且其所在列的其他元素全为零, 则称这样的矩阵为**行最简形矩阵**.

由定义 2.12 可知, 矩阵

$$\begin{pmatrix}2&2&1\\0&3&4\\0&0&0\end{pmatrix},\begin{pmatrix}0&1&2&3\\0&0&0&2\\0&0&0&0\end{pmatrix},\begin{pmatrix}1&0&0&0&4\\0&1&0&0&2\\0&0&0&1&3\end{pmatrix}$$

都是行阶梯形矩阵，其中第三个矩阵是行最简形矩阵.

定理 2.3　任何一个矩阵 $\boldsymbol{A}$ 经过有限次初等行变换可化为行阶梯形矩阵或行最简形矩阵.

证明　如果 $\boldsymbol{A}=\boldsymbol{O}$，则它已经是行阶梯形矩阵；若 $\boldsymbol{A}\neq\boldsymbol{O}$，如果从左边开始，第一个有非零元素的列是第 j_1 列，那么施行互换两行的变换可以使这个非零元素变到第一行，不妨设 $a_{1j_1}\neq 0$.

另外，对于每个 $i>1$，再施行行变换 $r_i+(-a_{ij_1}a_{1j_1}^{-1})r_1$，就可以使第一行中元素 a_{1j_1} 下边的每个元素变为零.

再对余下的所有行重复上述过程，直到化为行阶梯形矩阵为止.

对于行阶梯形矩阵如果再施行第二种、第三种初等行变换即可化为行最简形矩阵. □

例 2.12　将矩阵 $\boldsymbol{A}$ 化为行阶梯形矩阵和行最简形矩阵：

$$\boldsymbol{A}=\begin{pmatrix}1&3&3&-2&1&3\\2&6&1&-3&0&2\\1&3&-2&-1&-1&-1\\3&9&4&-5&1&5\end{pmatrix}.$$

(例 2.12)

解　对矩阵 $\boldsymbol{A}$ 依次进行一系列初等行变换可得

$$\boldsymbol{A}=\begin{pmatrix}1&3&3&-2&1&3\\2&6&1&-3&0&2\\1&3&-2&-1&-1&-1\\3&9&4&-5&1&5\end{pmatrix}\overset{r_2-2r_1,\,r_3-r_1}{\underset{r_4-3r_1}{\sim}}\begin{pmatrix}1&3&3&-2&1&3\\0&0&-5&1&-2&-4\\0&0&-5&1&-2&-4\\0&0&-5&1&-2&-4\end{pmatrix}$$

$$\overset{r_3-r_2}{\underset{r_4-r_2}{\sim}}\begin{pmatrix}1&3&3&-2&1&3\\0&0&-5&1&-2&-4\\0&0&0&0&0&0\\0&0&0&0&0&0\end{pmatrix}\overset{-\frac{1}{5}r_2}{\underset{r_1-3r_2}{\sim}}\begin{pmatrix}1&3&0&-\frac{7}{5}&-\frac{1}{5}&\frac{3}{5}\\0&0&1&-\frac{1}{5}&\frac{2}{5}&\frac{4}{5}\\0&0&0&0&0&0\\0&0&0&0&0&0\end{pmatrix},$$

于是矩阵 $\boldsymbol{A}$ 的行阶梯形矩阵和行最简形矩阵分别为

$$\begin{pmatrix}1&3&3&-2&1&3\\0&0&-5&1&-2&-4\\0&0&0&0&0&0\\0&0&0&0&0&0\end{pmatrix},\begin{pmatrix}1&3&0&-\frac{7}{5}&-\frac{1}{5}&\frac{3}{5}\\0&0&1&-\frac{1}{5}&\frac{2}{5}&\frac{4}{5}\\0&0&0&0&0&0\\0&0&0&0&0&0\end{pmatrix}.$$

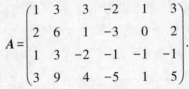

如果对行最简形矩阵再进行初等列变换，就可以化为更为简单的形式：矩阵的标准形.

定理 2.4 任何一个 $m\times n$ 矩阵 $\boldsymbol{A}$ 都与形式为

$$\begin{pmatrix} 1 & 0 & \cdots & 0 & 0 & \cdots & 0 \\ 0 & 1 & \cdots & 0 & 0 & \cdots & 0 \\ \vdots & \vdots & & \vdots & \vdots & & \vdots \\ 0 & 0 & \cdots & 1 & 0 & \cdots & 0 \\ 0 & 0 & \cdots & 0 & 0 & \cdots & 0 \\ \vdots & \vdots & & \vdots & \vdots & & \vdots \\ 0 & 0 & \cdots & 0 & 0 & \cdots & 0 \end{pmatrix}_{m\times n}$$

的矩阵等价，它称为矩阵 $\boldsymbol{A}$ 的标准形.

证明 由定理 2.3 知，任何一个 $m\times n$ 矩阵 $\boldsymbol{A}$ 经过有限次的初等行变换化为行最简形矩阵. 最后再对行最简形矩阵施行有限次初等列变换，即可把矩阵 $\boldsymbol{A}$ 化为标准形. □

【写一写】 写出一个行阶梯形矩阵和一个行最简形矩阵.

【理解】 行阶梯形矩阵、行最简形矩阵、标准形矩阵三者之间的关系.

2.3.2 初等矩阵

为了便于使用初等变换解决矩阵问题，我们引入初等矩阵的概念，它在诸多有关矩阵的理论和证明中起着不可替代的作用.

定义 2.13 对单位矩阵 $\boldsymbol{E}$ 进行一次初等变换所得到的矩阵，称为初等矩阵.

因为初等变换有三种，故对应有以下三种初等矩阵.

(1) 交换单位矩阵 $\boldsymbol{E}$ 的第 i 行(列)和第 j 行(列)所得到的初等矩阵记为

$$\boldsymbol{E}(i,j)=\begin{pmatrix} 1 & & & & & & & & & \\ & \ddots & & & & & & & & \\ & & 1 & & & & & & & \\ & & & 0 & & \cdots & & 1 & & \\ & & & & 1 & & & & & \\ & & & \vdots & & \ddots & & \vdots & & \\ & & & & & & 1 & & & \\ & & & 1 & & \cdots & & 0 & & \\ & & & & & & & & 1 & \\ & & & & & & & & & \ddots \\ & & & & & & & & & & 1 \end{pmatrix}\begin{matrix} \\ \\ \\ \text{第 } i \text{ 行} \\ \\ \\ \\ \text{第 } j \text{ 行} \\ \\ \\ \\ \end{matrix};$$

(2) 用非零数 k 乘单位矩阵 $\boldsymbol{E}$ 的第 i 行(列)所得到的初等矩阵记为

$$\boldsymbol{E}(i(k))=\begin{pmatrix}1 & & & & & & \\ & \ddots & & & & & \\ & & 1 & & & & \\ & & & k & & & \\ & & & & 1 & & \\ & & & & & \ddots & \\ & & & & & & 1\end{pmatrix}\text{第 } i \text{ 行};$$

(3) 将单位矩阵 $\boldsymbol{E}$ 的第 j 行的 k 倍加到第 i 行(将 $\boldsymbol{E}$ 的第 i 列的 k 倍加到第 j 列)所得到的初等矩阵记为

$$\boldsymbol{E}(i,j(k))=\begin{pmatrix}1 & & & & & & \\ & \ddots & & & & & \\ & & 1 & \cdots & k & & \\ & & & \ddots & \vdots & & \\ & & & & 1 & & \\ & & & & & \ddots & \\ & & & & & & 1\end{pmatrix}\begin{matrix}\text{第 } i \text{ 行}\\ \\ \text{第 } j \text{ 行}\end{matrix}.$$

初等变换对应着初等矩阵，而初等变换都是可逆的，因此，三种初等矩阵也都是可逆的，易验证它们的逆矩阵还是同类型初等矩阵，且分别为

$$\boldsymbol{E}(i,j)^{-1}=\boldsymbol{E}(i,j),\ \boldsymbol{E}(i(k))^{-1}=\boldsymbol{E}(i(k^{-1})),\ \boldsymbol{E}(i,j(k))^{-1}=\boldsymbol{E}(i,j(-k)).$$

【拓展任务】 查找关于初等矩阵的相关资料，了解引入初等矩阵的意义.

利用矩阵乘法和初等矩阵的定义，即可得到下述重要定理.

定理 2.5 设 $\boldsymbol{A}$ 是一个 $m\times n$ 矩阵，则对矩阵 $\boldsymbol{A}$ 进行一次初等行变换就相当于在 $\boldsymbol{A}$ 的左边乘以相应的 m 阶初等矩阵；对 $\boldsymbol{A}$ 进行一次初等列变换就相当于在 $\boldsymbol{A}$ 的右边乘以相应的 n 阶初等矩阵.也就是说，$\boldsymbol{E}(i,j)$ 左(右)乘 $\boldsymbol{A}$ 等于互换 $\boldsymbol{A}$ 的第 i 行(列)和第 j 行(列)；$\boldsymbol{E}(i(k))$ 左(右)乘 $\boldsymbol{A}$ 等于非零数 k 去乘 $\boldsymbol{A}$ 的第 i 行(列)；$\boldsymbol{E}(i,j(k))$ 左乘 $\boldsymbol{A}$ 等于 $\boldsymbol{A}$ 的第 j 行的 k 倍加到第 i 行上，$\boldsymbol{E}(i,j(k))$ 右乘 $\boldsymbol{A}$ 等于 $\boldsymbol{A}$ 的第 j 列的 k 倍加到第 i 列上.

证明 我们仅对第三种初等行变换的情形加以证明，其他情形可类似证明.

设矩阵

$$A=\begin{pmatrix} a_{11} & a_{12} & \cdots & a_{1n} \\ \vdots & \vdots & & \vdots \\ a_{i1} & a_{i2} & \cdots & a_{in} \\ \vdots & \vdots & & \vdots \\ a_{j1} & a_{j2} & \cdots & a_{jn} \\ \vdots & \vdots & & \vdots \\ a_{m1} & a_{m2} & \cdots & a_{mn} \end{pmatrix},$$

则

$$E(i,j(k))A=\begin{pmatrix} 1 & & & & & \\ & \ddots & & & & \\ & & 1 & \cdots & k & \\ & & & \ddots & \vdots & \\ & & & & 1 & \\ & & & & & \ddots & \\ & & & & & & 1 \end{pmatrix}\begin{pmatrix} a_{11} & a_{12} & \cdots & a_{1n} \\ \vdots & \vdots & & \vdots \\ a_{i1} & a_{i2} & \cdots & a_{in} \\ \vdots & \vdots & & \vdots \\ a_{j1} & a_{j2} & \cdots & a_{jn} \\ \vdots & \vdots & & \vdots \\ a_{m1} & a_{m2} & \cdots & a_{mn} \end{pmatrix}$$

$$=\begin{pmatrix} a_{11} & a_{12} & \cdots & a_{1n} \\ \vdots & \vdots & & \vdots \\ a_{i1}+ka_{j1} & a_{i2}+ka_{j2} & \cdots & a_{in}+ka_{jn} \\ \vdots & \vdots & & \vdots \\ a_{j1} & a_{j2} & \cdots & a_{jn} \\ \vdots & \vdots & & \vdots \\ a_{m1} & a_{m2} & \cdots & a_{mn} \end{pmatrix}.$$

由上述等式可以看出,矩阵 A 的左边乘以 $E(i,j(k))$ 等于把矩阵 A 的第 j 行的 k 倍加到 A 的第 i 行. □

【填空】 设 A 为 3 阶矩阵,A 的第 2 行加到第 1 行得 B,再将 B 的第 1 列的 -1 倍加到第 2 列得到 C,记 $P=\begin{pmatrix} 1 & 1 & 0 \\ 0 & 1 & 0 \\ 0 & 0 & 1 \end{pmatrix}$,则 $C=$________.

(填空)

解 $C=PAP^{-1}$.

定理 2.6 矩阵 A 可逆的充要条件是它可表示为一些初等矩阵的乘积:

$$A=Q_1Q_2\cdots Q_m.$$

证明 由定理 2.4,矩阵 A 与其标准形 B 等价,即矩阵 A 经过若干次初等行变换或列变换得到 $\boldsymbol{B}$. 于是由定理 2.5 可知存在初等矩阵 $\boldsymbol{Q}_1, \boldsymbol{Q}_2, \cdots, \boldsymbol{Q}_m$, 使得

$$\boldsymbol{A}=\boldsymbol{Q}_1\boldsymbol{Q}_2\cdots\boldsymbol{Q}_t\boldsymbol{B}\boldsymbol{Q}_{t+1}\boldsymbol{Q}_{t+2}\cdots\boldsymbol{Q}_m.$$

如果矩阵 $\boldsymbol{A}$ 可逆, 则矩阵 $\boldsymbol{B}$ 可逆, 而 $\boldsymbol{B}$ 为标准形, 于是 $\boldsymbol{B}=\boldsymbol{E}$, 从而有

$$\boldsymbol{A}=\boldsymbol{Q}_1\boldsymbol{Q}_2\cdots\boldsymbol{Q}_m.$$

反之, 若 $\boldsymbol{A}=\boldsymbol{Q}_1\boldsymbol{Q}_2\cdots\boldsymbol{Q}_m$, 因为矩阵 $\boldsymbol{Q}_1, \boldsymbol{Q}_2, \cdots, \boldsymbol{Q}_m$ 都是初等矩阵, 它们都可逆, 从而矩阵 $\boldsymbol{A}$ 可逆. □

推论 2.1 两个 $m\times n$ 矩阵 $\boldsymbol{A}$ 与 $\boldsymbol{B}$ 等价的充要条件是, 存在可逆的 m 阶方阵 $\boldsymbol{P}$ 及可逆的 n 阶矩阵 $\boldsymbol{Q}$, 使得

$$\boldsymbol{A}=\boldsymbol{P}\boldsymbol{B}\boldsymbol{Q}.$$

证明 因为矩阵 $\boldsymbol{A}$ 与 $\boldsymbol{B}$ 等价, 所以存在 m 阶初等矩阵 $\boldsymbol{P}_1, \boldsymbol{P}_2, \cdots, \boldsymbol{P}_t$ 及 n 阶初等矩阵 $\boldsymbol{Q}_1, \boldsymbol{Q}_2, \cdots, \boldsymbol{Q}_s$, 使得

$$\boldsymbol{A}=\boldsymbol{P}_1\boldsymbol{P}_2\cdots\boldsymbol{P}_t\boldsymbol{B}\boldsymbol{Q}_1\boldsymbol{Q}_2\cdots\boldsymbol{Q}_s.$$

令 $\boldsymbol{Q}=\boldsymbol{Q}_1\boldsymbol{Q}_2\cdots\boldsymbol{Q}_s$, $\boldsymbol{P}=\boldsymbol{P}_1\boldsymbol{P}_2\cdots\boldsymbol{P}_t$, 则 $\boldsymbol{P}, \boldsymbol{Q}$ 可逆且 $\boldsymbol{A}=\boldsymbol{P}\boldsymbol{B}\boldsymbol{Q}$. □

推论 2.2 可逆矩阵总可以经过一系列初等行变换化为单位矩阵.

证明 设矩阵 $\boldsymbol{A}$ 可逆, 由定理 2.6 可知, 矩阵 $\boldsymbol{A}$ 可表示为一些初等矩阵的乘积:

$$\boldsymbol{A}=\boldsymbol{Q}_1\boldsymbol{Q}_2\cdots\boldsymbol{Q}_m.$$

于是 $\boldsymbol{Q}_m^{-1}\cdots\boldsymbol{Q}_2^{-1}\boldsymbol{Q}_1^{-1}\boldsymbol{A}=\boldsymbol{E}$, 而矩阵 $\boldsymbol{Q}_m^{-1}, \cdots, \boldsymbol{Q}_2^{-1}, \boldsymbol{Q}_1^{-1}$ 还是初等矩阵, 由定理 2.5 知矩阵 $\boldsymbol{A}$ 经过 m 次初等行变换化为单位矩阵. □

由推论 2.2 的证明过程, 得到利用初等行变换求逆矩阵的方法. 因为

$$\boldsymbol{Q}_m^{-1}\cdots\boldsymbol{Q}_2^{-1}\boldsymbol{Q}_1^{-1}\boldsymbol{A}=\boldsymbol{E}, \tag{2-4}$$

所以

$$\boldsymbol{A}^{-1}=\boldsymbol{Q}_m^{-1}\cdots\boldsymbol{Q}_2^{-1}\boldsymbol{Q}_1^{-1}=\boldsymbol{Q}_m^{-1}\cdots\boldsymbol{Q}_2^{-1}\boldsymbol{Q}_1^{-1}\boldsymbol{E}. \tag{2-5}$$

式(2-4)、式(2-5)两式说明, 如果用一系列初等行变换把可逆矩阵 $\boldsymbol{A}$ 化为单位矩阵, 那么, 用这一系列初等变换就把单位矩阵化为 $\boldsymbol{A}^{-1}$.

把 $\boldsymbol{A}, \boldsymbol{E}$ 放在一起组成一个 $n\times 2n$ 矩阵 $(\boldsymbol{A}, \boldsymbol{E})$, 然后对矩阵 $(\boldsymbol{A}, \boldsymbol{E})$ 做一系列初等行变换, 实际上就是对矩阵 $\boldsymbol{A}$ 和 $\boldsymbol{E}$ 同时做一系列初等行变换, 当把 $(\boldsymbol{A}, \boldsymbol{E})$ 中的 $\boldsymbol{A}$ 化成单位矩阵的时候, 那么, $(\boldsymbol{A}, \boldsymbol{E})$ 中的 $\boldsymbol{E}$ 就化成了 $\boldsymbol{A}^{-1}$. 这就是利用初等变换求逆矩阵的方法.

【理解】 用初等行变换求逆矩阵的方法.

例 2.13 用初等变换求矩阵 $\boldsymbol{A}$ 的逆矩阵:

$$\boldsymbol{A}=\begin{pmatrix}1&-1&3\\2&-1&4\\-1&2&-4\end{pmatrix}.$$

(例 2.13)

解　对矩阵$(\boldsymbol{A},\boldsymbol{E})$做如下一系列初等行变换，得

$$(\boldsymbol{A},\boldsymbol{E})=\left(\begin{array}{ccc:ccc}1&-1&3&1&0&0\\2&-1&4&0&1&0\\-1&2&-4&0&0&1\end{array}\right)\underset{r_3+r_1}{\overset{r_2-2r_1}{\sim}}\left(\begin{array}{ccc:ccc}1&-1&3&1&0&0\\0&1&-2&-2&1&0\\0&1&-1&1&0&1\end{array}\right)$$

$$\underset{r_3-r_2}{\overset{r_1+r_2}{\sim}}\left(\begin{array}{ccc:ccc}1&0&1&-1&1&0\\0&1&-2&-2&1&0\\0&0&1&3&-1&1\end{array}\right)\underset{r_2+2r_3}{\overset{r_1-r_3}{\sim}}\left(\begin{array}{ccc:ccc}1&0&0&-4&2&-1\\0&1&0&4&-1&2\\0&0&1&3&-1&1\end{array}\right).$$

于是

$$\boldsymbol{A}^{-1}=\begin{pmatrix}-4&2&-1\\4&-1&2\\3&-1&1\end{pmatrix}.$$

同理,如果把 $\boldsymbol{A},\boldsymbol{B}$ 放在一起组成一个矩阵$(\boldsymbol{A},\boldsymbol{B})$,然后对矩阵$(\boldsymbol{A},\boldsymbol{B})$做一系列初等行变换,当把$(\boldsymbol{A},\boldsymbol{B})$中的 $\boldsymbol{A}$ 化成单位矩阵的时候,那么,$(\boldsymbol{A},\boldsymbol{B})$中的 $\boldsymbol{B}$ 就化成了 $\boldsymbol{A}^{-1}\boldsymbol{B}$.这就是求解矩阵方程 $\boldsymbol{AX}=\boldsymbol{B}$ 的方法.

例 2.14 求矩阵 $\boldsymbol{X}$,使得 $\boldsymbol{AX}=\boldsymbol{B}$,其中

$$\boldsymbol{A}=\begin{pmatrix}1&2&3\\2&2&1\\3&4&3\end{pmatrix},\boldsymbol{B}=\begin{pmatrix}2&5&3\\3&1&4\\4&3&1\end{pmatrix}.$$

解　对矩阵$(\boldsymbol{A},\boldsymbol{B})$做如下一系列初等行变换,得

$$(\boldsymbol{A},\boldsymbol{B})=\left(\begin{array}{ccc:ccc}1&2&3&2&5&3\\2&2&1&3&1&4\\3&4&3&4&3&1\end{array}\right)\underset{r_3-3r_1}{\overset{r_2-2r_1}{\sim}}\left(\begin{array}{ccc:ccc}1&2&3&2&5&3\\0&-2&-5&-1&-9&-2\\0&-2&-6&-2&-12&-8\end{array}\right)$$

$$\underset{r_3-r_2}{\overset{r_1+r_2}{\sim}}\left(\begin{array}{ccc:ccc}1&0&-2&1&-4&1\\0&-2&-5&-1&-9&-2\\0&0&-1&-1&-3&-6\end{array}\right)\underset{r_2-5r_3}{\overset{r_1-2r_3}{\sim}}\left(\begin{array}{ccc:ccc}1&0&0&3&2&13\\0&-2&0&4&6&28\\0&0&-1&-1&-3&-6\end{array}\right)$$

$$\underset{(-1)r_3}{\overset{\left(-\frac{1}{2}\right)r_2}{\sim}}\left(\begin{array}{ccc:ccc}1&0&0&3&2&13\\0&1&0&-2&-3&-14\\0&0&1&1&3&6\end{array}\right),$$

于是

$$X=\begin{pmatrix}3&2&13\\-2&-3&-14\\1&3&6\end{pmatrix}.$$

【创新意识】 分析初等矩阵的引入对求逆矩阵和求解矩阵方程所起的作用.

【普遍联系】 体会左乘、右乘不同初等矩阵所达到的不同效果.

习题 2.3

一、基础题

1. 化下列矩阵为行最简形:

(1) $\begin{pmatrix}1&-1&2\\3&2&1\\1&-2&0\end{pmatrix}$;(2) $\begin{pmatrix}1&-1&2\\3&-3&1\end{pmatrix}$;

(3) $\begin{pmatrix}1&2&3&4\\1&1&4&2\\3&4&11&8\end{pmatrix}$.

2. 求下列矩阵的标准形:

(1) $\begin{pmatrix}1&0&-1&1\\3&-1&-4&2\\-1&4&3&-3\end{pmatrix}$;(2) $\begin{pmatrix}1&1&3&2\\0&-1&0&-2\\1&2&3&4\\2&2&6&4\end{pmatrix}$.

3. 利用初等变换求下列矩阵的逆矩阵:

(1) $\begin{pmatrix}1&2&-1\\3&1&0\\-1&0&-2\end{pmatrix}$;(2) $\begin{pmatrix}1&0&0\\1&1&0\\1&1&1\end{pmatrix}$;

(3) $\begin{pmatrix}1&1&1&1\\1&1&-1&-1\\1&-1&1&-1\\1&-1&-1&1\end{pmatrix}$.

4. 用初等变换求解矩阵方程

$$\begin{pmatrix}1&1&-1\\2&1&0\\1&-1&1\end{pmatrix}X=\begin{pmatrix}1&1&3\\4&3&2\\1&2&5\end{pmatrix}.$$

二、提升题

5. 用初等变换求解矩阵方程

$$X\begin{pmatrix}3&1&1\\1&4&1\\1&1&5\end{pmatrix}=2X+\begin{pmatrix}1&2&1\\0&1&2\end{pmatrix}.$$

2.4 矩阵的秩

【问题导读】

1. 对于一般矩阵,在求秩时,子式法和初等变换法哪一种更方便?

2. 矩阵和的秩与矩阵秩的和有什么关系?

3. 矩阵积的秩与矩阵秩的积有什么关系?

由 2.3 节可知任何一个 $m\times n$ 矩阵 A 都与其标准形等价,标准形中所含数 1 的个数 r 是唯一确定的,这个数 r 就是矩阵的秩.

【拓展任务】 查找关于矩阵的秩的相关资料，了解引入矩阵的秩的意义.

2.4.1 矩阵秩的概念

定义 2.14 在 $m\times n$ 矩阵 $\boldsymbol{A}$ 中任取 k 行与 k 列$(k\leqslant m,k\leqslant n)$，位于这些行和列交叉点处的 k^2 个元素按照原来的位置次序构成的 k 阶行列式，称为矩阵 $\boldsymbol{A}$ 的一个 **k 阶子式**.

显然，$m\times n$ 矩阵 $\boldsymbol{A}$ 共有 $C_m^k C_n^k$ 个 k 阶子式.

定义 2.15 若在矩阵 $\boldsymbol{A}$ 中存在一个不等于零的 r 阶子式，所有 $r+1$阶子式（如果存在的话）都等于零，则称数 r 为**矩阵 $\boldsymbol{A}$ 的秩**，记为 $R(\boldsymbol{A})=r$.规定 $R(\boldsymbol{O})=0$.

由行列式的展开定理可知，当矩阵 $\boldsymbol{A}$ 的所有 $r+1$ 阶子式（如果存在的话）都等于零时，则所有高于 $r+1$ 阶的子式（如果存在的话）也都等于零.因此，矩阵 $\boldsymbol{A}$ 的秩 $R(\boldsymbol{A})=r$ 实际上就是 $\boldsymbol{A}$ 中非零子式的最高阶数.

如果矩阵 $\boldsymbol{A}$ 中存在一个不等于零的 s 阶子式，则 $R(\boldsymbol{A})\geqslant s$；当所有的 t 阶子式都等于零的时候，则 $R(A)\leqslant t-1$.

显然，$m\times n$ 矩阵 $\boldsymbol{A}$ 的秩满足：$0\leqslant R(\boldsymbol{A})\leqslant \min\{m,n\}$.

对于 n 阶方阵 $\boldsymbol{A}$ 来说，其 n 阶子式只有一个 $|\boldsymbol{A}|$，故当 $|\boldsymbol{A}|\neq 0$，$R(\boldsymbol{A})=n$；当 $|\boldsymbol{A}|=0$，$R(\boldsymbol{A})<n$. 可见，可逆矩阵的秩等于其阶数，不可逆矩阵的秩小于其阶数. 因此可逆矩阵又称为**满秩矩阵**，不可逆矩阵又称为**降秩矩阵**.

【理解】 矩阵秩的定义.

例 2.15 求矩阵 $\boldsymbol{A}$ 的秩，其中

$$\boldsymbol{A}=\begin{pmatrix}1&2&-1&4\\1&3&2&-3\\2&6&4&-6\end{pmatrix}.$$

解 在矩阵 $\boldsymbol{A}$ 中，2 阶子式 $\begin{vmatrix}1&2\\1&3\end{vmatrix}=1\neq 0$，而矩阵 $\boldsymbol{A}$ 的后两行元素成比例，所以矩阵 $\boldsymbol{A}$ 的所有 3 阶子式都等于零，从而 $R(\boldsymbol{A})=2$.

2.4.2 用初等变换求矩阵的秩

当矩阵的阶数较高时，按子式法求其秩是非常麻烦的，然而

对于行阶梯形矩阵，由定义 2.15 易知它的秩就等于其非零行的行数. 因此，我们自然想到用初等变换把所给矩阵化为行阶梯形矩阵，但两个等价矩阵的秩是否相等呢？下面的定理对此给出了肯定的回答.

定理 2.7 若矩阵 $\boldsymbol{A}$ 等价于矩阵 $\boldsymbol{B}$，则 $R(\boldsymbol{A})=R(\boldsymbol{B})$.

证明 只需证明矩阵 $\boldsymbol{A}$ 经过一次初等变换化为 $\boldsymbol{B}$，则有 $R(\boldsymbol{A})=R(\boldsymbol{B})$ 成立即可.

设 $R(\boldsymbol{A})=r$，则矩阵 $\boldsymbol{A}$ 中存在一个 r 阶子式 $D_r\neq 0$，设矩阵 $\boldsymbol{A}$ 经过一次初等变换化为 $\boldsymbol{B}$，先证明 $R(\boldsymbol{A})\leqslant R(\boldsymbol{B})$，以下分别对三种初等变换加以证明.

(1) 设互换矩阵 $\boldsymbol{A}$ 的两行(或两列)得到矩阵 $\boldsymbol{B}$. 由行列式的性质可知，在矩阵 $\boldsymbol{B}$ 中的对应子式 $\overline{D}_r$ 满足：$\overline{D}_r=D_r\neq 0$ 或 $\overline{D}_r=-D_r\neq 0$，从而 $R(\boldsymbol{B})\geqslant r=R(\boldsymbol{A})$.

(2) 设矩阵 $\boldsymbol{A}$ 的第 i 行(或列)乘以非零数 k 得到矩阵 $\boldsymbol{B}$，同样在矩阵 $\boldsymbol{B}$ 中的对应子式 $\overline{D}_r$ 满足：$\overline{D}_r=D_r\neq 0$ 或 $\overline{D}_r=kD_r\neq 0$，从而 $R(\boldsymbol{B})\geqslant r=R(\boldsymbol{A})$.

(3) 设矩阵 $\boldsymbol{A}$ 的第 j 行(列)的 k 倍加于 $\boldsymbol{A}$ 的第 i 行(列)，不妨设矩阵 $\boldsymbol{A}$ 的第 j 行的 k 倍加于 $\boldsymbol{A}$ 的第 i 行. 设 $\boldsymbol{B}$ 的子式 $\overline{D}_r$ 是与 $\boldsymbol{A}$ 的子式 $D_r\neq 0$ 对应的子式，分以下几种情况加以讨论：

① 子式 $\overline{D}_r$ 不含第 i 行，这时显然有 $\overline{D}_r=D_r\neq 0$；

② 子式 $\overline{D}_r$ 既含第 i 行，也含第 j 行，显然有 $\overline{D}_r=D_r\neq 0$；

③ 子式 $\overline{D}_r$ 含第 i 行，但不含第 j 行，这时 B 的子式 $\overline{D}_r$ 按照行列式的性质化为两个行列式的和 $\overline{D}_r=D_r+kC_r$，其中 D_r 是 $\boldsymbol{A}$ 原来的子式，C_r 是 $\boldsymbol{B}$ 的另一个子式. 由于 $D_r\neq 0$，所以 $\boldsymbol{B}$ 的子式 $\overline{D}_r$ 和 C_r 至少有一个不等于零，从而有 $R(\boldsymbol{B})\geqslant r=R(\boldsymbol{A})$.

综上可知，我们证明了 $R(\boldsymbol{B})\geqslant R(\boldsymbol{A})$.

因为矩阵的初等变换是可逆的，所以矩阵 $\boldsymbol{B}$ 也可以经过一次初等变换化为 $\boldsymbol{A}$，于是又有 $R(\boldsymbol{A})\geqslant R(\boldsymbol{B})$，从而 $R(\boldsymbol{A})=R(\boldsymbol{B})$. □

现在通过初等变换来求矩阵的秩.

【理解】 用初等行变换求矩阵的秩的方法.

(例 2.16)

例 2.16 求矩阵 $\boldsymbol{A}$ 的秩，其中

$$\boldsymbol{A}=\begin{pmatrix} 1 & 0 & -1 & 1 & 0 \\ 3 & -1 & -4 & 2 & -2 \\ 1 & 2 & 1 & 3 & 4 \\ -1 & 4 & 3 & -3 & 0 \end{pmatrix}.$$

解 对矩阵 $\boldsymbol{A}$ 进行一系列初等行变换化为阶梯形矩阵

$$\boldsymbol{A}=\begin{pmatrix}1&0&-1&1&0\\3&-1&-4&2&-2\\1&2&1&3&4\\-1&4&3&-3&0\end{pmatrix}\overset{r_2-3r_1,r_3-r_1}{\underset{r_4+r_1}{\sim}}\begin{pmatrix}1&0&-1&1&0\\0&-1&-1&-1&-2\\0&2&2&2&4\\0&4&2&-2&0\end{pmatrix}$$

$$\overset{r_3+2r_2}{\underset{r_4+4r_2}{\sim}}\begin{pmatrix}1&0&-1&1&0\\0&-1&-1&-1&-2\\0&0&0&0&0\\0&0&-2&-6&-8\end{pmatrix}\overset{r_3\leftrightarrow r_4}{\sim}\begin{pmatrix}1&0&-1&1&0\\0&-1&-1&-1&-2\\0&0&-2&-6&-8\\0&0&0&0&0\end{pmatrix},$$

所以 $R(\boldsymbol{A})=$ ________.

【填空】 请将例 2.16 计算过程中横线部分的内容补全.（答案：3）

【思考】 求矩阵的秩有几种方法?

2.4.3 矩阵秩的性质

除了定理 2.7 外，矩阵的秩还有如下性质.

性质 2.7 $R(\boldsymbol{A}^{\mathrm{T}})=R(\boldsymbol{A})$.

证明 由定义 2.15 即可得到. □

性质 2.8 如果矩阵 $\boldsymbol{P},\boldsymbol{Q}$ 可逆，则 $R(\boldsymbol{PAQ})=R(\boldsymbol{A})$.

证明 因为矩阵 $\boldsymbol{PAQ}$ 与 $\boldsymbol{A}$ 等价，所以由定理 2.7 知 $R(\boldsymbol{PAQ})=R(\boldsymbol{A})$. □

性质 2.9 $\max\{R(\boldsymbol{A}),R(\boldsymbol{B})\}\leqslant R(\boldsymbol{A},\boldsymbol{B})\leqslant R(\boldsymbol{A})+R(\boldsymbol{B})$.

证明 对矩阵 $(\boldsymbol{A},\boldsymbol{B})$ 中 $\boldsymbol{A}$ 和 $\boldsymbol{B}$ 所在的列分别进行初等列变换，分别得到 $R(\boldsymbol{A})=t$ 和 $R(\boldsymbol{B})=s$ 个非零列，由定义 2.15 可知变换后的矩阵其非零子式的阶数显然不大于 $t+s$，从而 $R(\boldsymbol{A},\boldsymbol{B})\leqslant t+s=R(\boldsymbol{A})+R(\boldsymbol{B})$. 由定义 2.15，显然又有 $R(\boldsymbol{A})\leqslant R(\boldsymbol{A},\boldsymbol{B})$，$R(\boldsymbol{B})\leqslant R(\boldsymbol{A},\boldsymbol{B})$，所以

$$\max\{R(\boldsymbol{A}),R(\boldsymbol{B})\}\leqslant R(\boldsymbol{A},\boldsymbol{B})\leqslant R(\boldsymbol{A})+R(\boldsymbol{B}).$$ □

性质 2.10 $R(\boldsymbol{A}+\boldsymbol{B})\leqslant R(\boldsymbol{A})+R(\boldsymbol{B})$.

证明 对矩阵 $(\boldsymbol{A}+\boldsymbol{B},\boldsymbol{B})$ 进行初等列变换可得到 $(\boldsymbol{A},\boldsymbol{B})$，所以有

$$R(\boldsymbol{A}+\boldsymbol{B})\leqslant R(\boldsymbol{A}+\boldsymbol{B},\boldsymbol{B})=R(\boldsymbol{A},\boldsymbol{B})\leqslant R(\boldsymbol{A})+R(\boldsymbol{B}).$$ □

性质 2.11 $R(\boldsymbol{AB})\leqslant\min\{R(\boldsymbol{A}),R(\boldsymbol{B})\}$.

性质 2.12 若 $\boldsymbol{A}_{m\times n}\boldsymbol{B}_{n\times s}=\boldsymbol{O}$，则 $R(\boldsymbol{A})+R(\boldsymbol{B})\leqslant n$.

性质 2.11、性质 2.12 的证明要用到第 3 章和第 4 章的有关知识.

例 2.17 设 n 阶方阵 $\boldsymbol{A}$ 满足 $\boldsymbol{A}^2=\boldsymbol{E}$，证明：$R(\boldsymbol{A}+\boldsymbol{E})+R(\boldsymbol{A}-\boldsymbol{E})=n$.

证明 由性质 2.10 知

$$R((\boldsymbol{A}+\boldsymbol{E})+(\boldsymbol{E}-\boldsymbol{A}))\leqslant R(\boldsymbol{A}+\boldsymbol{E})+R(\boldsymbol{E}-\boldsymbol{A})=R(\boldsymbol{A}+\boldsymbol{E})+R(\boldsymbol{A}-\boldsymbol{E}),$$

又因为

$$R((\boldsymbol{A}+\boldsymbol{E})+(\boldsymbol{E}-\boldsymbol{A}))=R(2\boldsymbol{E})=n,$$

所以 $R(\boldsymbol{A}+\boldsymbol{E})+R(\boldsymbol{A}-\boldsymbol{E})\geqslant n$.

由于 $\boldsymbol{A}$ 满足 $\boldsymbol{A}^2=\boldsymbol{E}$，故 $(\boldsymbol{A}+\boldsymbol{E})(\boldsymbol{A}-\boldsymbol{E})=\boldsymbol{O}$，再根据性质 2.12 可得

$$R(\boldsymbol{A}+\boldsymbol{E})+R(\boldsymbol{A}-\boldsymbol{E})\leqslant n.$$

从而可知 $R(\boldsymbol{A}+\boldsymbol{E})+R(\boldsymbol{A}-\boldsymbol{E})=n$. □

例 2.18 证明：

(1) $R(\boldsymbol{A}^*)=\begin{cases}n, & R(A)=n\\1, & R(A)=n-1;\\0, & R(A)<n-1\end{cases}$

(2) $|\boldsymbol{A}^*|=|\boldsymbol{A}|^{n-1}$;

(3) $(\boldsymbol{A}^*)^*=|\boldsymbol{A}|^{n-2}\boldsymbol{A}$.

其中，矩阵 $\boldsymbol{A}$ 为 n 阶方阵，在(1)(2)中 $n\geqslant2$，在(3)中 $n>2$.

(例 2.18)

证明 (1) 当 $R(\boldsymbol{A})=n$ 时，矩阵 $\boldsymbol{A}$ 可逆，从而矩阵 $\boldsymbol{A}^*$ 可逆，于是 $R(\boldsymbol{A}^*)=n$;

当 $R(\boldsymbol{A})=n-1$ 时，矩阵 $\boldsymbol{A}$ 不可逆，$|\boldsymbol{A}|=0$，所以 $\boldsymbol{AA}^*=\boldsymbol{O}$，由性质 2.12 知 $R(\boldsymbol{A})+R(\boldsymbol{A}^*)\leqslant n$，由于矩阵 $\boldsymbol{A}$ 至少有一个 $n-1$ 阶子式不为零，故 $R(\boldsymbol{A}^*)\geqslant1$，从而 $R(\boldsymbol{A}^*)=1$.

当 $R(\boldsymbol{A})<n-1$ 时，矩阵 $\boldsymbol{A}$ 的所有 $n-1$ 阶子式为零，由 $\boldsymbol{A}^*$ 的定义知 $\boldsymbol{A}^*=\boldsymbol{O}$，从而 $R(\boldsymbol{A}^*)=0$.

(2) 因为 $\boldsymbol{AA}^*=|\boldsymbol{A}|\boldsymbol{E}$，所以两端取行列式得 $|\boldsymbol{A}||\boldsymbol{A}^*|=|\boldsymbol{A}|^n$. 当矩阵 $\boldsymbol{A}$ 可逆时，$|\boldsymbol{A}|\neq0$，所以 $|\boldsymbol{A}^*|=|\boldsymbol{A}|^{n-1}$；当矩阵 $\boldsymbol{A}$ 不可逆时，由(1)知 $\boldsymbol{A}^*$ 也不可逆，显然等式成立.

(3) 当矩阵 $\boldsymbol{A}$ 可逆时，因为 $\boldsymbol{A}^*(\boldsymbol{A}^*)^*=|\boldsymbol{A}^*|\boldsymbol{E}$，所以由(2)及性质 2.6 得

$$(A^*)^* = |A^*|(A^*)^{-1} = |A|^{n-1}\frac{A}{|A|} = |A|^{n-2}A.$$

当矩阵 A 不可逆时，$|A|=0$，所以 $AA^*=O$，由性质 2.12 知 $R(A)+R(A^*)\leqslant n$，从而 $R(A^*)\leqslant n-R(A)$，若 $R(A)=n-1$，则 $R(A^*)\leqslant 1<n-1$，再由(1)知 $R((A^*)^*)=0$，即$(A^*)^*=O$，于是有等式$(A^*)^*=|A|^{n-2}A$ 成立. 若 $R(A)<n-1$，则由(1)知 $R(A^*)=0$，从而 $A^*=O$，$(A^*)^*=O$，于是等式$(A^*)^*=|A|^{n-2}A$ 成立. □

【科学思维】 矩阵进行初等变换，秩不变，体现了“形变质不变”的辩证思想.

【科学意识】 初等变换的引入所体现的创新和突破.

习题 2.4

一、基础题

1. 判断下列命题是否正确：

(1) 若矩阵 A 的秩为 r，则 A 一定不存在等于零的 $r-1$ 阶的子式. ( )

(2) 若矩阵 A 的秩为 r，则 A 的 $r-1$ 阶的子式都等于零. ( )

(3) 若矩阵 A 的秩为 r，则 A 的 $r+1$ 阶的子式都等于零. ( )

(4) 若矩阵 A 的秩为 r，则 A 可能存在非零的 $r+1$阶子式. ( )

(5) 若矩阵 A、B 等价，则 A、B 的秩一定相等. ( )

(6) 若矩阵 A、B 的秩相等，则 A、B 等价. ( )

(7) 若 $R(A)\leqslant r$，则 A 的所有 $r+1$ 阶子式等于 0. ( )

(8) 若 A 的所有 $r+1$ 阶子式等于 0，则 A 的秩等于 r. ( )

2. 求下列矩阵的秩，并求一个最高阶非零子式：

(1) $\begin{pmatrix} 3 & 1 & 0 & 2 \\ 1 & -1 & 2 & -1 \\ 1 & 3 & -4 & 4 \end{pmatrix}$；(2) $\begin{pmatrix} 3 & 2 & -1 & -3 & -2 \\ 2 & -1 & 3 & 1 & -3 \\ 7 & 0 & 5 & -1 & -8 \end{pmatrix}$.

3. 讨论 λ 的取值范围，确定下列矩阵的秩：

$$A=\begin{pmatrix} 1 & \lambda & -1 & 2 \\ 2 & -1 & \lambda & 5 \\ 1 & 10 & -6 & 1 \end{pmatrix}.$$

4. 确定 x 与 y 的值，使下列矩阵 A 的秩为 2，其中 $A=\begin{pmatrix} 1 & 1 & 1 & 1 & 1 \\ 3 & 2 & 1 & -3 & x \\ 0 & 1 & 2 & 6 & 3 \\ 5 & 4 & 3 & -1 & y \end{pmatrix}$.

二、提升题

5. 设 $A=\begin{pmatrix} 0 & 0 & 1 \\ 0 & 1 & 0 \\ 1 & 0 & 0 \end{pmatrix}$，求 $R(A-2E)+R(A-E)$ 的值.

2.5 分块矩阵

【问题导读】

1. 矩阵分块的意义是什么？

2. 两个分块矩阵相乘时对这两个矩阵的分块方式有什么要求？

3. 分块矩阵的转置运算要注意什么？

分块矩阵理论是矩阵论中的重要组成部分. 在理论研究和实际应用中，常常会遇到行数和列数较大的矩阵，为了表示方便和运算简便，常对矩阵采用分块的方法，本节介绍的分块矩阵就是解决这类问题的常用方法之一.

2.5.1 分块矩阵的概念

定义 2.16 对于给定的矩阵 $\boldsymbol{A}$，用一些贯穿于矩阵 $\boldsymbol{A}$ 的横线和纵线把矩阵 $\boldsymbol{A}$ 分割成若干个小的矩形块，位于每一个小矩形块中的元素按照原来的位置组成一个小矩阵，称这些小矩阵为矩阵 $\boldsymbol{A}$ 的**子矩阵块**，简称**子块**. 矩阵 $\boldsymbol{A}$ 看成是以这些子块为元素的矩阵，称 $\boldsymbol{A}$ 为**分块矩阵**.

例 2.19 设矩阵 $\boldsymbol{A}=\left(\begin{array}{ccc:cc}2&1&-3&0&0\\1&0&4&0&0\\ \hdashline -2&3&1&1&0\\3&1&2&0&1\end{array}\right)$，若令 $\boldsymbol{A}_1=\begin{pmatrix}2&1&-3\\1&0&4\end{pmatrix}$，$\boldsymbol{A}_2=\begin{pmatrix}-2&3&1\\3&1&2\end{pmatrix}$，$\boldsymbol{O}=\begin{pmatrix}0&0\\0&0\end{pmatrix}$，$\boldsymbol{E}=\begin{pmatrix}1&0\\0&1\end{pmatrix}$，则矩阵 $\boldsymbol{A}$ 可用分块矩阵表示为 $\boldsymbol{A}=\begin{pmatrix}\boldsymbol{A}_1&\boldsymbol{O}\\\boldsymbol{A}_2&\boldsymbol{E}\end{pmatrix}$.

在例 2.19 中，矩阵 $\boldsymbol{A}$ 可以看成由 4 个子矩阵(子块)为元素组成的矩阵，它是一个分块矩阵. 分块矩阵的每一行称为一个**块行**，每一列称为一个**块列**，上述分块矩阵有两个块行和两个块列.

一般地，可将一个矩阵 $\boldsymbol{A}$ 分块成如下形式的一个 s 个块行和 t 个块列的分块矩阵：

$$\boldsymbol{A}=\begin{pmatrix}\boldsymbol{A}_{11}&\boldsymbol{A}_{12}&\cdots&\boldsymbol{A}_{1t}\\\boldsymbol{A}_{21}&\boldsymbol{A}_{22}&\cdots&\boldsymbol{A}_{2t}\\\vdots&\vdots&&\vdots\\\boldsymbol{A}_{s1}&\boldsymbol{A}_{s2}&\cdots&\boldsymbol{A}_{st}\end{pmatrix}$$

并简记为 $\boldsymbol{A}=(\boldsymbol{A}_{ij})_{s\times t}$，通常 $\boldsymbol{A}=(\boldsymbol{A}_{ij})_{s\times t}$ 称为 $s\times t$ 分块矩阵.

常用的分块矩阵有以下几种形式：

1. 按行分块

$$\boldsymbol{A}=\begin{pmatrix}a_{11}&a_{12}&\cdots&a_{1n}\\a_{21}&a_{22}&\cdots&a_{2n}\\\vdots&\vdots&&\vdots\\a_{m1}&a_{m2}&\cdots&a_{mn}\end{pmatrix}=\begin{pmatrix}\boldsymbol{A}_1\\\boldsymbol{A}_2\\\vdots\\\boldsymbol{A}_m\end{pmatrix},$$

其中 $\boldsymbol{A}_i=(a_{i1},a_{i2},\cdots,a_{in})$ 为矩阵 $\boldsymbol{A}$ 的第 i 行$(i=1,2,\cdots,m)$，$\boldsymbol{A}_1,\boldsymbol{A}_2,\cdots,\boldsymbol{A}_m$ 为矩阵 $\boldsymbol{A}$ 的 m 个行向量.

2. 按列分块

$$\boldsymbol{A}=\begin{pmatrix} a_{11} & a_{12} & \cdots & a_{1n} \\ a_{21} & a_{22} & \cdots & a_{2n} \\ \vdots & \vdots & & \vdots \\ a_{m1} & a_{m2} & \cdots & a_{mn} \end{pmatrix}=(\boldsymbol{B}_1,\boldsymbol{B}_2,\cdots,\boldsymbol{B}_n),$$

其中 $\boldsymbol{B}_j=(a_{1j},a_{2j},\cdots,a_{mj})^{\mathrm{T}}$ 为矩阵 $\boldsymbol{A}$ 的第 j 列$(j=1,2,\cdots,n)$，$\boldsymbol{B}_1,\boldsymbol{B}_2,\cdots,\boldsymbol{B}_n$ 为矩阵 $\boldsymbol{A}$ 的 n 个列向量.

【理解并记忆】 按行分块的矩阵(或按列分块的矩阵).

2.5.2 分块矩阵的运算

与矩阵的加法、数乘、乘法类似，也可以定义分块矩阵的运算，这些运算与普通矩阵的运算规则基本相同，此时把分块矩阵的一个子块看作一般矩阵中的一个元素，通过这些运算使得复杂的矩阵计算得到简化.

1. 分块矩阵的加(减)法

设矩阵 $\boldsymbol{A},\boldsymbol{B}$ 是同型矩阵，采用完全相同的分块法，若

$$\boldsymbol{A}=\begin{pmatrix} \boldsymbol{A}_{11} & \boldsymbol{A}_{12} & \cdots & \boldsymbol{A}_{1t} \\ \boldsymbol{A}_{21} & \boldsymbol{A}_{22} & \cdots & \boldsymbol{A}_{2t} \\ \vdots & \vdots & & \vdots \\ \boldsymbol{A}_{s1} & \boldsymbol{A}_{s2} & \cdots & \boldsymbol{A}_{st} \end{pmatrix},\ \boldsymbol{B}=\begin{pmatrix} \boldsymbol{B}_{11} & \boldsymbol{B}_{12} & \cdots & \boldsymbol{B}_{1t} \\ \boldsymbol{B}_{21} & \boldsymbol{B}_{22} & \cdots & \boldsymbol{B}_{2t} \\ \vdots & \vdots & & \vdots \\ \boldsymbol{B}_{s1} & \boldsymbol{B}_{s2} & \cdots & \boldsymbol{B}_{st} \end{pmatrix},$$

则

$$\boldsymbol{A}\pm\boldsymbol{B}=\begin{pmatrix} \boldsymbol{A}_{11}\pm\boldsymbol{B}_{11} & \boldsymbol{A}_{12}\pm\boldsymbol{B}_{12} & \cdots & \boldsymbol{A}_{1t}\pm\boldsymbol{B}_{1t} \\ \boldsymbol{A}_{21}\pm\boldsymbol{B}_{21} & \boldsymbol{A}_{22}\pm\boldsymbol{B}_{22} & \cdots & \boldsymbol{A}_{2t}\pm\boldsymbol{B}_{2t} \\ \vdots & \vdots & & \vdots \\ \boldsymbol{A}_{s1}\pm\boldsymbol{B}_{s1} & \boldsymbol{A}_{s2}\pm\boldsymbol{B}_{s2} & \cdots & \boldsymbol{A}_{st}\pm\boldsymbol{B}_{st} \end{pmatrix}.$$

2. 数乘分块矩阵

若 $\boldsymbol{A}=\begin{pmatrix} \boldsymbol{A}_{11} & \boldsymbol{A}_{12} & \cdots & \boldsymbol{A}_{1t} \\ \boldsymbol{A}_{21} & \boldsymbol{A}_{22} & \cdots & \boldsymbol{A}_{2t} \\ \vdots & \vdots & & \vdots \\ \boldsymbol{A}_{s1} & \boldsymbol{A}_{s2} & \cdots & \boldsymbol{A}_{st} \end{pmatrix}$，则数 k 与分块矩阵 $\boldsymbol{A}$ 的乘积为

$$k\boldsymbol{A}=\begin{pmatrix} k\boldsymbol{A}_{11} & k\boldsymbol{A}_{12} & \cdots & k\boldsymbol{A}_{1t} \\ k\boldsymbol{A}_{21} & k\boldsymbol{A}_{22} & \cdots & k\boldsymbol{A}_{2t} \\ \vdots & \vdots & & \vdots \\ k\boldsymbol{A}_{s1} & k\boldsymbol{A}_{s2} & \cdots & k\boldsymbol{A}_{st} \end{pmatrix}.$$

3. 分块矩阵的乘积

若

$$\boldsymbol{A}=\begin{pmatrix}\boldsymbol{A}_{11} & \boldsymbol{A}_{12} & \cdots & \boldsymbol{A}_{1t}\\ \boldsymbol{A}_{21} & \boldsymbol{A}_{22} & \cdots & \boldsymbol{A}_{2t}\\ \vdots & \vdots & & \vdots\\ \boldsymbol{A}_{s1} & \boldsymbol{A}_{s2} & \cdots & \boldsymbol{A}_{st}\end{pmatrix}=(\boldsymbol{A}_{ij})_{s\times t},\ \boldsymbol{B}=\begin{pmatrix}\boldsymbol{B}_{11} & \boldsymbol{B}_{12} & \cdots & \boldsymbol{B}_{1p}\\ \boldsymbol{B}_{21} & \boldsymbol{B}_{22} & \cdots & \boldsymbol{B}_{2p}\\ \vdots & \vdots & & \vdots\\ \boldsymbol{B}_{t1} & \boldsymbol{B}_{t2} & \cdots & \boldsymbol{B}_{tp}\end{pmatrix}=(\boldsymbol{B}_{ij})_{t\times p},$$

其中矩阵 $\boldsymbol{A}$ 的列分法与矩阵 $\boldsymbol{B}$ 的行分法完全相同，即 $\boldsymbol{A}_{i1}$，$\boldsymbol{A}_{i2}$，…，$\boldsymbol{A}_{it}$的列数分别与 $\boldsymbol{B}_{1j}$，$\boldsymbol{B}_{2j}$，…，$\boldsymbol{B}_{tj}$的行数对应相等($i=1,2,\cdots,s$; $j=1,2,\cdots,p$)．则

$$\boldsymbol{AB}=\begin{pmatrix}\boldsymbol{A}_{11} & \boldsymbol{A}_{12} & \cdots & \boldsymbol{A}_{1t}\\ \boldsymbol{A}_{21} & \boldsymbol{A}_{22} & \cdots & \boldsymbol{A}_{2t}\\ \vdots & \vdots & & \vdots\\ \boldsymbol{A}_{s1} & \boldsymbol{A}_{s2} & \cdots & \boldsymbol{A}_{st}\end{pmatrix}\begin{pmatrix}\boldsymbol{B}_{11} & \boldsymbol{B}_{12} & \cdots & \boldsymbol{B}_{1p}\\ \boldsymbol{B}_{21} & \boldsymbol{B}_{22} & \cdots & \boldsymbol{B}_{2p}\\ \vdots & \vdots & & \vdots\\ \boldsymbol{B}_{t1} & \boldsymbol{B}_{t2} & \cdots & \boldsymbol{B}_{tp}\end{pmatrix}=\begin{pmatrix}\boldsymbol{C}_{11} & \boldsymbol{C}_{12} & \cdots & \boldsymbol{C}_{1p}\\ \boldsymbol{C}_{21} & \boldsymbol{C}_{22} & \cdots & \boldsymbol{C}_{2p}\\ \vdots & \vdots & & \vdots\\ \boldsymbol{C}_{s1} & \boldsymbol{C}_{s2} & \cdots & \boldsymbol{C}_{sp}\end{pmatrix},$$

其中 $\boldsymbol{C}_{ij}=\sum\limits_{k=1}^{t}\boldsymbol{A}_{ik}\boldsymbol{B}_{kj}(i=1,2,\cdots,s;j=1,2,\cdots,p)$.

4. 分块矩阵的转置

设分块矩阵

$$\boldsymbol{A}=\begin{pmatrix}\boldsymbol{A}_{11} & \boldsymbol{A}_{12} & \cdots & \boldsymbol{A}_{1t}\\ \boldsymbol{A}_{21} & \boldsymbol{A}_{22} & \cdots & \boldsymbol{A}_{2t}\\ \vdots & \vdots & & \vdots\\ \boldsymbol{A}_{s1} & \boldsymbol{A}_{s2} & \cdots & \boldsymbol{A}_{st}\end{pmatrix},$$

则

$$\boldsymbol{A}^{\mathrm{T}}=\begin{pmatrix}\boldsymbol{A}_{11}^{\mathrm{T}} & \boldsymbol{A}_{21}^{\mathrm{T}} & \cdots & \boldsymbol{A}_{s1}^{\mathrm{T}}\\ \boldsymbol{A}_{12}^{\mathrm{T}} & \boldsymbol{A}_{22}^{\mathrm{T}} & \cdots & \boldsymbol{A}_{s2}^{\mathrm{T}}\\ \vdots & \vdots & & \vdots\\ \boldsymbol{A}_{1t}^{\mathrm{T}} & \boldsymbol{A}_{2t}^{\mathrm{T}} & \cdots & \boldsymbol{A}_{st}^{\mathrm{T}}\end{pmatrix}.$$

运用分块矩阵的运算，含有 n 个未知数 $x_1,x_2,\cdots,x_n$ 的 n 个线性方程的方程组

$$\begin{cases}a_{11}x_1+a_{12}x_2+\cdots+a_{1n}x_n=b_1\\ a_{21}x_1+a_{22}x_2+\cdots+a_{2n}x_n=b_2\\ \quad\vdots\\ a_{n1}x_1+a_{n2}x_2+\cdots+a_{nn}x_n=b_n\end{cases}$$

可以表示成 $\boldsymbol{AX}=\boldsymbol{b}$，其中 $\boldsymbol{A}=(\boldsymbol{\alpha}_1,\boldsymbol{\alpha}_2,\cdots,\boldsymbol{\alpha}_n)$且

$$\boldsymbol{\alpha}_j=\begin{pmatrix}a_{1j}\\a_{2j}\\\vdots\\a_{nj}\end{pmatrix}(j=1,2,\cdots,n),\boldsymbol{X}=\begin{pmatrix}x_1\\x_2\\\vdots\\x_n\end{pmatrix},\boldsymbol{b}=\begin{pmatrix}b_1\\b_2\\\vdots\\b_n\end{pmatrix}.$$

2.5.3 分块对角矩阵

当 n 阶方阵 $\boldsymbol{A}$ 的分块矩阵只有主对角线上有非零子块，其他子块均为零矩阵，即

$$\boldsymbol{A}=\begin{pmatrix}\boldsymbol{A}_1&\boldsymbol{O}&\cdots&\boldsymbol{O}\\\boldsymbol{O}&\boldsymbol{A}_2&\cdots&\boldsymbol{O}\\\vdots&\vdots&&\vdots\\\boldsymbol{O}&\boldsymbol{O}&\cdots&\boldsymbol{A}_m\end{pmatrix}$$

简记为 $\boldsymbol{A}=\mathrm{diag}(\boldsymbol{A}_1,\boldsymbol{A}_2,\cdots,\boldsymbol{A}_m)$，其中 $\boldsymbol{A}_i$ 是 n_i 阶方阵 $\left(i=1,2,\cdots,m;\sum\limits_{i=1}^{m}n_i=n\right)$，则称矩阵 $\boldsymbol{A}$ 为**分块对角矩阵**(也称**准对角矩阵**).

分块对角矩阵 $\boldsymbol{A}=\mathrm{diag}(\boldsymbol{A}_1,\boldsymbol{A}_2,\cdots,\boldsymbol{A}_m)$，有以下几个常用的性质：

（1）设 $\boldsymbol{A}=\mathrm{diag}(\boldsymbol{A}_1,\boldsymbol{A}_2,\cdots,\boldsymbol{A}_m)$，若 $\det\boldsymbol{A}_i\neq0(i=1,2,\cdots,m)$，则 $\det\boldsymbol{A}\neq0$，且

$$\det(\mathrm{diag}(\boldsymbol{A}_1,\boldsymbol{A}_2,\cdots,\boldsymbol{A}_m))=\prod_{i=1}^{m}\det\boldsymbol{A}_i.$$

（2）若 $\boldsymbol{A}_i(i=1,2,\cdots,m)$ 可逆，则 $\boldsymbol{A}=\mathrm{diag}(\boldsymbol{A}_1,\boldsymbol{A}_2,\cdots,\boldsymbol{A}_m)$ 也可逆，且

$$\boldsymbol{A}^{-1}=\mathrm{diag}(\boldsymbol{A}_1^{-1},\boldsymbol{A}_2^{-1},\cdots,\boldsymbol{A}_m^{-1}).$$

（3）若 $\boldsymbol{A}=\begin{pmatrix}\boldsymbol{A}_1&&&\\&\boldsymbol{A}_2&&\\&&\ddots&\\&&&\boldsymbol{A}_m\end{pmatrix}$，$\boldsymbol{B}=\begin{pmatrix}\boldsymbol{B}_1&&&\\&\boldsymbol{B}_2&&\\&&\ddots&\\&&&\boldsymbol{B}_m\end{pmatrix}$，且 $\boldsymbol{A}_i,\boldsymbol{B}_i$ 为同阶方阵，则

$$\boldsymbol{AB}=\begin{pmatrix}\boldsymbol{A}_1\boldsymbol{B}_1&&&\boldsymbol{O}\\&\boldsymbol{A}_2\boldsymbol{B}_2&&\\&&\ddots&\\\boldsymbol{O}&&&\boldsymbol{A}_m\boldsymbol{B}_m\end{pmatrix}.$$

【找相似】 分块对角矩阵与对角矩阵的运算性质有哪些相同之处?

(例 2.20)

例 2.20 设$A=\begin{pmatrix}1&2&0&0&0\\1&3&0&0&0\\0&0&3&0&0\\0&0&0&2&1\\0&0&0&3&2\end{pmatrix}$，求$A^{-1}$.

解　设 $A_1=\begin{pmatrix}1&2\\1&3\end{pmatrix}$，$A_2=(3)$，$A_3=\begin{pmatrix}2&1\\3&2\end{pmatrix}$，则 $A=\begin{pmatrix}A_1&&\\&A_2&\\&&A_3\end{pmatrix}$，且易知

$$A_1^{-1}=\underline{\qquad\qquad},\ A_2^{-1}=\underline{\qquad\qquad},\ A_3^{-1}=\underline{\qquad\qquad}.$$

由分块矩阵的性质得

$$A^{-1}=\begin{pmatrix}A_1^{-1}&&\\&A_2^{-1}&\\&&A_3^{-1}\end{pmatrix}=\begin{pmatrix}3&-2&0&0&0\\-1&1&0&0&0\\0&0&\frac{1}{3}&0&0\\0&0&0&2&-1\\0&0&0&-3&2\end{pmatrix}.$$

【填空】　请将例 2.20 计算过程中横线部分的内容补全. $\left(\text{答案：}\begin{pmatrix}3&-2\\-1&1\end{pmatrix};\ \left(\frac{1}{3}\right);\ \begin{pmatrix}2&-1\\-3&2\end{pmatrix}.\right)$

【局部到整体】　对高阶矩阵分块，能使矩阵的运算变得更加简便，体现了局部到整体的思想.

【耐心和细心】　用初等变换求逆矩阵计算量大，容易出错，要坐得住静下心.

习题 2.5

一、基础题

1. $A=\begin{pmatrix}1&0&0&0\\0&1&0&0\\0&0&1&-1\\1&0&-1&0\end{pmatrix}$，$B=\begin{pmatrix}1&0&1&0\\0&0&0&1\\0&0&1&2\\0&0&0&-1\end{pmatrix}$，利用分块矩阵求 $A+B$，AB.

2. $A=\begin{pmatrix}1&0&0&0\\0&1&0&0\\-1&2&1&0\\1&1&0&1\end{pmatrix}$，$B=\begin{pmatrix}1&0&1&0\\-1&2&0&1\\1&0&4&1\\-1&-1&2&0\end{pmatrix}$，求 AB.

二、提升题

3. 用矩阵分块的方法，证明下列矩阵可逆，并求其逆矩阵：

(1) $\begin{pmatrix} 1 & 2 & 0 & 0 & 0 \\ 2 & 5 & 0 & 0 & 0 \\ 0 & 0 & 3 & 0 & 0 \\ 0 & 0 & 0 & 1 & 0 \\ 0 & 0 & 0 & 0 & 1 \end{pmatrix}$；(2) $\begin{pmatrix} 0 & 0 & 3 & -1 \\ 0 & 0 & 2 & 1 \\ 2 & 1 & 0 & 0 \\ -2 & 3 & 0 & 0 \end{pmatrix}$；

(3) $\begin{pmatrix} 2 & 0 & 1 & 0 & 2 \\ 0 & 2 & 0 & 1 & 3 \\ 0 & 0 & 1 & 0 & 0 \\ 0 & 0 & 0 & 1 & 0 \\ 0 & 0 & 0 & 0 & 1 \end{pmatrix}$.

4. 设 $\boldsymbol{\alpha}_1$，$\boldsymbol{\alpha}_2$，$\boldsymbol{\alpha}_3$ 为3维列向量，记矩阵 $\boldsymbol{A}=(\boldsymbol{\alpha}_1,\boldsymbol{\alpha}_2,\boldsymbol{\alpha}_3)$，$\boldsymbol{B}=(\boldsymbol{\alpha}_1+\boldsymbol{\alpha}_2+\boldsymbol{\alpha}_3,\ \boldsymbol{\alpha}_1+2\boldsymbol{\alpha}_2+4\boldsymbol{\alpha}_3,\ \boldsymbol{\alpha}_1+3\boldsymbol{\alpha}_2+9\boldsymbol{\alpha}_3)$，如果 $|\boldsymbol{A}|=1$，求 $|\boldsymbol{B}|$.

三、拓展题

5. 设 $\boldsymbol{A},\boldsymbol{B}$ 均为2阶矩阵，$\boldsymbol{A}^*,\boldsymbol{B}^*$ 分别为 $\boldsymbol{A},\boldsymbol{B}$ 的伴随矩阵，若 $|\boldsymbol{A}|=2$，$|\boldsymbol{B}|=3$，则分块矩阵 $\begin{pmatrix} & \boldsymbol{A} \\ \boldsymbol{B} & \end{pmatrix}$ 的伴随矩阵为(　　).

A. $\begin{pmatrix} & 3\boldsymbol{B}^* \\ 2\boldsymbol{A}^* & \end{pmatrix}$　　B. $\begin{pmatrix} & 2\boldsymbol{B}^* \\ 3\boldsymbol{A}^* & \end{pmatrix}$

C. $\begin{pmatrix} & 3\boldsymbol{A}^* \\ 2\boldsymbol{B}^* & \end{pmatrix}$　　D. $\begin{pmatrix} & 2\boldsymbol{A}^* \\ 3\boldsymbol{B}^* & \end{pmatrix}$

2.6 用 MATLAB 进行矩阵运算

【问题导读】

前面学过的矩阵运算都可以通过 MATLAB 实现吗？

2.6.1 矩阵的常用代数运算

在 MATLAB 中矩阵的基本代数运算命令见表 2.1.

表 2.1 MATLAB 中矩阵的基本代数运算命令

运算命令	运 算 含 义
A+B	$\boldsymbol{A}$、$\boldsymbol{B}$ 对应元素相加
A-B	$\boldsymbol{A}$、$\boldsymbol{B}$ 对应元素相减
A * B	$\boldsymbol{A}$、$\boldsymbol{B}$ 对应元素相乘(注意维数相同)
k * A	数 k 乘以矩阵 $\boldsymbol{A}$
A * B	$\boldsymbol{A}$ 和 $\boldsymbol{B}$ 矩阵按矩阵乘法运算进行相乘(注意维数匹配)
A^m	矩阵 $\boldsymbol{A}$ 的 m 次方
A′	矩阵 $\boldsymbol{A}$ 的转置
inv(A)	非奇异矩阵 $\boldsymbol{A}$ 的逆（如果 $\boldsymbol{A}$ 为奇异矩阵或接近奇异矩阵，则会给出警告信息，并输出计算结果为“inf”）
det(A)	矩阵 $\boldsymbol{A}$ 的行列式

例 2.21

设 $\boldsymbol{A}=\begin{pmatrix} 1 & 1 & 1 \\ -1 & 1 & 1 \\ 1 & -1 & 1 \end{pmatrix}$，$\boldsymbol{B}=\begin{pmatrix} 1 & 2 & 1 \\ 1 & 3 & -1 \\ 2 & 1 & 4 \end{pmatrix}$，计算：

(1) $3\boldsymbol{AB}-2\boldsymbol{A}$；(2) $\boldsymbol{B}^{\mathrm{T}}\boldsymbol{A}^{\mathrm{T}}$；(3) $\boldsymbol{A}^{10}$.

【编写代码】 分组查资料，了解 MATLAB 中矩阵加减法、数乘、乘法、转置和求幂运算的命令，并利用 MATLAB 进行计算.

（例 2.21）

解　在 MATLAB 命令行窗口中输入：

```
>>A=[1,1,1;-1,1,1;1,-1,1];
>>B=[1,2,1;1,3,-1,2,1,4];
>> ans1=3*A*B-2*A
>> ans2=B'*A'
>> ans3=A*10
```

得到结果：

```
ans1=
    10    16    10
     8     4     4
     4     2    16
ans2=
     4     2     2
     6     2     0
     4     2     6
ans3=
   529   -11   495
    11    23   -11
   495    11   529
```

例 2.22　判断矩阵 $A=\begin{pmatrix}1 & 2 & -1\\ 3 & 1 & 0\\ -1 & 0 & 2\end{pmatrix}$ 是否可逆，若可逆，求其逆矩阵.

【编写代码】　分组查资料，了解 MATLAB 中矩阵求逆的命令，并利用 MATLAB 进行计算.

（例 2.22）

解　在 MATLAB 命令行窗口中输入：

```
>>A=[1,2,-1;3,1,0;-1,0,2];
>>inv(A)
```

得到结果：

```
ans=
      -0.1818    0.3636   -0.0909
       0.5455   -0.0909    0.2727
      -0.0909    0.1818    0.4545
```

如果使用分数来表示数值，则增加命令行：

```
>>format rat
```

得到结果：

```
ans=
      -2/11    4/11   -1/11
       6/11   -1/11    3/11
      -1/11    2/11    5/11
```

2.6.2 矩阵的初等变换

利用矩阵的初等行变换化成行最简形是求解线性方程组的必要步骤. 在 MATLAB 中将矩阵化成行最简形的命令是 rref( )，求矩阵的秩用 rank( ).

例 2.23 将矩阵 $\boldsymbol{A}=\begin{pmatrix}2&1&8&3&7\\2&-3&0&7&-5\\3&-2&5&8&0\\1&0&3&2&0\end{pmatrix}$ 化成行最简形，并求其秩.

【编写代码】 分组查资料，了解 MATLAB 中化行阶梯形和行最简形的命令，并利用 MATLAB 进行计算.

（例 2.23）

解 在 MATLAB 命令行窗口中输入：

```
>>A=[2,1,8,3,7;2,-3,0,7,-5;3,-2,5,8,0;1,0,3,2,
0];
>>rref(A)
>>rank(A)
```

得到结果：

```
ans=
      1  0  3   2  0
      0  1  2  -1  0
      0  0  0   0  1
      0  0  0   0  0
ans=
      3
```

2.7 应用案例

2.7.1 像素灰度矩阵

图片的存储是基于矩阵的. 而灰度矩阵运算对应的是图像的一种处理方式.

在数字图像中，黑白图像的像素点的亮度是用 0~255 的二进制数表示的，称为灰度. 灰度矩阵就是各个像素点亮度的二进制存储矩阵. 图 2.1 所示由 8×8=64 个像素组成. 每个像素的值在 0 到 255 的范围内. 值 0 表示黑色像素，255 表示白色像素.

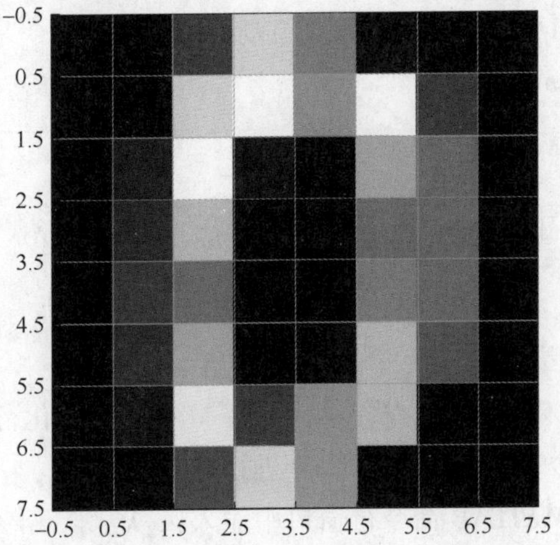

图 2.1

其灰度图像可以由具有 8 行 8 列的矩阵表示，其中每个单元格包含相应的像素值：

$$\begin{pmatrix} 0 & 0 & 85 & 221 & 153 & 17 & 0 & 0 \\ 0 & 0 & 221 & 255 & 170 & 255 & 85 & 0 \\ 0 & 51 & 255 & 34 & 0 & 187 & 136 & 0 \\ 0 & 68 & 204 & 0 & 0 & 136 & 136 & 0 \\ 0 & 85 & 136 & 0 & 0 & 153 & 136 & 0 \\ 0 & 68 & 187 & 0 & 17 & 204 & 119 & 0 \\ 0 & 34 & 238 & 85 & 170 & 204 & 0 & 0 \\ 0 & 0 & 102 & 221 & 170 & 0 & 0 & 0 \end{pmatrix}.$$

我们所熟悉的二维码也可以看作一个矩阵，其中白色部分对应元素 1，黑色部分对应元素 0，角落的小黑框就是矩阵的行数和列数，用来限定该二维码的边界.

2.7.2 图形变换和矩阵乘法

图像由像素构成，每个像素可以看作一个点，描述点的位置信息可以用(x,y)，描述这个点的颜色信息可以用 z.

假设描述图 2.2 的图像需要 n 个像素点，每个像素点需要描述三个属性，那么可以用一个 3 行 n 列的矩阵

$$\boldsymbol{A}=\begin{pmatrix} x_1 & x_2 & \cdots & x_{n-1} & x_n \\ y_1 & y_2 & \cdots & y_{n-1} & y_n \\ z_1 & z_2 & \cdots & z_{n-1} & z_n \end{pmatrix}$$

把这个图像的像素点信息完全描述出来，其中第 i 个列向量就是第 i 个点的像素，从而 $\boldsymbol{A}$ 就表示此图片.

图　2.2

数乘矩阵 $k\boldsymbol{A}$ 对应的图像就是把原图像放大 k 倍，并且颜色信息值也变为原来的 k 倍.

令 $\boldsymbol{P}=\begin{pmatrix} p_1 & 0 & 0 \\ 0 & p_2 & 0 \\ 0 & 0 & 1 \end{pmatrix}$，$\boldsymbol{PA}$ 为新图像，则 p_1 的取值控制图像在横向的延伸，p_2 的取值控制图像在纵向的延伸.

例如，$\boldsymbol{P}=\begin{pmatrix} 1.5 & 0 & 0 \\ 0 & 1 & 0 \\ 0 & 0 & 1 \end{pmatrix}$时，$\boldsymbol{PA}$ 为图 2.3，横向延伸为原来的 1.5 倍.

令 $\boldsymbol{P}=\begin{pmatrix} \cos\theta & -\sin\theta & 0 \\ \sin\theta & \cos\theta & 0 \\ 0 & 0 & 1 \end{pmatrix}$，$\boldsymbol{PA}$ 为新图像，则 θ 的取值控制图像

的旋转状态.

图 2.3

例如，$\boldsymbol{P}=\begin{pmatrix}\frac{\sqrt{3}}{2} & -\frac{1}{2} & 0\\ \frac{1}{2} & \frac{\sqrt{3}}{2} & 0\\ 0 & 0 & 1\end{pmatrix}$时，$\boldsymbol{PA}$ 为图 2.4，原图像逆时针旋转 30°.

图 2.4

2.7.3 密码问题

甲方向乙方发送指令，双方做了以下两个约定.

(1) 26 个英文字母与数字之间的对应关系见表 2.2.

表 2.2 26 个英文字母与数字之间的对应关系

A	B	C	…	X	Y	Z
1	2	3	…	24	25	26

（2）将指令中从左至右每 3 个字母分成一组，排成一列，将这些列构成矩阵.

若要发出指令 ACTION，根据约定，此信息的编码是 1，3，20；9，15，14. 可以写成一个矩阵（明文）：$\boldsymbol{A}=\begin{pmatrix}1 & 9\\ 3 & 15\\ 20 & 14\end{pmatrix}$.

取一个三阶方阵（密钥）：$\boldsymbol{B}=\begin{pmatrix}1 & 2 & 3\\ 1 & 1 & 2\\ 0 & 1 & 2\end{pmatrix}$，

进行加密，发送密文：$\boldsymbol{BA}=\begin{pmatrix}1 & 2 & 3\\ 1 & 1 & 2\\ 0 & 1 & 2\end{pmatrix}\begin{pmatrix}1 & 9\\ 3 & 15\\ 20 & 14\end{pmatrix}=\begin{pmatrix}67 & 81\\ 44 & 52\\ 43 & 43\end{pmatrix}=\boldsymbol{C}$.

收到密文信息 $\boldsymbol{C}$ 后，再通过约定的方式解密. 如何解密？

这是逆矩阵的应用问题，明文 $\boldsymbol{A}=\boldsymbol{B}^{-1}\boldsymbol{C}$.

2.7.4 陶瓷坯料配方设计

通过化学分析可知某种陶瓷原料和坯料主要由 SiO_2、Al_2O_3、Fe_2O_3 这三种化学组成表示，在配方时只选择含量最多的这三种化学元素来进行计算. 将要配的坯料称为目标坯料，含量比表示为 $(d_1, d_2, d_3)^{\mathrm{T}}$；原料种类选三种，含量比表示为 (u_1^i, u_2^i, u_3^i)，$i=1,2,3$；各原料的含量比表示为 $\boldsymbol{X}=(x_1, x_2, x_3)^{\mathrm{T}}$.

已知原料各种元素含量矩阵为

$$\boldsymbol{A}=\begin{pmatrix}u_1^1 & u_2^1 & u_3^1\\ u_1^2 & u_2^2 & u_3^2\\ u_1^3 & u_2^3 & u_3^3\end{pmatrix}=\begin{pmatrix}1/6 & 2/6 & 3/6\\ 1/4 & 1/4 & 2/4\\ 2/5 & 1/5 & 2/5\end{pmatrix},$$

目标坯料中 3 种元素中各种元素的含量构成的列向量 $\boldsymbol{D}=\begin{pmatrix}9/35\\ 14/35\\ 12/35\end{pmatrix}$.

求各种原料的含量比.

这相当于解矩阵方程 $\boldsymbol{AX}=\boldsymbol{D}$，可有

$$\boldsymbol{X}=\boldsymbol{A}^{-1}\boldsymbol{D}=\begin{pmatrix}0.11428571\\ -1.6\\ 1.54285714\end{pmatrix}.$$

第2章思维导图

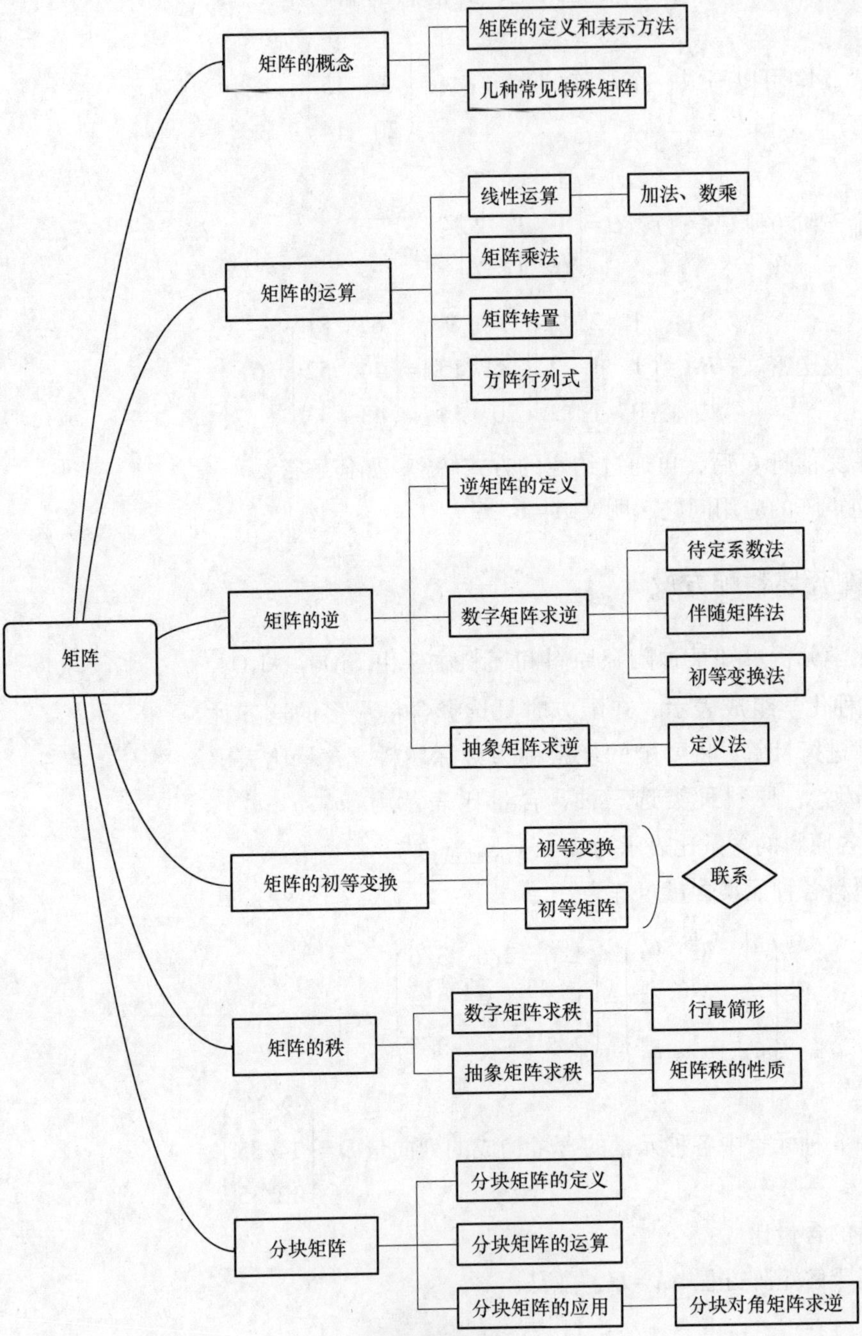
矩阵
矩阵的概念
矩阵的定义和表示方法
几种常见特殊矩阵
矩阵的运算
线性运算
加法、数乘
矩阵乘法
矩阵转置
方阵行列式
矩阵的逆
逆矩阵的定义
数字矩阵求逆
待定系数法
伴随矩阵法
初等变换法
抽象矩阵求逆
定义法
矩阵的初等变换
初等变换
初等矩阵
联系
矩阵的秩
数字矩阵求秩
行最简形
抽象矩阵求秩
矩阵秩的性质
分块矩阵
分块矩阵的定义
分块矩阵的运算
分块矩阵的应用
分块对角矩阵求逆

（本章总结）

华罗庚(1910—1985)，出生于江苏常州. 华罗庚早年的研究领域是解析数论，国际上颇具盛名的“中国解析数论学派”即华罗庚开创的学派，该学派对于质数分布问题与哥德巴赫猜想做出了许多重大贡献. 华罗庚是国际上享有盛誉的数学家，在多元复变函数、数论、代数及应用数学等领域都取得了杰出的成果，有许多以他的名字命名的定理、引理、不等式、算子与方法，并培养了一批优秀的学生. 1956年华罗庚获得国家自然科学奖一等奖，1990年与王元共获陈嘉庚物质科学奖. 他被选为美国科学院国外院士、第三世界科学院院士、联邦德国巴伐利亚科学院院士，被法国南锡大学、香港中文大学与美国伊利诺伊大学授予荣誉博士学位. 2002年美国科学院出版了《华罗庚传》.

总习题二

一、基础题

1. 填空题：

(1) 设3阶方阵A, B满足$A^2B-A-B=E$，其中E为3阶单位矩阵，若$A=\begin{pmatrix}2&0&0\\0&2&0\\0&0&3\end{pmatrix}$，则$B=$________.

(2) 设矩阵$A=\begin{pmatrix}2&1&0\\1&2&0\\0&0&1\end{pmatrix}$，$A^*$为$A$的伴随矩阵，则$A^*=$________.

(3) 设矩阵$A=\begin{pmatrix}2&1\\-1&2\end{pmatrix}$，$E$为2阶单位矩阵，矩阵$B$满足$BA=B+2E$，则$|B|=$________.

(4) 设矩阵$A=\begin{pmatrix}0&1&0&0\\0&0&1&0\\0&0&0&1\\0&0&0&0\end{pmatrix}$，则$A^3$的秩为________.

2. 选择题：

(1) 设A是3阶方阵，将A的第2列的每个元素乘以3得B，$P=\begin{pmatrix}1&0&0\\0&3&0\\0&0&1\end{pmatrix}$，$Q=\begin{pmatrix}1&0&0\\3&0&0\\0&0&1\end{pmatrix}$，则矩阵$B=$(   ).

A. PA　　B. AP　　C. QA　　D. AQ

(2) 设矩阵A的伴随矩阵$A^*=\begin{pmatrix}1&2\\3&4\end{pmatrix}$，则$A^{-1}=$(   ).

A. $-\frac{1}{2}\begin{pmatrix}4&-3\\-2&1\end{pmatrix}$　　B. $-\frac{1}{2}\begin{pmatrix}1&-2\\-3&4\end{pmatrix}$

C. $-\frac{1}{2}\begin{pmatrix}1&2\\3&4\end{pmatrix}$　　D. $-\frac{1}{2}\begin{pmatrix}4&2\\3&1\end{pmatrix}$

(3) 设A为3阶方阵，将A的第2行加到第1行得B，再将B的第2列加到第1列得C，记$P=\begin{pmatrix}1&1&0\\0&1&0\\0&0&1\end{pmatrix}$，则(   ).

A. $C=P^{-1}AP$　　B. $C=PAP^{-1}$

C. $C=P^{T}AP$　　D. $C=PAP^{T}$

(4) 设 A 为 n 阶方阵，E 为 n 阶单位矩阵. 若 $A^2=O$，且 $A\neq O$，则(　　).

A. $E-A$，$E+A$ 均不可逆

B. $E-A$ 不可逆，$E+A$ 可逆

C. $E-A$，$E+A$ 均可逆

D. $E-A$ 可逆，$E+A$ 不可逆

(5) 设矩阵 A,B,C,X 均为同阶方阵，且 A,B 可逆，$AXB=C$，则矩阵 $X=$(　　).

A. $A^{-1}CB^{-1}$　　B. $CA^{-1}B^{-1}$

C. $B^{-1}A^{-1}C$　　D. $CB^{-1}A^{-1}$

(6) 设 A 是 $m\times n$ 矩阵，B 是 $n\times m$ 矩阵，且 $AB=E$，$n\neq m$，其中 E 为 m 阶单位矩阵，则(　　).

A. $R(A)=R(B)=m$　　B. $R(A)=m$，$R(B)=n$

C. $R(A)=n$，$R(B)=m$　　D. $R(A)=R(B)=n$

(7) 设 A,P 均为 3 阶方阵，P^{T} 为 P 的转置矩阵，且 $P^{T}AP=\begin{pmatrix}1&0&0\\0&1&0\\0&0&2\end{pmatrix}$，若 $P=(\alpha_1,\alpha_2,\alpha_3)$，$Q=(\alpha_1+\alpha_2,\alpha_2,\alpha_3)$，则 $Q^{T}AQ$ 为(　　).

A. $\begin{pmatrix}2&1&0\\1&1&0\\0&0&2\end{pmatrix}$　　B. $\begin{pmatrix}1&1&0\\1&2&0\\0&0&2\end{pmatrix}$

C. $\begin{pmatrix}2&0&0\\0&1&0\\0&0&2\end{pmatrix}$　　D. $\begin{pmatrix}1&0&0\\0&2&0\\0&0&2\end{pmatrix}$

(8) 设矩阵 A 是一个 3×4 矩阵，下列结论正确的是(　　).

A. 若矩阵 A 中所有 3 阶子式都为 0，则矩阵 A 的秩为 2

B. 若矩阵 A 的秩为 2，则矩阵 A 中所有 3 阶子式都为 0

C. 若矩阵 A 的秩为 2，则矩阵 A 中所有 2 阶子式都不为 0

D. 若矩阵 A 中存在 2 阶子式不为 0，则矩阵 A 的秩为 2

(9) 设 n 阶方阵 A 与 B 等价，则必有(　　).

A. 当 $|A|=a(a\neq0)$ 时，$|B|=a$

B. 当 $|A|=a(a\neq0)$ 时，$|B|=-a$

C. 当 $|A|\neq0$ 时，$|B|=0$

D. 当 $|A|=0$ 时，$|B|=0$

(10) 设矩阵 A 为 3 阶方阵，满足 $A^{*}=A^{T}$，且 $A\neq O$，其中 A^{*} 是 A 的伴随矩阵，A^{T} 为 A 的转置矩阵，则 $|A|=$(　　).

A. 0　　B. 1　　C. 2　　D. 3

3. 计算题：

(1) $\begin{pmatrix}2&1&4&0\\1&-1&3&4\end{pmatrix}\begin{pmatrix}1&3&1\\0&-1&2\\1&-3&1\\4&0&-2\end{pmatrix}$；

(2) $(x_1,x_2,x_3)\begin{pmatrix}a_{11}&a_{12}&a_{13}\\a_{12}&a_{22}&a_{23}\\a_{13}&a_{23}&a_{33}\end{pmatrix}\begin{pmatrix}x_1\\x_2\\x_3\end{pmatrix}$；

(3) $\begin{pmatrix}\lambda&1&0\\0&\lambda&1\\0&0&\lambda\end{pmatrix}^{k}$；

(4) $A=\begin{pmatrix}1&0&2\\-1&2&4\\3&1&1\end{pmatrix}$，$B=\begin{pmatrix}2&1\\-1&3\\0&3\end{pmatrix}$，求 $(2E-A^{T})B$.

4. 设 A,B 为 n 阶方阵，且 A 为对称矩阵，证明 $B^{T}AB$ 也是对称矩阵.

5. 设 $A=\begin{pmatrix}1&0&0&0\\a&1&0&0\\a^2&a&1&0\\a^3&a^2&a&1\end{pmatrix}$，试用初等变换法求 A^{-1}.

6. 解下列矩阵方程：

(1) $\begin{pmatrix}1&0&1\\2&1&0\\-3&2&-5\end{pmatrix}X=\begin{pmatrix}1&-2&-1\\4&-5&2\\1&-4&-1\end{pmatrix}$；

(2) $A=\begin{pmatrix}0&3&3\\1&1&0\\-1&2&3\end{pmatrix}$，$AX=A+2X$，求 X.

7. 设方阵 A 满足 $A^2-A-2E=O$，证明：A 及 $A+2E$ 都可逆，并求 A^{-1} 及 $(A+2E)^{-1}$.

8. 设 A 为 3 阶矩阵，$|A|=\dfrac{1}{2}$，求 $|(2A)^{-1}-5A^{*}|$.

9. 设 $P^{-1}AP=\Lambda$，其中 $P=\begin{pmatrix}-1 & -4\\ 1 & 1\end{pmatrix}$，$\Lambda=\begin{pmatrix}-1 & 0\\ 0 & 2\end{pmatrix}$，求 A^{11}.

10. 设 $P^{-1}AP=\Lambda$，其中 $P=\begin{pmatrix}-1 & 1 & 1\\ 0 & 1 & 2\\ 1 & 0 & -1\end{pmatrix}$，$\Lambda=\begin{pmatrix}0 & 0 & 0\\ 0 & 0 & 0\\ 0 & 0 & -2\end{pmatrix}$，试计算：

(1) P^{-1}；(2) A；(3) $\phi(A)=A^5+5A^4+5A^3$.

11. 求下列矩阵的秩：

(1) $A=\begin{pmatrix}1 & 1 & 2 & 2 & 1\\ 0 & 2 & 1 & 5 & -1\\ 2 & 0 & 3 & -1 & 3\\ 1 & 1 & 0 & 4 & -1\end{pmatrix}$；

(2) $A=\begin{pmatrix}1 & 0 & -1 & -1 & 2\\ 0 & -1 & 2 & 3 & 1\\ 1 & -1 & 1 & 2 & 3\\ 1 & 2 & -5 & -7 & 0\end{pmatrix}$.

二、提升题

12. 设 A 是 n 阶方阵，证明：若 $A^2=A$，则 $R(A)+R(A-E)=n$.

13. 利用分块矩阵求下列矩阵的逆矩阵：

(1) $A=\begin{pmatrix}1 & 0 & 0 & 0\\ 0 & 2 & 0 & 0\\ 0 & 0 & 3 & 1\\ 0 & 0 & 3 & 3\end{pmatrix}$；(2) $B=\begin{pmatrix}0 & 0 & 2 & 1\\ 0 & 0 & 1 & 1\\ 1 & 2 & 0 & 0\\ 1 & 3 & 0 & 0\end{pmatrix}$.

14. 已知 A_1，A_3 分别为 m 阶和 n 阶可逆矩阵，试利用分块矩阵证明：分块矩阵 $M=\begin{pmatrix}A_1 & O\\ A_2 & A_3\end{pmatrix}$ 可逆，并求 M^{-1}.

第 3 章 向量与向量空间

向量是研究线性代数问题最重要的工具，而理解向量线性相关性质又是深刻理解向量的前提，因此对于向量的线性相关问题有必要进行深刻的讨论.

线性代数中所讨论的向量与几何中所讨论的向量有些不同.在几何问题里面，我们将向量定义为既有大小又有方向的量，这种定义在二维或者三维情况下与线性代数中的向量是一致的. 而到了三维以上的空间，就无法直观地感受其几何意义了，因此三维以上的向量只是沿用几何里面的术语的一种形式上的向量. 几何意义的好处是我们能够通过直观的几何图像来思考问题，而当高维度下向量不具备几何意义时我们仍然可以将对低维度下向量的几何直观进行推广，从而能更清晰地看清问题的本质. 正所谓“数缺形时少直观，形少数时难入微”，也是在说明数形结合的重要性.

(向量的历史)

【拓展任务】 查找向量的相关资料，理解引入向量的实际意义.

3.1 向量与向量组及线性表示

【问题导读】

1. 线性运算指的是哪些运算？

2. 某个向量由一个向量组线性表示指的是什么？

3. 什么是向量组的等价？向量组的等价和矩阵的等价有什么关系？

3.1.1 *n* 维向量

定义 3.1 n 个数 $a_1,a_2,\cdots,a_n$ 组成的有序数组$(a_1,a_2,\cdots,a_n)$称为一个 n 维向量，其中 a_i 称为这个向量的第 i 个分量.

通常一个向量可以写成一行或一列，称$(a_1,a_2,\cdots,a_n)$为 n 维行向量，称$\begin{pmatrix} a_1 \\ a_2 \\ \vdots \\ a_n \end{pmatrix}$为 n 维列向量，显然$(a_1,a_2,\cdots,a_n)^{\mathrm{T}}=\begin{pmatrix} a_1 \\ a_2 \\ \vdots \\ a_n \end{pmatrix}$. 按照向量的定义，行向量和列向量实际是一样的，但如果把向量的表示看成行矩阵或列矩阵，行向量和列向量就是不同的向量. 在本书中，不做特别说明的话，用希腊字母 $\boldsymbol{\alpha},\boldsymbol{\beta},\boldsymbol{\gamma}$ 等表示 n 维列向量，用 $\boldsymbol{\alpha}^{\mathrm{T}},\boldsymbol{\beta}^{\mathrm{T}},\boldsymbol{\gamma}^{\mathrm{T}}$ 等表示 n 维行向量.

分量都为实数的向量称为实向量，至少一个分量为复数的向量称为复向量. 本书仅讨论实向量.

3.1.2 向量组及其线性表示

若干个同维数的行向量或列向量组成的向量集合称为向量组，通常用大写字母 A,B,C 等表示. 有些向量组中含有有限个向量，如：$\boldsymbol{e}_1=\begin{pmatrix} 1 \\ 0 \\ \vdots \\ 0 \end{pmatrix},\boldsymbol{e}_2=\begin{pmatrix} 0 \\ 1 \\ \vdots \\ 0 \end{pmatrix},\cdots,\boldsymbol{e}_n=\begin{pmatrix} 0 \\ 0 \\ \vdots \\ 1 \end{pmatrix}$，这个向量组称为 n 维单位坐标向量组.

再如，一个 $m\times n$ 矩阵 $\boldsymbol{A}=\begin{pmatrix} a_{11} & a_{12} & \cdots & a_{1n} \\ a_{21} & a_{22} & \cdots & a_{2n} \\ \vdots & \vdots & & \vdots \\ a_{m1} & a_{m2} & \cdots & a_{mn} \end{pmatrix}$的每一行都是一个行向量，则所有的行向量构成一个向量组：$(a_{11},a_{12},\cdots,a_{1n}),(a_{21},a_{22},\cdots,a_{2n}),\cdots,(a_{m1},a_{m2},\cdots,a_{mn})$，称为矩阵 $\boldsymbol{A}$ 的行向量组，所有的列向量构成一个向量组：$\begin{pmatrix} a_{11} \\ a_{21} \\ \vdots \\ a_{m1} \end{pmatrix},\begin{pmatrix} a_{12} \\ a_{22} \\ \vdots \\ a_{m2} \end{pmatrix},\cdots,\begin{pmatrix} a_{1n} \\ a_{2n} \\ \vdots \\ a_{mn} \end{pmatrix}$，称为矩阵 $\boldsymbol{A}$ 的列向量组.

【判别】 矩阵可以看作一个列向量组，你认为对吗？

由于向量是矩阵的特殊类型，因此向量的运算法则和矩阵的运算法则是一致的，可以进行加法和数乘运算（统称为线性运算）. 当然，只有同维数的向量才可以相加减.

设 $\boldsymbol{\alpha}=\begin{pmatrix}a_1\\a_2\\\vdots\\a_n\end{pmatrix}$，$\boldsymbol{\beta}=\begin{pmatrix}b_1\\b_2\\\vdots\\b_n\end{pmatrix}$，$k\in\mathbf{R}$，则 $\boldsymbol{\alpha}+\boldsymbol{\beta}=\begin{pmatrix}a_1+b_1\\a_2+b_2\\\vdots\\a_n+b_n\end{pmatrix}$，$k\boldsymbol{\alpha}=\begin{pmatrix}ka_1\\ka_2\\\vdots\\ka_n\end{pmatrix}$.

若记 $\boldsymbol{\beta}=k\boldsymbol{\alpha}$，则表示向量 $\boldsymbol{\alpha}$ 和 $\boldsymbol{\beta}$ 之间存在线性关系，或者说 $\boldsymbol{\beta}$ 可以由 $\boldsymbol{\alpha}$ 线性表示，现将这个线性表示的概念推广到多个向量的情况.

定义 3.2　向量组 $A:\boldsymbol{\alpha}_1,\boldsymbol{\alpha}_2,\cdots,\boldsymbol{\alpha}_m$，任意 $k_1,k_2,\cdots,k_m\in\mathbf{R}$，表达式 $k_1\boldsymbol{\alpha}_1+k_2\boldsymbol{\alpha}_2+\cdots+k_m\boldsymbol{\alpha}_m$ 称为向量组 $\boldsymbol{\alpha}_1,\boldsymbol{\alpha}_2,\cdots,\boldsymbol{\alpha}_m$ 的一个**线性组合**，$k_1,k_2,\cdots,k_m$ 称为这个组合的系数.

对于向量 $\boldsymbol{\beta}$，若存在一组数 $\lambda_1,\lambda_2,\cdots,\lambda_m$ 使得 $\boldsymbol{\beta}=\lambda_1\boldsymbol{\alpha}_1+\lambda_2\boldsymbol{\alpha}_2+\cdots+\lambda_m\boldsymbol{\alpha}_m$，则称向量 $\boldsymbol{\beta}$ 可以由向量组 $\boldsymbol{\alpha}_1$，$\boldsymbol{\alpha}_2$，…，$\boldsymbol{\alpha}_m$ **线性表示**(或**线性表出**).

【理解】　判别向量 $\boldsymbol{\beta}$ 可以由向量组 $\boldsymbol{\alpha}_1,\boldsymbol{\alpha}_2,\cdots,\boldsymbol{\alpha}_m$ 线性表示的方法.

例 3.1　设 $\boldsymbol{\alpha}_1=\begin{pmatrix}1\\2\\3\end{pmatrix}$，$\boldsymbol{\alpha}_2=\begin{pmatrix}2\\3\\1\end{pmatrix}$，$\boldsymbol{\alpha}_3=\begin{pmatrix}3\\1\\2\end{pmatrix}$，$\boldsymbol{\beta}=\begin{pmatrix}0\\4\\2\end{pmatrix}$，试判断 $\boldsymbol{\beta}$ 能否由向量组 $\boldsymbol{\alpha}_1,\boldsymbol{\alpha}_2,\boldsymbol{\alpha}_3$ 线性表示，若能，写出表示式.

(例 3.1)

解　设有 x_1,x_2,x_3 使得 $\boldsymbol{\beta}=x_1\boldsymbol{\alpha}_1+x_2\boldsymbol{\alpha}_2+x_3\boldsymbol{\alpha}_3$，即

$$x_1\begin{pmatrix}1\\2\\3\end{pmatrix}+x_2\begin{pmatrix}2\\3\\1\end{pmatrix}+x_3\begin{pmatrix}3\\1\\2\end{pmatrix}=\begin{pmatrix}0\\4\\2\end{pmatrix},$$

也就是有非齐次线性方程组

$$\begin{cases}x_1+2x_2+3x_3=0\\2x_1+3x_2+\ x_3=4.\\3x_1+\ x_2+2x_3=2\end{cases}$$

方程组的解为 $\begin{cases}x_1=1\\x_2=1\\x_3=-1\end{cases}$，所以 $\boldsymbol{\beta}$ 能由向量组 $\boldsymbol{\alpha}_1,\boldsymbol{\alpha}_2,\boldsymbol{\alpha}_3$ 线性表示，且 $\boldsymbol{\beta}=\boldsymbol{\alpha}_1+\boldsymbol{\alpha}_2-\boldsymbol{\alpha}_3$.

一般地，若有向量组 $A:\boldsymbol{\alpha}_1,\boldsymbol{\alpha}_2,\cdots,\boldsymbol{\alpha}_n$ 和向量 $\boldsymbol{b}$，则线性方程组

$$\boldsymbol{AX}=(\boldsymbol{\alpha}_1,\boldsymbol{\alpha}_2,\cdots,\boldsymbol{\alpha}_n)\begin{pmatrix}x_1\\x_2\\\vdots\\x_n\end{pmatrix}=\boldsymbol{b}$$

可表示为向量形式 $x_1\boldsymbol{\alpha}_1+x_2\boldsymbol{\alpha}_2+\cdots+x_n\boldsymbol{\alpha}_n=\boldsymbol{b}$，讨论向量 $\boldsymbol{b}$ 是否可由向量组 $\boldsymbol{\alpha}_1,\boldsymbol{\alpha}_2,\cdots,\boldsymbol{\alpha}_n$ 线性表示，相当于研究线性方程组 $\boldsymbol{AX}=\boldsymbol{b}$ 是否有解的问题.

【判断】 若向量 $\boldsymbol{b}$ 由向量组 $A:\boldsymbol{\alpha}_1,\boldsymbol{\alpha}_2,\cdots,\boldsymbol{\alpha}_n$ 线性表示，相当于线性方程组 $\boldsymbol{AX}=\boldsymbol{b}$ 有解，你认为这个说法对吗？

定义 3.3 设两个向量组 $A:\boldsymbol{\alpha}_1,\boldsymbol{\alpha}_2,\cdots,\boldsymbol{\alpha}_m$ 和 $B:\boldsymbol{\beta}_1,\boldsymbol{\beta}_2,\cdots,\boldsymbol{\beta}_l$，若向量组 B 中的每一个向量 $\boldsymbol{\beta}_i(i=1,2,\cdots,l)$ 都可以由向量组 A 线性表示，则称**向量组 B 可由向量组 A 线性表示**. 若向量组 A 与向量组 B 可以相互线性表示，则称**向量组 A 与向量组 B 等价**.

根据定义，等价向量组具有如下三条性质：

(1) 反身性：任意一个向量组与自身等价；

(2) 对称性：若向量组 A 与向量组 B 等价，则向量组 B 与向量组 A 等价；

(3) 传递性：若向量组 A 与向量组 B 等价，向量组 B 与向量组 C 等价，则向量组 A 与向量组 C 等价.

由定义可知，若向量组 $B:\boldsymbol{\beta}_1,\boldsymbol{\beta}_2,\cdots,\boldsymbol{\beta}_l$ 可由向量组 $A:\boldsymbol{\alpha}_1,\boldsymbol{\alpha}_2,\cdots,\boldsymbol{\alpha}_m$ 线性表示，则存在一组系数

$$c_{1j},c_{2j},\cdots,c_{mj}\quad(j=1,2,\cdots,l),$$

使 $\boldsymbol{\beta}_j=c_{1j}\boldsymbol{\alpha}_1+c_{2j}\boldsymbol{\alpha}_2+\cdots+c_{mj}\boldsymbol{\alpha}_m(j=1,2,\cdots,l)$. 从而

$$(\boldsymbol{\beta}_1,\boldsymbol{\beta}_2,\cdots,\boldsymbol{\beta}_l)=(\boldsymbol{\alpha}_1,\boldsymbol{\alpha}_2,\cdots,\boldsymbol{\alpha}_m)\begin{pmatrix}c_{11}&c_{12}&\cdots&c_{1l}\\c_{21}&c_{22}&\cdots&c_{2l}\\\vdots&\vdots&&\vdots\\c_{m1}&c_{m2}&\cdots&c_{ml}\end{pmatrix}.$$

若令矩阵 $\boldsymbol{A}=(\boldsymbol{\alpha}_1,\boldsymbol{\alpha}_2,\cdots,\boldsymbol{\alpha}_m)$，矩阵 $\boldsymbol{B}=(\boldsymbol{\beta}_1,\boldsymbol{\beta}_2,\cdots,\boldsymbol{\beta}_l)$，$\boldsymbol{C}=(c_{ij})_{m\times l}$，则 $\boldsymbol{B}=\boldsymbol{AC}$.

定理 3.1 向量组 $B:\boldsymbol{\beta}_1,\boldsymbol{\beta}_2,\cdots,\boldsymbol{\beta}_l$ 可由向量组 $A:\boldsymbol{\alpha}_1,\boldsymbol{\alpha}_2,\cdots,\boldsymbol{\alpha}_m$ 线性表示的充要条件是矩阵方程 $\boldsymbol{AX}=\boldsymbol{B}$ 有解.

推论 3.1 向量组 $A:\boldsymbol{\alpha}_1,\boldsymbol{\alpha}_2,\cdots,\boldsymbol{\alpha}_m$ 与向量组 $B:\boldsymbol{\beta}_1,\boldsymbol{\beta}_2,\cdots,\boldsymbol{\beta}_l$ 等价的充要条件是 $\boldsymbol{AX}=\boldsymbol{B}$ 和 $\boldsymbol{BX}=\boldsymbol{A}$ 都有解.

【普遍联系】 线性表示有三种不同表示方式.

习题 3.1

一、基础题

1. 设$\boldsymbol{\alpha}=(1,1,0)^{\mathrm{T}}$，$\boldsymbol{\beta}=(0,1,1)^{\mathrm{T}}$，$\boldsymbol{\gamma}=(3,4,0)^{\mathrm{T}}$，求$\boldsymbol{\alpha}-\boldsymbol{\beta}$及$3\boldsymbol{\alpha}+2\boldsymbol{\beta}-\boldsymbol{\gamma}$.

2. 已知向量$\boldsymbol{\alpha}_1=(1,0,2,3)^{\mathrm{T}}$，$\boldsymbol{\alpha}_2=(-1,3,0,2)^{\mathrm{T}}$，$\boldsymbol{\alpha}_3=(0,2,-1,0)^{\mathrm{T}}$，求满足下列条件的$\boldsymbol{\beta},\boldsymbol{\gamma}$：

(1) $\frac{1}{2}(2\boldsymbol{\beta}-\boldsymbol{\alpha}_1+\boldsymbol{\alpha}_3)=\frac{1}{3}(3\boldsymbol{\alpha}_2-\boldsymbol{\beta}+2\boldsymbol{\alpha}_1)$；

(2) $\begin{cases}\boldsymbol{\beta}-2\boldsymbol{\gamma}=\boldsymbol{\alpha}_1+\boldsymbol{\alpha}_2\\3\boldsymbol{\beta}+4\boldsymbol{\gamma}=2\boldsymbol{\alpha}_1-\boldsymbol{\alpha}_2-\boldsymbol{\alpha}_3\end{cases}$.

二、提升题

3. 已知$\boldsymbol{\beta}=(3,5,-6)^{\mathrm{T}}$，$\boldsymbol{\alpha}_1=(1,0,1)^{\mathrm{T}}$，$\boldsymbol{\alpha}_2=(1,1,1)^{\mathrm{T}}$，$\boldsymbol{\alpha}_3=(0,-1,-1)^{\mathrm{T}}$，判断$\boldsymbol{\beta}$能否由$\boldsymbol{\alpha}_1,\boldsymbol{\alpha}_2,\boldsymbol{\alpha}_3$线性表示，如果能，请用$\boldsymbol{\alpha}_1,\boldsymbol{\alpha}_2,\boldsymbol{\alpha}_3$表示$\boldsymbol{\beta}$.

三、拓展题

4. 如果向量$\boldsymbol{\beta}$可由向量组$\boldsymbol{\alpha}_1,\boldsymbol{\alpha}_2,\cdots,\boldsymbol{\alpha}_n$线性表示，则(　　).

A. 存在一组不全为零的数$k_1,k_2,\cdots,k_n$，使得$\boldsymbol{\beta}=k_1\boldsymbol{\alpha}_1+k_2\boldsymbol{\alpha}_2+\cdots+k_n\boldsymbol{\alpha}_n$成立

B. 存在一组全为零的数$k_1,k_2,\cdots,k_n$，使得$\boldsymbol{\beta}=k_1\boldsymbol{\alpha}_1+k_2\boldsymbol{\alpha}_2+\cdots+k_n\boldsymbol{\alpha}_n$成立

C. 该线性表达式唯一

D. 以上均不对

3.2 向量组的线性相关性

【问题导读】

1. 用定义判定向量组的线性相关性相当于判定一个齐次线性方程组是否有非零解，这个说法对吗?

2. 线性相关和线性表示之间有什么联系?

3. 1个向量线性相关的充要条件是什么? 2个向量线性相关的充要条件是什么?

3.2.1 线性相关与线性无关

一个向量组中有没有某个向量能由其他的向量线性表示，是向量组自身的一种属性，称之为向量组的线性相关性.

定义 3.4 给定向量组A：$\boldsymbol{\alpha}_1,\boldsymbol{\alpha}_2,\cdots,\boldsymbol{\alpha}_l(l\geqslant 1)$，如果存在不全为零的一组数$k_1,k_2,\cdots,k_l$使得

$$k_1\boldsymbol{\alpha}_1+k_2\boldsymbol{\alpha}_2+\cdots+k_l\boldsymbol{\alpha}_l=\mathbf{0},$$

则称向量组A：$\boldsymbol{\alpha}_1,\boldsymbol{\alpha}_2,\cdots,\boldsymbol{\alpha}_l$**线性相关**，否则称向量组$A$**线性无关**.

【找不同】 向量组的线性相关与线性无关的定义，有什么不同?

容易验证，对于向量组$\boldsymbol{\alpha}_1=\begin{pmatrix}0\\1\\1\end{pmatrix}$，$\boldsymbol{\alpha}_2=\begin{pmatrix}1\\0\\2\end{pmatrix}$，$\boldsymbol{\alpha}_3=\begin{pmatrix}2\\3\\7\end{pmatrix}$，有$\boldsymbol{\alpha}_3=$

$3\boldsymbol{\alpha}_1+2\boldsymbol{\alpha}_2$，从而 $3\boldsymbol{\alpha}_1+2\boldsymbol{\alpha}_2-\boldsymbol{\alpha}_3=\mathbf{0}$，即存在不全为零的数 $k_1=3$，$k_2=2,k_3=-1$，使得 $k_1\boldsymbol{\alpha}_1+k_2\boldsymbol{\alpha}_2+k_3\boldsymbol{\alpha}_3=\mathbf{0}$，根据线性相关的定义，向量组 $\boldsymbol{\alpha}_1,\boldsymbol{\alpha}_2,\boldsymbol{\alpha}_3$ 线性相关.

n 维单位坐标向量组 $\boldsymbol{e}_1,\boldsymbol{e}_2,\cdots,\boldsymbol{e}_n$ 是线性无关的向量组. 事实上，仅存在 $k_i=0(i=1,2,\cdots,n)$ 使得 $k_1\boldsymbol{e}_1+k_2\boldsymbol{e}_2+\cdots+k_n\boldsymbol{e}_n=\mathbf{0}$.

根据定义 3.4，如果向量组 $\boldsymbol{\alpha}_1,\boldsymbol{\alpha}_2,\cdots,\boldsymbol{\alpha}_l(l\geqslant 1)$ 线性相关，则可以找到不全为零的一组数 $k_1,k_2,\cdots,k_l$，使得 $k_1\boldsymbol{\alpha}_1+k_2\boldsymbol{\alpha}_2+\cdots+k_l\boldsymbol{\alpha}_l=\mathbf{0}$ 成立；如果向量组线性无关，则找不到这样的一组数，也就是仅当 $k_1=k_2=\cdots=k_l=0$ 时，才有 $k_1\boldsymbol{\alpha}_1+k_2\boldsymbol{\alpha}_2+\cdots+k_l\boldsymbol{\alpha}_l=\mathbf{0}$，因此判断向量组 $\boldsymbol{\alpha}_1,\boldsymbol{\alpha}_2,\cdots,\boldsymbol{\alpha}_l$ 的线性相关性可以按照下列步骤进行：

第一步，设存在一组数 $x_1,x_2,\cdots,x_l$，使得 $x_1\boldsymbol{\alpha}_1+x_2\boldsymbol{\alpha}_2+\cdots+x_l\boldsymbol{\alpha}_l=\mathbf{0}$，这恰好构成齐次线性方程组；

第二步，判断方程组有没有非零解；

第三步，如果方程组有非零解，则向量组线性相关；否则，向量组线性无关.

例 3.2　讨论向量组的线性相关性：

（1）$\boldsymbol{\alpha}_1=\begin{pmatrix}2\\3\\1\end{pmatrix}$，$\boldsymbol{\alpha}_2=\begin{pmatrix}1\\2\\1\end{pmatrix}$，$\boldsymbol{\alpha}_3=\begin{pmatrix}3\\2\\-1\end{pmatrix}$；

（2）$\boldsymbol{\alpha}_1=\begin{pmatrix}1\\1\\1\end{pmatrix}$，$\boldsymbol{\alpha}_2=\begin{pmatrix}1\\3\\6\end{pmatrix}$，$\boldsymbol{\alpha}_3=\begin{pmatrix}1\\1\\2\end{pmatrix}$.

解　（1）设有一组数 x_1,x_2,x_3，使得 $x_1\boldsymbol{\alpha}_1+x_2\boldsymbol{\alpha}_2+x_3\boldsymbol{\alpha}_3=\mathbf{0}$，即

$$\begin{cases}2x_1+x_2+3x_3=0\\3x_1+2x_2+2x_3=0.\\x_1+x_2-x_3=0\end{cases}$$

系数行列式 $\begin{vmatrix}2&1&3\\3&2&2\\1&1&-1\end{vmatrix}=0$. 方程组有非零解，故向量组 $\boldsymbol{\alpha}_1,\boldsymbol{\alpha}_2,\boldsymbol{\alpha}_3$ ____________.

（2）设有一组数 x_1,x_2,x_3，使得 $x_1\boldsymbol{\alpha}_1+x_2\boldsymbol{\alpha}_2+x_3\boldsymbol{\alpha}_3=\mathbf{0}$，即

$$\begin{cases}x_1+x_2+x_3=0\\x_1+3x_2+x_3=0\\x_1+6x_2+2x_3=0\end{cases}$$

系数行列式 $\begin{vmatrix}1&1&1\\1&3&1\\1&6&2\end{vmatrix}=2\neq 0$. 方程组只有零解，故向量组 $\boldsymbol{\alpha}_1,\boldsymbol{\alpha}_2,$

$\boldsymbol{\alpha}_3$ ________.

【填空】 请将例 3.2 讨论过程中横线部分的内容补全.（答案：线性相关；线性无关.）

例 3.3 设向量组 $\boldsymbol{\alpha}_1,\boldsymbol{\alpha}_2,\boldsymbol{\alpha}_3$ 线性无关，$\boldsymbol{\beta}_1=\boldsymbol{\alpha}_1+\boldsymbol{\alpha}_2$，$\boldsymbol{\beta}_2=\boldsymbol{\alpha}_2+\boldsymbol{\alpha}_3$，$\boldsymbol{\beta}_3=\boldsymbol{\alpha}_3+\boldsymbol{\alpha}_1$，证明 $\boldsymbol{\beta}_1,\boldsymbol{\beta}_2,\boldsymbol{\beta}_3$ 也线性无关.

(例 3.3)

证明 设有一组数 x_1,x_2,x_3，使得

$$x_1\boldsymbol{\beta}_1+x_2\boldsymbol{\beta}_2+x_3\boldsymbol{\beta}_3=\mathbf{0},$$

即

$$x_1(\boldsymbol{\alpha}_1+\boldsymbol{\alpha}_2)+x_2(\boldsymbol{\alpha}_2+\boldsymbol{\alpha}_3)+x_3(\boldsymbol{\alpha}_3+\boldsymbol{\alpha}_1)=\mathbf{0},$$

整理得

$$(x_1+x_3)\boldsymbol{\alpha}_1+(x_1+x_2)\boldsymbol{\alpha}_2+(x_2+x_3)\boldsymbol{\alpha}_3=\mathbf{0}.$$

由于 $\boldsymbol{\alpha}_1,\boldsymbol{\alpha}_2,\boldsymbol{\alpha}_3$ 线性无关，按照线性无关的定义，应有

$$\begin{cases}x_1+x_3=0\\x_1+x_2=0,\\x_2+x_3=0\end{cases}$$

线性方程组的系数行列式为 $D=\begin{vmatrix}1&0&1\\1&1&0\\0&1&1\end{vmatrix}=2\neq0$. 由克莱姆法则可知，方程组只有唯一零解，满足线性无关的定义，可证 $\boldsymbol{\beta}_1,\boldsymbol{\beta}_2,\boldsymbol{\beta}_3$ 也线性无关. □

3.2.2 线性相关与线性表示

定理 3.2 $r(r\geqslant2)$ 个向量线性相关的充要条件是至少有一个向量可由其余向量线性表示.

证明 **必要性** 设 $\boldsymbol{\alpha}_1,\boldsymbol{\alpha}_2,\cdots,\boldsymbol{\alpha}_r$ 线性相关，所以存在不全为零的数 $k_1,k_2,\cdots,k_r$，使得 $k_1\boldsymbol{\alpha}_1+k_2\boldsymbol{\alpha}_2+\cdots+k_r\boldsymbol{\alpha}_r=\mathbf{0}$. 不妨设 $k_1\neq0$，则有

$$\boldsymbol{\alpha}_1=\left(-\frac{k_2}{k_1}\right)\boldsymbol{\alpha}_2+\cdots+\left(-\frac{k_r}{k_1}\right)\boldsymbol{\alpha}_r.$$

即 $\boldsymbol{\alpha}_1$ 可由 $\boldsymbol{\alpha}_2,\cdots,\boldsymbol{\alpha}_r$ 线性表示.

充分性 不妨设 $\boldsymbol{\alpha}_r$ 可由 $\boldsymbol{\alpha}_1,\boldsymbol{\alpha}_2,\cdots,\boldsymbol{\alpha}_{r-1}$ 线性表示，所以存在一组数 $l_1,l_2,\cdots,l_{r-1}$，使得 $\boldsymbol{\alpha}_r=l_1\boldsymbol{\alpha}_1+l_2\boldsymbol{\alpha}_2+\cdots+l_{r-1}\boldsymbol{\alpha}_{r-1}$，即 $l_1\boldsymbol{\alpha}_1+l_2\boldsymbol{\alpha}_2+\cdots+l_{r-1}\boldsymbol{\alpha}_{r-1}+(-1)\boldsymbol{\alpha}_r=\mathbf{0}$.

因 $l_1,l_2,\cdots,l_{r-1},-1$ 中有非零数，所以 $\boldsymbol{\alpha}_1,\boldsymbol{\alpha}_2,\cdots,\boldsymbol{\alpha}_r$ 线性相关. □

定理 3.3　设 $\boldsymbol{\alpha}_1,\boldsymbol{\alpha}_2,\cdots,\boldsymbol{\alpha}_r$ 线性无关，$\boldsymbol{\alpha}_1,\boldsymbol{\alpha}_2,\cdots,\boldsymbol{\alpha}_r,\boldsymbol{\beta}$ 线性相关，则 $\boldsymbol{\beta}$ 必能由 $\boldsymbol{\alpha}_1,\boldsymbol{\alpha}_2,\cdots,\boldsymbol{\alpha}_r$ 线性表示，且表示法唯一.

证明　因为 $\boldsymbol{\alpha}_1,\boldsymbol{\alpha}_2,\cdots,\boldsymbol{\alpha}_r,\boldsymbol{\beta}$ 线性相关，所以存在不全为零的数 $k_1,k_2,\cdots,k_r,k_{r+1}$，使得

$$k_1\boldsymbol{\alpha}_1+k_2\boldsymbol{\alpha}_2+\cdots+k_r\boldsymbol{\alpha}_r+k_{r+1}\boldsymbol{\beta}=\boldsymbol{0}.$$

可以确定 $k_{r+1}\neq 0$. 反之，如果 $k_{r+1}=0$，则 $k_1\boldsymbol{\alpha}_1+k_2\boldsymbol{\alpha}_2+\cdots+k_r\boldsymbol{\alpha}_r=\boldsymbol{0}$ 且 $k_1,k_2,\cdots,k_r$ 不全为零，从而 $\boldsymbol{\alpha}_1,\boldsymbol{\alpha}_2,\cdots,\boldsymbol{\alpha}_r$ 线性相关，与定理条件矛盾.

由于 $k_{r+1}\neq 0$，所以

$$\boldsymbol{\beta}=\left(-\frac{k_1}{k_{r+1}}\right)\boldsymbol{\alpha}_1+\left(-\frac{k_2}{k_{r+1}}\right)\boldsymbol{\alpha}_2+\cdots+\left(-\frac{k_r}{k_{r+1}}\right)\boldsymbol{\alpha}_r,$$

即 $\boldsymbol{\beta}$ 能由 $\boldsymbol{\alpha}_1,\boldsymbol{\alpha}_2,\cdots,\boldsymbol{\alpha}_r$ 线性表示.

设 $\boldsymbol{\beta}=x_1\boldsymbol{\alpha}_1+x_2\boldsymbol{\alpha}_2+\cdots+x_r\boldsymbol{\alpha}_r=y_1\boldsymbol{\alpha}_1+y_2\boldsymbol{\alpha}_2+\cdots+y_r\boldsymbol{\alpha}_r$，则

$$(x_1-y_1)\boldsymbol{\alpha}_1+(x_2-y_2)\boldsymbol{\alpha}_2+\cdots+(x_r-y_r)\boldsymbol{\alpha}_r=\boldsymbol{0}.$$

由于 $\boldsymbol{\alpha}_1,\boldsymbol{\alpha}_2,\cdots,\boldsymbol{\alpha}_r$ 线性无关，所以 $x_1-y_1=x_2-y_2=\cdots=x_r-y_r=0$，从而 $x_i=y_i(i=1,2,\cdots,r)$，即 $\boldsymbol{\beta}$ 由 $\boldsymbol{\alpha}_1,\boldsymbol{\alpha}_2,\cdots,\boldsymbol{\alpha}_r$ 线性表示时表示法唯一. □

3.2.3 线性相关性的判定

【理解并记忆】 判别向量组线性相关性的方法.

下面给出几种特殊情况时向量组线性相关性的结论.

(1) 一个向量线性相关的充要条件是这个向量为零向量.

证明　若向量 $\boldsymbol{\alpha}$ 线性相关，则存在 $k\neq 0$，使 $k\boldsymbol{\alpha}=\boldsymbol{0}$，从而 $\boldsymbol{\alpha}=\boldsymbol{0}$. □

(2) 两个向量线性相关的充要条件是这两个向量的分量对应成比例.

证明　若非零向量 $\boldsymbol{\alpha},\boldsymbol{\beta}$ 线性相关，按照线性相关的定义，存在不全为零的数 k,l，使得 $k\boldsymbol{\alpha}+l\boldsymbol{\beta}=\boldsymbol{0}$，不妨设 $k\neq 0$，有 $\boldsymbol{\alpha}=-\frac{l}{k}\boldsymbol{\beta}$，即 $\boldsymbol{\alpha},\boldsymbol{\beta}$ 的分量对应成比例，反之也成立. □

(3) 例 3.2 中向量个数与向量维数相等，可以用克莱姆法则判定. 如果向量个数与向量维数不相等，可以用矩阵的秩判定.

定理 3.4　m 个向量 $\boldsymbol{\alpha}_1,\boldsymbol{\alpha}_2,\cdots,\boldsymbol{\alpha}_m$ 线性相关的充要条件是矩阵 $\boldsymbol{A}=(\boldsymbol{\alpha}_1,\boldsymbol{\alpha}_2,\cdots,\boldsymbol{\alpha}_m)$ 的秩 $R(\boldsymbol{A})<m$.

证明 必要性 设 m 个 n 维向量 $\boldsymbol{\alpha}_i=(a_{1i},a_{2i},\cdots,a_{ni})^{\mathrm{T}}(i=1,2,\cdots,m)$ 线性相关. 记矩阵

$$\boldsymbol{A}=(\boldsymbol{\alpha}_1,\boldsymbol{\alpha}_2,\cdots,\boldsymbol{\alpha}_m)=\begin{pmatrix} a_{11} & a_{12} & \cdots & a_{1m} \\ a_{21} & a_{22} & \cdots & a_{2m} \\ \vdots & \vdots & & \vdots \\ a_{n1} & a_{n2} & \cdots & a_{nm} \end{pmatrix}.$$

由定理 3.2 可知，至少有一个列向量可由其余列向量线性表示，不妨设为 $\boldsymbol{\alpha}_m$，且有

$$\boldsymbol{\alpha}_m=k_1\boldsymbol{\alpha}_1+k_2\boldsymbol{\alpha}_2+\cdots+k_{m-1}\boldsymbol{\alpha}_{m-1}.$$

对 $\boldsymbol{A}$ 做初等列变换，用 $-k_1,-k_2,\cdots,-k_{m-1}$ 分别乘以 $\boldsymbol{A}$ 的第 1, 2,3,$\cdots$,$m-1$ 列后都加到第 m 列上，有

$$\boldsymbol{A}=\begin{pmatrix} a_{11} & a_{12} & \cdots & a_{1m} \\ a_{21} & a_{22} & \cdots & a_{2m} \\ \vdots & \vdots & & \vdots \\ a_{n1} & a_{n2} & \cdots & a_{nm} \end{pmatrix}\sim\begin{pmatrix} a_{11} & \cdots & a_{1,m-1} & 0 \\ a_{21} & \cdots & a_{2,m-1} & 0 \\ \vdots & & \vdots & \vdots \\ a_{n1} & \cdots & a_{n,m-1} & 0 \end{pmatrix}=\boldsymbol{B}.$$

从而 $R(\boldsymbol{A})=R(\boldsymbol{B})<m$.

充分性 设矩阵 $\boldsymbol{A}=(\boldsymbol{\alpha}_1,\boldsymbol{\alpha}_2,\cdots,\boldsymbol{\alpha}_m)$ 的秩 $R(\boldsymbol{A})=r<m$. 对 $\boldsymbol{A}$ 施行初等行变换化为行最简形矩阵，不妨设为

$$\boldsymbol{B}=(\boldsymbol{\beta}_1,\boldsymbol{\beta}_2,\cdots,\boldsymbol{\beta}_m)=\begin{pmatrix} 1 & 0 & \cdots & 0 & b_{11} & \cdots & b_{1s} \\ 0 & 1 & \cdots & 0 & b_{21} & \cdots & b_{2s} \\ \vdots & \vdots & & \vdots & \vdots & & \vdots \\ 0 & 0 & \cdots & 1 & b_{r1} & \cdots & b_{rs} \\ 0 & 0 & \cdots & 0 & 0 & \cdots & 0 \\ \vdots & \vdots & & \vdots & \vdots & & \vdots \\ 0 & 0 & \cdots & 0 & 0 & \cdots & 0 \end{pmatrix},$$

其中 $r+s=m$.

因为 $\boldsymbol{\beta}_{r+1}$ 可由 $\boldsymbol{\beta}_1,\boldsymbol{\beta}_2,\cdots,\boldsymbol{\beta}_r$ 线性表出，且初等行变换不改变列向量之间的线性关系，所以 $\boldsymbol{\alpha}_{r+1}$ 可由 $\boldsymbol{\alpha}_1,\boldsymbol{\alpha}_2,\cdots,\boldsymbol{\alpha}_r$ 线性表出. 从而可知 $\boldsymbol{\alpha}_1,\boldsymbol{\alpha}_2,\cdots,\boldsymbol{\alpha}_m$ 线性相关. □

例 3.4

(例 3.4)

判断向量组 $\boldsymbol{\alpha}_1$，$\boldsymbol{\alpha}_2$，$\boldsymbol{\alpha}_3$ 是否线性相关：其中 $\boldsymbol{\alpha}_1=\begin{pmatrix}1\\2\\-1\\3\end{pmatrix}$，$\boldsymbol{\alpha}_2=\begin{pmatrix}2\\1\\0\\-1\end{pmatrix}$，$\boldsymbol{\alpha}_3=\begin{pmatrix}3\\3\\-1\\2\end{pmatrix}$.

解　首先，设向量组 A:$(\boldsymbol{\alpha}_1,\boldsymbol{\alpha}_2,\boldsymbol{\alpha}_3)$ 化为矩阵 $\boldsymbol{A}=(\boldsymbol{\alpha}_1,\boldsymbol{\alpha}_2,\boldsymbol{\alpha}_3)$，即

$$\boldsymbol{A}=\begin{pmatrix}1&2&3\\2&1&3\\-1&0&-1\\3&-1&2\end{pmatrix}.$$

其次，利用初等行变换，把矩阵 $\boldsymbol{A}$ 化成行阶梯形矩阵 $\boldsymbol{B}$，得

$$\boldsymbol{A}=\begin{pmatrix}1&2&3\\2&1&3\\-1&0&-1\\3&-1&2\end{pmatrix}\overset{\substack{r_2+r_1\times(-2)\\r_3+r_1\\r_4+r_1\times(-3)}}{\sim}\begin{pmatrix}1&2&3\\0&-3&-3\\0&2&2\\0&-7&-7\end{pmatrix}\overset{\substack{r_2\div(-3)\\r_3\div 2\\r_4\div(-7)}}{\sim}\begin{pmatrix}1&2&3\\0&1&1\\0&1&1\\0&1&1\end{pmatrix}$$

$$\overset{\substack{r_3-r_2\\r_4-r_2}}{\sim}\begin{pmatrix}1&2&3\\0&1&1\\0&0&0\\0&0&0\end{pmatrix}=\boldsymbol{B}.$$

由此，$R(\boldsymbol{A})=R(\boldsymbol{B})=2<3$，由定理 3.4 的结论可知，向量组 $\boldsymbol{\alpha}_1,\boldsymbol{\alpha}_2,\boldsymbol{\alpha}_3$ 线性相关.

推论 3.2　任意 n 个 n 维向量线性相关的充要条件是矩阵的行列式等于零.

推论 3.3　当 $m>n$ 时，m 个 n 维向量一定线性相关.

另线性相关性几种特殊情况：

（4）任何一个包含零向量的向量组必线性相关.

证明　不妨设向量组 A:$\boldsymbol{\alpha}_1=\boldsymbol{0},\boldsymbol{\alpha}_2,\cdots,\boldsymbol{\alpha}_l$. 必有 $\boldsymbol{\alpha}_1+0\boldsymbol{\alpha}_2+\cdots+0\boldsymbol{\alpha}_l=\boldsymbol{0}$，所以向量组 A:$\boldsymbol{\alpha}_1=\boldsymbol{0},\boldsymbol{\alpha}_2,\cdots,\boldsymbol{\alpha}_l$ 线性相关.

（5）向量组及其部分向量组线性相关性的关系，如下定理 3.5.

定理 3.5　若 $\boldsymbol{\alpha}_1,\boldsymbol{\alpha}_2,\cdots,\boldsymbol{\alpha}_r$ 线性相关，则 $\boldsymbol{\alpha}_1,\boldsymbol{\alpha}_2,\cdots,\boldsymbol{\alpha}_r,\boldsymbol{\alpha}_{r+1},\cdots,\boldsymbol{\alpha}_m$ 也线性相关；若 $\boldsymbol{\alpha}_1,\boldsymbol{\alpha}_2,\cdots,\boldsymbol{\alpha}_m$ 线性无关，则它的任何一个非空部分向量组必线性无关.

证明　设 $\boldsymbol{\alpha}_1,\boldsymbol{\alpha}_2,\cdots,\boldsymbol{\alpha}_r$ 线性相关，存在不全为零的数 $k_1,k_2,\cdots,k_r$，使得

$$k_1\boldsymbol{\alpha}_1+k_2\boldsymbol{\alpha}_2+\cdots+k_r\boldsymbol{\alpha}_r=\boldsymbol{0},$$

从而

$$k_1\boldsymbol{\alpha}_1+k_2\boldsymbol{\alpha}_2+\cdots+k_r\boldsymbol{\alpha}_r+0\boldsymbol{\alpha}_{r+1}+\cdots+0\boldsymbol{\alpha}_m=\boldsymbol{0}.$$

由于 $k_1,k_2,\cdots,k_r,0,\cdots,0$ 不全为零，按照线性相关的定义，

得 $\boldsymbol{\alpha}_1,\boldsymbol{\alpha}_2,\cdots,\boldsymbol{\alpha}_r,\boldsymbol{\alpha}_{r+1},\cdots,\boldsymbol{\alpha}_m$ 线性相关.

定理的第二个结论用反证法即可. □

为方便记忆，定理 3.5 可以概括为“部分相关⇒全部相关，全部无关⇒部分无关”.

(6) 如果一个向量组是由另一个向量组添加分量产生的，那么这两个向量组之间的线性相关性也有关系，如下定理 3.6.

定理 3.6 设有两个向量组

$$A:\boldsymbol{\alpha}_j=(a_{1j},a_{2j},\cdots,a_{nj})^{\mathrm{T}},j=1,2,\cdots,r,$$

$$B:\boldsymbol{\beta}_j=(a_{1j},a_{2j},\cdots,a_{nj},a_{n+1,j})^{\mathrm{T}},j=1,2,\cdots,r,$$

即向量组 B 中的向量是由向量组 A 中的向量添加一个分量产生的. 如果向量组 A 线性无关，则向量组 B 也线性无关；如果向量组 B 线性相关，则向量组 A 也线性相关.

证明 设向量组 B 线性相关，按照线性相关定义，存在不全为零的数 $k_1,k_2,\cdots,k_r$，使得

$$k_1\boldsymbol{\beta}_1+k_2\boldsymbol{\beta}_2+\cdots+k_r\boldsymbol{\beta}_r=\mathbf{0},$$

即

$$\begin{cases}k_1a_{11}+k_2a_{12}+\cdots+k_ra_{1r}=0\\k_1a_{21}+k_2a_{22}+\cdots+k_ra_{2r}=0\\\qquad\vdots\\k_1a_{n1}+k_2a_{n2}+\cdots+k_ra_{nr}=0\\k_1a_{n+1,1}+k_2a_{n+1,2}+\cdots+k_ra_{n+1,r}=0\end{cases},$$

因为方程组

$$\begin{cases}x_1a_{11}+x_2a_{12}+\cdots+x_ra_{1r}=0\\x_1a_{21}+x_2a_{22}+\cdots+x_ra_{2r}=0\\\qquad\vdots\\x_1a_{n1}+x_2a_{n2}+\cdots+x_ra_{nr}=0\\x_1a_{n+1,1}+x_2a_{n+1,2}+\cdots+x_ra_{n+1,r}=0\end{cases},$$

的解是前 n 个方程组成的方程组

$$\begin{cases}x_1a_{11}+x_2a_{12}+\cdots+x_ra_{1r}=0\\x_1a_{21}+x_2a_{22}+\cdots+x_ra_{2r}=0\\\qquad\vdots\\x_1a_{n1}+x_2a_{n2}+\cdots+x_ra_{nr}=0\end{cases}$$

的解. 所以 $k_1\boldsymbol{\alpha}_1+k_2\boldsymbol{\alpha}_2+\cdots+k_r\boldsymbol{\alpha}_r=\mathbf{0}$，即向量组 A 也线性相关.

另一个结论用反证法可证明. □

例 3.5　讨论下列各向量组的线性相关性：

(1) $\boldsymbol{\alpha}_1=\begin{pmatrix}2\\3\\1\end{pmatrix}$，$\boldsymbol{\alpha}_2=\begin{pmatrix}4\\6\\2\end{pmatrix}$；

(2) $\boldsymbol{\alpha}_1=\begin{pmatrix}1\\1\\1\end{pmatrix}$，$\boldsymbol{\alpha}_2=\begin{pmatrix}2\\2\\2\end{pmatrix}$，$\boldsymbol{\alpha}_3=\begin{pmatrix}1\\1\\2\end{pmatrix}$；

(3) $\boldsymbol{\alpha}_1=\begin{pmatrix}1\\0\\0\\1\end{pmatrix}$，$\boldsymbol{\alpha}_2=\begin{pmatrix}0\\1\\0\\1\end{pmatrix}$，$\boldsymbol{\alpha}_3=\begin{pmatrix}0\\0\\1\\0\end{pmatrix}$.

（例 3.5）

解　(1) 由于 $\boldsymbol{\alpha}_1,\boldsymbol{\alpha}_2$ 的对应分量成比例，所以它们线性相关；

(2) 由于 $\boldsymbol{\alpha}_1,\boldsymbol{\alpha}_2$ 的对应分量成比例，所以 $\boldsymbol{\alpha}_1,\boldsymbol{\alpha}_2$ 线性相关，再增加一个向量，由定理 3.5 知 $\boldsymbol{\alpha}_1,\boldsymbol{\alpha}_2,\boldsymbol{\alpha}_3$ 线性相关；

(3) 由于单位坐标向量组 $\begin{pmatrix}1\\0\\0\end{pmatrix}$，$\begin{pmatrix}0\\1\\0\end{pmatrix}$，$\begin{pmatrix}0\\0\\1\end{pmatrix}$ 线性无关，由定理 3.6 知 $\boldsymbol{\alpha}_1,\boldsymbol{\alpha}_2,\boldsymbol{\alpha}_3$ 线性无关.

【对立统一】　向量组的线性相关与线性无关，因对立能由此知彼，因统一能互为利用.

习题 3.2

一、基础题

1. 判断题：

(1) $\boldsymbol{\alpha}_1,\boldsymbol{\alpha}_2,\cdots,\boldsymbol{\alpha}_s$ 均不为零向量，则向量组 $\boldsymbol{\alpha}_1,\boldsymbol{\alpha}_2,\cdots,\boldsymbol{\alpha}_s$ 线性无关；　(　)

(2) $\boldsymbol{\alpha}_1,\boldsymbol{\alpha}_2,\cdots,\boldsymbol{\alpha}_s$ 中任何两个的分量不成比例，则向量组 $\boldsymbol{\alpha}_1,\boldsymbol{\alpha}_2,\cdots,\boldsymbol{\alpha}_s$ 线性无关；　(　)

(3) $\boldsymbol{\alpha}_1,\boldsymbol{\alpha}_2,\cdots,\boldsymbol{\alpha}_s$ 中任意一个向量均不能由其余 $s-1$ 个向量线性表示，则向量组 $\boldsymbol{\alpha}_1,\boldsymbol{\alpha}_2,\cdots,\boldsymbol{\alpha}_s$ 线性无关；　(　)

(4) 向量组 $\boldsymbol{\alpha}_1,\boldsymbol{\alpha}_2,\cdots,\boldsymbol{\alpha}_s$ 线性无关，则 $\boldsymbol{\alpha}_1,\boldsymbol{\alpha}_2,\cdots,\boldsymbol{\alpha}_s$ 中任一部分向量组线性无关；　(　)

(5) 若 $\boldsymbol{\alpha}_1,\boldsymbol{\alpha}_2,\cdots,\boldsymbol{\alpha}_s$ 线性相关，则存在全不为零的 $k_1,k_2,\cdots,k_s$，使得 $k_1\boldsymbol{\alpha}_1+k_2\boldsymbol{\alpha}_2+\cdots+k_s\boldsymbol{\alpha}_s=\mathbf{0}$；　(　)

(6) $\boldsymbol{\alpha}_1,\boldsymbol{\alpha}_2,\cdots,\boldsymbol{\alpha}_s$ 线性无关，$\boldsymbol{\beta}_1,\boldsymbol{\beta}_2,\cdots,\boldsymbol{\beta}_r$ 线性无关，则 $\boldsymbol{\alpha}_1,\boldsymbol{\alpha}_2,\cdots,\boldsymbol{\alpha}_s,\boldsymbol{\beta}_1,\boldsymbol{\beta}_2,\cdots,\boldsymbol{\beta}_r$ 线性无关.　(　)

2. 判定下列向量组的线性相关性：

(1) $\boldsymbol{\alpha}_1=\begin{pmatrix}1\\0\\-1\end{pmatrix}$，$\boldsymbol{\alpha}_2=\begin{pmatrix}-2\\2\\0\end{pmatrix}$，$\boldsymbol{\alpha}_3=\begin{pmatrix}3\\-5\\2\end{pmatrix}$；

(2) $\boldsymbol{\alpha}_1=\begin{pmatrix}1\\1\\3\\1\end{pmatrix}$，$\boldsymbol{\alpha}_2=\begin{pmatrix}3\\-1\\2\\4\end{pmatrix}$，$\boldsymbol{\alpha}_3=\begin{pmatrix}2\\2\\7\\-1\end{pmatrix}$.

3. 设 $\boldsymbol{\alpha}_1=\begin{pmatrix}1\\2\\3\end{pmatrix}$，$\boldsymbol{\alpha}_2=\begin{pmatrix}2\\1\\6\end{pmatrix}$，$\boldsymbol{\alpha}_3=\begin{pmatrix}3\\4\\a\end{pmatrix}$，问 a 取何值时 $\boldsymbol{\alpha}_1,\boldsymbol{\alpha}_2,\boldsymbol{\alpha}_3$ 线性相关？a 取何值时 $\boldsymbol{\alpha}_1,\boldsymbol{\alpha}_2,\boldsymbol{\alpha}_3$ 线性无关？

4. 如果向量组 $\boldsymbol{\alpha}_1,\boldsymbol{\alpha}_2,\boldsymbol{\alpha}_3$ 线性无关，试证向量组 $\boldsymbol{\alpha}_1,\boldsymbol{\alpha}_1+\boldsymbol{\alpha}_2,\boldsymbol{\alpha}_1+\boldsymbol{\alpha}_2+\boldsymbol{\alpha}_3$ 也线性无关.

二、提升题

5. 设向量组 $\boldsymbol{\alpha}_1,\boldsymbol{\alpha}_2,\boldsymbol{\alpha}_3$ 线性相关，$\boldsymbol{\alpha}_2,\boldsymbol{\alpha}_3,\boldsymbol{\alpha}_4$ 线性无关，证明：

(1) $\boldsymbol{\alpha}_1$ 能由 $\boldsymbol{\alpha}_2,\boldsymbol{\alpha}_3$ 线性表示；(2) $\boldsymbol{\alpha}_4$ 不能由 $\boldsymbol{\alpha}_1,\boldsymbol{\alpha}_2,\boldsymbol{\alpha}_3$ 线性表示.

6. 设 n 维单位坐标向量组$(\boldsymbol{e}_1,\boldsymbol{e}_2,\cdots,\boldsymbol{e}_n)$可由向量组$(\boldsymbol{\alpha}_1,\boldsymbol{\alpha}_2,\cdots,\boldsymbol{\alpha}_n)$线性表示，证明$(\boldsymbol{\alpha}_1,\boldsymbol{\alpha}_2,\cdots,\boldsymbol{\alpha}_n)$线性无关.

三、拓展题

7. 设向量组 $\boldsymbol{\alpha}_1,\boldsymbol{\alpha}_2,\cdots,\boldsymbol{\alpha}_m$ 线性无关，向量 $\boldsymbol{\beta}_1$ 可由此向量组线性表示，而 $\boldsymbol{\beta}_2$ 不能由其线性表示，求证向量组 $\boldsymbol{\alpha}_1,\boldsymbol{\alpha}_2,\cdots,\boldsymbol{\alpha}_m,\lambda\boldsymbol{\beta}_1+\boldsymbol{\beta}_2$($\lambda$ 为常数)线性无关.

8. 设 $\boldsymbol{\alpha}_1,\boldsymbol{\alpha}_2,\cdots,\boldsymbol{\alpha}_n$ 线性无关，证明 $\boldsymbol{\alpha}_1+\boldsymbol{\alpha}_2,\boldsymbol{\alpha}_2+\boldsymbol{\alpha}_3,\cdots,\boldsymbol{\alpha}_n+\boldsymbol{\alpha}_1$ 在 n 为奇数时线性无关，在 n 为偶数时线性相关.

3.3 极大线性无关组和秩

【问题导读】

1. 怎么理解极大线性无关组中的“极大”？
2. 极大线性无关组有什么性质？(至少说出三点)
3. 矩阵的秩和向量组的秩有什么关系？

考察向量组 $\boldsymbol{\alpha}_1=\begin{pmatrix}1\\0\end{pmatrix},\boldsymbol{\alpha}_2=\begin{pmatrix}0\\1\end{pmatrix},\boldsymbol{\alpha}_3=\begin{pmatrix}1\\1\end{pmatrix},\boldsymbol{\alpha}_4=\begin{pmatrix}2\\3\end{pmatrix},\boldsymbol{\alpha}_5=\begin{pmatrix}4\\6\end{pmatrix}$，不难发现，这个向量组中有部分线性无关的向量组. 从中可以找出至少一个向量组，如 $\boldsymbol{\alpha}_1,\boldsymbol{\alpha}_2$，它本身是线性无关的，只要在它中间再添加 $\boldsymbol{\alpha}_3,\boldsymbol{\alpha}_4,\boldsymbol{\alpha}_5$ 中的任何一个，就变成了线性相关的向量组，即向量组中的任何一个向量都可以由 $\boldsymbol{\alpha}_1,\boldsymbol{\alpha}_2$ 线性表示出来. 这个部分组称为向量组 $\boldsymbol{\alpha}_1,\boldsymbol{\alpha}_2,\boldsymbol{\alpha}_3,\boldsymbol{\alpha}_4,\boldsymbol{\alpha}_5$ 的一个极大线性无关组. 这种向量组对于线性代数的理论研究非常重要，下面给出它的定义.

3.3.1 极大线性无关组和向量组的秩

定义 3.5 给定向量组 A，若存在 A 的一个部分向量组 $\boldsymbol{\alpha}_1,\boldsymbol{\alpha}_2,\cdots,\boldsymbol{\alpha}_r$，满足：

(1) 向量组 $\boldsymbol{\alpha}_1,\boldsymbol{\alpha}_2,\cdots,\boldsymbol{\alpha}_r$ 线性无关；

(2) 向量组 A 可以由向量组 $\boldsymbol{\alpha}_1,\boldsymbol{\alpha}_2,\cdots,\boldsymbol{\alpha}_r$ 线性表示，

则称向量组 $\boldsymbol{\alpha}_1,\boldsymbol{\alpha}_2,\cdots,\boldsymbol{\alpha}_r$ 是向量组 A 的一个**极大线性无关组**，简称**极大无关组**，极大无关组中所含的向量个数称为**向量组的秩**，向量组 $A:\boldsymbol{\alpha}_1,\boldsymbol{\alpha}_2,\cdots,\boldsymbol{\alpha}_m$ 的秩可以记为 $R(\boldsymbol{\alpha}_1,\boldsymbol{\alpha}_2,\cdots,\boldsymbol{\alpha}_m)$ 或 $R(\boldsymbol{A})$.

利用定义不难得到以下结论：

(1) 只含零向量的向量组没有极大无关组，规定它的秩为 0；

(2) 向量组的极大无关组与向量组自身等价；

(3) 线性无关向量组的极大无关组就是它本身，它的秩就等于它包含的向量的个数.

一般地，向量组的极大无关组不是唯一的，如向量组

$$\boldsymbol{\alpha}_1=\begin{pmatrix}1\\0\end{pmatrix},\boldsymbol{\alpha}_2=\begin{pmatrix}0\\1\end{pmatrix},\boldsymbol{\alpha}_3=\begin{pmatrix}1\\1\end{pmatrix},\boldsymbol{\alpha}_4=\begin{pmatrix}2\\3\end{pmatrix},\boldsymbol{\alpha}_5=\begin{pmatrix}4\\6\end{pmatrix}.$$

其中，$\boldsymbol{\alpha}_1,\boldsymbol{\alpha}_2$ 是一个极大无关组，$\boldsymbol{\alpha}_3,\boldsymbol{\alpha}_4$ 也是它的极大无关组. 但可以证明，极大无关组里所含的向量个数是唯一的，也就是向量组的秩是唯一的.

我们寻找极大无关组的意义在于：研究线性方程组时，将每个方程的未知量系数和常数项分别构成一个向量，则各个方程就对应一个向量组. 寻找到极大无关组后，极大无关组所对应的方程就是方程组里有效的方程，其他的方程就是多余的方程，由有效方程所构成的方程组与原方程组同解，这是用初等行变换法求解线性方程组的理论依据.

3.3.2 矩阵的行秩和列秩

设有 $m\times n$ 矩阵 $\boldsymbol{A}=\begin{pmatrix}a_{11}&a_{12}&\cdots&a_{1n}\\a_{21}&a_{22}&\cdots&a_{2n}\\\vdots&\vdots&&\vdots\\a_{m1}&a_{m2}&\cdots&a_{mn}\end{pmatrix}$，$\boldsymbol{A}$ 的 n 个列向量构成列向量组，列向量组的秩称为矩阵 $\boldsymbol{A}$ 的**列秩**；$\boldsymbol{A}$ 的 m 个行向量构成行向量组，行向量组的秩称为矩阵 $\boldsymbol{A}$ 的**行秩**. 关于矩阵的行秩和列秩有下面的定理.

定理 3.7　矩阵的秩等于它的行秩也等于它的列秩.

证明　设矩阵 $\boldsymbol{A}$ 的列向量组为 $\boldsymbol{\alpha}_1,\boldsymbol{\alpha}_2,\cdots,\boldsymbol{\alpha}_n$，若 $R(\boldsymbol{A})=r$. 按照矩阵秩的定义，有一个不为零的 r 阶子式 $D_r\neq0$，设 D_r 所在的 r 列构成向量组：$\boldsymbol{\beta}_1,\boldsymbol{\beta}_2,\cdots,\boldsymbol{\beta}_r$，显然 $\boldsymbol{\beta}_1,\boldsymbol{\beta}_2,\cdots,\boldsymbol{\beta}_r$ 是 $\boldsymbol{\alpha}_1,\boldsymbol{\alpha}_2,\cdots,\boldsymbol{\alpha}_n$ 的一个部分组. 记 $\boldsymbol{B}=(\boldsymbol{\beta}_1,\boldsymbol{\beta}_2,\cdots,\boldsymbol{\beta}_r)$，则 $R(\boldsymbol{B})=r$，由定理 3.4 知，$\boldsymbol{\beta}_1,\boldsymbol{\beta}_2,\cdots,\boldsymbol{\beta}_r$ 线性无关. 再考虑由 $r+1$ 个列向量组成的向量组：$\boldsymbol{\beta}_1,\boldsymbol{\beta}_2,\cdots,\boldsymbol{\beta}_r,\boldsymbol{\alpha}_i(i=1,2,\cdots,n)$，如果 $\boldsymbol{\alpha}_i$ 与 $\boldsymbol{\beta}_1,\boldsymbol{\beta}_2,\cdots,\boldsymbol{\beta}_r$ 中的某个向量相同，则显然 $\boldsymbol{\alpha}_i$ 可由 $\boldsymbol{\beta}_1,\boldsymbol{\beta}_2,\cdots,\boldsymbol{\beta}_r$ 线性表示；如果 $\boldsymbol{\alpha}_i$ 不是取自 $\boldsymbol{\beta}_1,\boldsymbol{\beta}_2,\cdots,\boldsymbol{\beta}_r$ 中的向量，记 $\boldsymbol{C}=(\boldsymbol{\beta}_1,\boldsymbol{\beta}_2,\cdots,\boldsymbol{\beta}_r,\boldsymbol{\alpha}_i)$，按照矩阵秩的定义，$\boldsymbol{A}$ 的任何 $r+1$ 阶子式都是零，因此，$R(\boldsymbol{C})=r$. 由定理 3.3 知，$\boldsymbol{\beta}_1,\boldsymbol{\beta}_2,\cdots,\boldsymbol{\beta}_r,\boldsymbol{\alpha}_i$ 线性相关，而 $\boldsymbol{\beta}_1,\boldsymbol{\beta}_2,\cdots,\boldsymbol{\beta}_r$ 线性无关，故 $\boldsymbol{\alpha}_i$ 可由 $\boldsymbol{\beta}_1,\boldsymbol{\beta}_2,\cdots,\boldsymbol{\beta}_r$ 线性表

示，即 $\boldsymbol{A}$ 的列向量组都可由它的一个部分组 $\boldsymbol{\beta}_1,\boldsymbol{\beta}_2,\cdots,\boldsymbol{\beta}_r$ 线性表示，则 $\boldsymbol{\beta}_1,\boldsymbol{\beta}_2,\cdots,\boldsymbol{\beta}_r$ 是 $\boldsymbol{A}$ 的列向量组的极大线性无关组，所以，矩阵 $\boldsymbol{A}$ 的列秩为 r.

同理可证，矩阵 $\boldsymbol{A}$ 的行秩为 r，即矩阵的秩=行秩=列秩. □

【判断】 等价矩阵的秩相等，这个说法对吗?

定理 3.7 的证明过程，给出了一种较简单的求向量组的秩和寻找极大无关组的方法：将所给的向量组按照列向量组构成矩阵，由于矩阵的秩可以通过初等行变换求得，所以对矩阵施行初等行变换，化为行阶梯形矩阵，则非零行的行数就是矩阵的秩也是向量组的秩；由非零行的首个非零元所在的列对应的向量构成的向量组，就是所找的极大线性无关组. 如果把矩阵化为行最简形矩阵，还可将其他向量表示成极大无关组的线性组合.

【理解】 用初等行变换求向量组的秩的方法.

例 3.6

求向量组 $\boldsymbol{\alpha}_1=\begin{pmatrix}2\\1\\4\\3\end{pmatrix}$，$\boldsymbol{\alpha}_2=\begin{pmatrix}-1\\1\\-6\\6\end{pmatrix}$，$\boldsymbol{\alpha}_3=\begin{pmatrix}-1\\-2\\2\\-9\end{pmatrix}$，$\boldsymbol{\alpha}_4=\begin{pmatrix}1\\1\\-2\\7\end{pmatrix}$，$\boldsymbol{\alpha}_5=\begin{pmatrix}2\\4\\4\\9\end{pmatrix}$的秩和一个极大线性无关组，并将其他向量用极大线性无关组线性表示出来.

（例 3.6）

解 首先将向量组按照列向量组构成矩阵，并对矩阵施行初等行变换化为行阶梯形矩阵，即

$$\boldsymbol{A}=\begin{pmatrix}2&-1&-1&1&2\\1&1&-2&1&4\\4&-6&2&-2&4\\3&6&-9&7&9\end{pmatrix}\overset{r}{\sim}\begin{pmatrix}1&1&-2&1&4\\0&1&-1&1&0\\0&0&0&1&-3\\0&0&0&0&0\end{pmatrix},$$

由于行阶梯形矩阵的非零行的行数为 3，所以，向量组的秩是 3.

行阶梯形矩阵非零行的首个非零元分别位于 1，2，4 列，因此 $\boldsymbol{\alpha}_1,\boldsymbol{\alpha}_2,\boldsymbol{\alpha}_4$ 是向量组的极大线性无关组.

若要寻找 5 个向量之间的线性关系，需要将行阶梯形矩阵继续化为行最简形矩阵，得

$$\begin{pmatrix}1&1&-2&1&4\\0&1&-1&1&0\\0&0&0&1&-3\\0&0&0&0&0\end{pmatrix}\overset{r}{\sim}\begin{pmatrix}1&0&-1&0&4\\0&1&-1&0&3\\0&0&0&1&-3\\0&0&0&0&0\end{pmatrix}.$$

若将行最简形矩阵设为 $\boldsymbol{B}$，它的列向量组记为 $\boldsymbol{\beta}_1,\boldsymbol{\beta}_2,\boldsymbol{\beta}_3,\boldsymbol{\beta}_4,\boldsymbol{\beta}_5$，直接观察这几个向量之间的关系，有 $\boldsymbol{\beta}_3=-\boldsymbol{\beta}_1-\boldsymbol{\beta}_2$，$\boldsymbol{\beta}_5=4\boldsymbol{\beta}_1+3\boldsymbol{\beta}_2-3\boldsymbol{\beta}_4$，因此

$$\boldsymbol{\alpha}_3=-\boldsymbol{\alpha}_1-\boldsymbol{\alpha}_2,\ \boldsymbol{\alpha}_5=4\boldsymbol{\alpha}_1+3\boldsymbol{\alpha}_2-3\boldsymbol{\alpha}_4.$$

下面给出证明 $\boldsymbol{\alpha}_1,\boldsymbol{\alpha}_2,\boldsymbol{\alpha}_3,\boldsymbol{\alpha}_4,\boldsymbol{\alpha}_5$ 与 $\boldsymbol{\beta}_1,\boldsymbol{\beta}_2,\boldsymbol{\beta}_3,\boldsymbol{\beta}_4,\boldsymbol{\beta}_5$ 之间的线性关系是一致的.

事实上，设有 x_1,x_2,x_3,x_4,x_5 使得 $x_1\boldsymbol{\alpha}_1+x_2\boldsymbol{\alpha}_2+x_3\boldsymbol{\alpha}_3+x_4\boldsymbol{\alpha}_4+x_5\boldsymbol{\alpha}_5=\boldsymbol{0}$，即 x_1,x_2,x_3,x_4,x_5 是线性方程组 $\boldsymbol{AX}=\boldsymbol{0}$ 的解. 由于 $\boldsymbol{B}$ 是 $\boldsymbol{A}$ 的行最简形矩阵，按照第 2 章的推论 2.1，则必存在可逆矩阵 $\boldsymbol{P}$，使 $\boldsymbol{PA}=\boldsymbol{B}$，在矩阵方程 $\boldsymbol{AX}=\boldsymbol{0}$ 的两边左乘矩阵 $\boldsymbol{P}$，有 $\boldsymbol{BX}=\boldsymbol{0}$，因此方程组 $x_1\boldsymbol{\alpha}_1+x_2\boldsymbol{\alpha}_2+x_3\boldsymbol{\alpha}_3+x_4\boldsymbol{\alpha}_4+x_5\boldsymbol{\alpha}_5=\boldsymbol{0}$ 与 $x_1\boldsymbol{\beta}_1+x_2\boldsymbol{\beta}_2+x_3\boldsymbol{\beta}_3+x_4\boldsymbol{\beta}_4+x_5\boldsymbol{\beta}_5=\boldsymbol{0}$ 同解，所以，$\boldsymbol{\alpha}_1,\boldsymbol{\alpha}_2,\boldsymbol{\alpha}_3,\boldsymbol{\alpha}_4,\boldsymbol{\alpha}_5$ 与 $\boldsymbol{\beta}_1,\boldsymbol{\beta}_2,\boldsymbol{\beta}_3,\boldsymbol{\beta}_4,\boldsymbol{\beta}_5$ 之间的线性关系是一致的.

【主要矛盾原理】　向量组的极大线性无关组.

【普遍联系】　向量组的秩和矩阵的秩类比和对比.

【形变质不变】　通过初等变换求向量组的极大线性无关组.

习题 3.3

一、基础题

1. 已知向量组 $\boldsymbol{\alpha}_1=\begin{pmatrix}1\\2\\-1\\1\end{pmatrix},\boldsymbol{\alpha}_2=\begin{pmatrix}2\\0\\k\\0\end{pmatrix},\boldsymbol{\alpha}_3=\begin{pmatrix}0\\-4\\5\\-2\end{pmatrix}$ 的秩为 2，求 k 的值.

2. 当 a 取何值时，向量组 $\boldsymbol{\alpha}_1=\begin{pmatrix}1\\0\\1\\2\end{pmatrix},\boldsymbol{\alpha}_2=\begin{pmatrix}0\\1\\1\\2\end{pmatrix}$，$\boldsymbol{\alpha}_3=\begin{pmatrix}-1\\1\\0\\a\end{pmatrix},\boldsymbol{\alpha}_4=\begin{pmatrix}1\\2\\a\\6\end{pmatrix},\boldsymbol{\alpha}_5=\begin{pmatrix}1\\1\\2\\4\end{pmatrix}$ 的秩为 3?

3. 求下列向量组的秩,说明向量组是线性相关还是线性无关,若是线性相关,求它的一个极大无关组,并将其余向量用极大无关组线性表示：

（1）$\boldsymbol{\alpha}_1=\begin{pmatrix}-1\\3\\1\end{pmatrix},\boldsymbol{\alpha}_2=\begin{pmatrix}2\\1\\0\end{pmatrix},\boldsymbol{\alpha}_3=\begin{pmatrix}1\\4\\1\end{pmatrix}$；

（2）$\boldsymbol{\alpha}_1=\begin{pmatrix}1\\1\\3\\1\end{pmatrix},\boldsymbol{\alpha}_2=\begin{pmatrix}-1\\1\\-1\\3\end{pmatrix},\boldsymbol{\alpha}_3=\begin{pmatrix}5\\-2\\8\\-9\end{pmatrix},\boldsymbol{\alpha}_4=\begin{pmatrix}-1\\3\\1\\7\end{pmatrix}$.

4. 求下列矩阵的列向量组的秩和一个极大线性无关组：

（1）$\begin{pmatrix}25&31&17&43\\75&94&53&132\\75&94&54&134\\25&32&20&48\end{pmatrix}$；（2）$\begin{pmatrix}1&1&2&2&1\\0&2&1&5&-1\\2&0&3&-1&3\\1&1&0&4&-1\end{pmatrix}$.

二、提升题

5. 设向量组 $\boldsymbol{\alpha}_1=\begin{pmatrix}1\\1\\1\\3\end{pmatrix},\boldsymbol{\alpha}_2=\begin{pmatrix}-1\\-3\\5\\1\end{pmatrix},\boldsymbol{\alpha}_3=\begin{pmatrix}3\\2\\-1\\a+2\end{pmatrix}$，$\boldsymbol{\alpha}_4=\begin{pmatrix}-2\\-6\\10\\a\end{pmatrix}$，当 a 取何值时，向量组线性无关？此时

用这个向量组表示向量 $\boldsymbol{\alpha}=\begin{pmatrix}4\\1\\6\\10\end{pmatrix}$.

6. 设 4 维向量组 $\boldsymbol{\alpha}_1=\begin{pmatrix}1+a\\1\\1\\1\end{pmatrix}$, $\boldsymbol{\alpha}_2=\begin{pmatrix}2\\2+a\\2\\2\end{pmatrix}$, $\boldsymbol{\alpha}_3=\begin{pmatrix}3\\3\\3+a\\3\end{pmatrix}$, $\boldsymbol{\alpha}_4=\begin{pmatrix}4\\4\\4\\4+a\end{pmatrix}$, 问 a 为何值时 $\boldsymbol{\alpha}_1,\boldsymbol{\alpha}_2,\boldsymbol{\alpha}_3,\boldsymbol{\alpha}_4$ 线性相关? 当 $\boldsymbol{\alpha}_1,\boldsymbol{\alpha}_2,\boldsymbol{\alpha}_3,\boldsymbol{\alpha}_4$ 线性相关时, 求其一个极大线性无关组, 并将其余向量用该极大线性无关组线性表出.

三、拓展题

7. 设 $\boldsymbol{\alpha}_1,\boldsymbol{\alpha}_2,\cdots,\boldsymbol{\alpha}_s$ 的秩为 r, 且其中每个向量都可由 $\boldsymbol{\alpha}_1,\boldsymbol{\alpha}_2,\cdots,\boldsymbol{\alpha}_r$ 线性表出. 证明: $\boldsymbol{\alpha}_1,\boldsymbol{\alpha}_2,\cdots,\boldsymbol{\alpha}_r$ 为 $\boldsymbol{\alpha}_1,\boldsymbol{\alpha}_2,\cdots,\boldsymbol{\alpha}_s$ 的一个极大线性无关组.

8. 设向量 $\boldsymbol{\alpha}=\boldsymbol{\alpha}_1+\boldsymbol{\alpha}_2+\cdots+\boldsymbol{\alpha}_s(s>1)$, $\boldsymbol{\beta}_1=\boldsymbol{\alpha}-\boldsymbol{\alpha}_1$, $\boldsymbol{\beta}_2=\boldsymbol{\alpha}-\boldsymbol{\alpha}_2$, $\cdots$, $\boldsymbol{\beta}_s=\boldsymbol{\alpha}-\boldsymbol{\alpha}_s$, 求证 $R(\boldsymbol{\alpha}_1,\boldsymbol{\alpha}_2,\cdots,\boldsymbol{\alpha}_s)=R(\boldsymbol{\beta}_1,\boldsymbol{\beta}_2,\cdots,\boldsymbol{\beta}_s)$.

3.4 向量空间

【问题导读】

1. 如何理解非零向量空间是一个无限向量组?
2. 向量空间中的基就是上一节所讲的极大线性无关组吗?
3. 从一个基到另一个基的过渡矩阵是否一定是可逆矩阵?

前面讨论的向量组都是有限个向量构成的向量组, 然而, 向量组中向量的个数也可能有无限个. 本节来学习向量空间.

定义 3.6 设 V 是 n 维向量的集合, 且 V 非空, $\mathbf{R}$ 为实数域, 若 V 满足两个条件:

(1) $\forall \boldsymbol{\alpha},\boldsymbol{\beta}\in V$, 有 $\boldsymbol{\alpha}+\boldsymbol{\beta}\in V$;

(2) $\forall \boldsymbol{\alpha}\in V$ 以及 $\forall k\in\mathbf{R}$, 有 $k\boldsymbol{\alpha}\in V$,

则称 V 为**向量空间**.

条件(1)(2)分别表示 V 关于向量的加法和数乘运算封闭.

容易证明 n 维向量的全体构成向量空间, 称为 n 维向量空间, 记为 $\mathbf{R}^n$.

例 3.7 证明集合 $V=\{\boldsymbol{X}=(x_1,x_2,\cdots,x_{n-1},0)\mid x_i\in\mathbf{R},i=1,2,\cdots,n-1\}$ 是一个向量空间.

证明 若 $\boldsymbol{\alpha}=(a_1,a_2,\cdots,a_{n-1},0)\in V$, $\boldsymbol{\beta}=(b_1,b_2,\cdots,b_{n-1},0)\in V$, 则

$$\boldsymbol{\alpha}+\boldsymbol{\beta}=(a_1+b_1,a_2+b_2,\cdots,a_{n-1}+b_{n-1},0)\in V,$$
$$k\boldsymbol{\alpha}=(ka_1,ka_2,\cdots,ka_{n-1},0)\in V,\ \forall k\in\mathbf{R}.$$

由定义 3.6 知, V 是一个向量空间.

但集合 $V=\{\boldsymbol{x}=(x_1,x_2,\cdots,x_{n-1},1)\mid x_i\in\mathbf{R},i=1,2,\cdots,n-1\}$ 却不是向量空间，读者自己证明.

定义 3.7　给定向量组 A：$\boldsymbol{\alpha}_1,\boldsymbol{\alpha}_2,\cdots,\boldsymbol{\alpha}_s$，

$$V=\{k_1\boldsymbol{\alpha}_1+k_2\boldsymbol{\alpha}_2+\cdots+k_s\boldsymbol{\alpha}_s\mid k_j\in\mathbf{R},j=1,2,\cdots,s\}$$

称为由向量组 A：$\boldsymbol{\alpha}_1,\boldsymbol{\alpha}_2,\cdots,\boldsymbol{\alpha}_s$ 生成的向量空间.

定义 3.8　设 V 是一个向量空间，如果 V 中有 r 个线性无关的向量，且 V 中任意向量都可以用这 r 个向量线性表示，则称 V 是 r 维向量空间，数 r 称为 V 的维数，记为 $\dim V=r$. 这 r 个线性无关的向量称为 V 的一个基.

【理解】　向量空间可看作由无穷多个向量构成的向量组，向量空间的基就是向量组的极大无关组，向量空间的维数就是向量组的秩，向量组的极大无关组一般不唯一，所以向量空间的基也不唯一，但向量空间的维数是唯一的.

$V=\{0\}$ 也是一个向量空间，它不存在基，此时 $\dim V=0$.

定义 3.9　设向量组 $\boldsymbol{\alpha}_1,\boldsymbol{\alpha}_2,\cdots,\boldsymbol{\alpha}_n$ 是向量空间 V 的一个基，对于任意 $\boldsymbol{\alpha}\in V$，必存在唯一的一组数 $x_1,x_2,\cdots,x_n$，使得 $\boldsymbol{\alpha}=x_1\boldsymbol{\alpha}_1+x_2\boldsymbol{\alpha}_2+\cdots+x_n\boldsymbol{\alpha}_n$，称 $(x_1,x_2,\cdots,x_n)$ 为向量 $\boldsymbol{\alpha}$ 在基 $\boldsymbol{\alpha}_1,\boldsymbol{\alpha}_2,\cdots,\boldsymbol{\alpha}_n$ 下的坐标.

此时，向量空间 V 可以表示为

$$V=\{\boldsymbol{\alpha}=x_1\boldsymbol{\alpha}_1+x_2\boldsymbol{\alpha}_2+\cdots+x_n\boldsymbol{\alpha}_n\mid x_1,x_2,\cdots,x_n\in\mathbf{R}\}.$$

可以较直观地描述向量空间的构造.

【思考】　求向量空间 V 的一个基与求向量组的极大无关组有哪些相同的方法?

(思考)

对三维向量空间而言，向量组 $\boldsymbol{e}_1=\begin{pmatrix}1\\0\\0\end{pmatrix},\boldsymbol{e}_2=\begin{pmatrix}0\\1\\0\end{pmatrix},\boldsymbol{e}_3=\begin{pmatrix}0\\0\\1\end{pmatrix}$ 是 $\mathbf{R}^3$ 的一个极大线性无关组，故它是 $\mathbf{R}^3$ 的一个基；而向量组 $\boldsymbol{\alpha}_1=\begin{pmatrix}1\\0\\0\end{pmatrix}$，$\boldsymbol{\alpha}_2=\begin{pmatrix}1\\1\\0\end{pmatrix},\boldsymbol{\alpha}_3=\begin{pmatrix}1\\1\\1\end{pmatrix}$ 也是 $\mathbf{R}^3$ 的一个极大线性无关组，故它也是 $\mathbf{R}^3$ 的

一个基. 所以三维向量空间可以表示为

$$\mathbf{R}^3=\{\boldsymbol{\alpha}=x_1\boldsymbol{\alpha}_1+x_2\boldsymbol{\alpha}_2+x_3\boldsymbol{\alpha}_3 \mid x_1,x_2,x_3\in\mathbf{R}\},$$

也可以表示为

$$\mathbf{R}^3=\{\boldsymbol{\alpha}=x_1\boldsymbol{e}_1+x_2\boldsymbol{e}_2+x_3\boldsymbol{e}_3 \mid x_1,x_2,x_3\in\mathbf{R}\}.$$

对于第二种表示法，$\mathbf{R}^3$ 中任何一个向量的分量就是向量在基下的坐标，此时称 $\boldsymbol{e}_1,\boldsymbol{e}_2,\boldsymbol{e}_3$ 为 $\mathbf{R}^3$ 的自然基，向量空间的自然基是唯一的.

若 $\boldsymbol{\alpha}_1,\boldsymbol{\alpha}_2,\cdots,\boldsymbol{\alpha}_n$ 与 $\boldsymbol{\beta}_1,\boldsymbol{\beta}_2,\cdots,\boldsymbol{\beta}_n$ 是 $\mathbf{R}^n$ 的两组基，则存在一个 n 阶可逆矩阵 $\boldsymbol{P}$，使得

$$(\boldsymbol{\beta}_1,\boldsymbol{\beta}_2,\cdots,\boldsymbol{\beta}_n)=(\boldsymbol{\alpha}_1,\boldsymbol{\alpha}_2,\cdots,\boldsymbol{\alpha}_n)\begin{pmatrix} p_{11} & p_{12} & \cdots & p_{1n}\\ p_{21} & p_{22} & \cdots & p_{2n}\\ \vdots & \vdots & & \vdots\\ p_{n1} & p_{n2} & \cdots & p_{nn}\end{pmatrix}$$

$$=(\boldsymbol{\alpha}_1,\boldsymbol{\alpha}_2,\cdots,\boldsymbol{\alpha}_n)\boldsymbol{P}.$$

其中，$(\boldsymbol{\beta}_1,\boldsymbol{\beta}_2,\cdots,\boldsymbol{\beta}_n)=(\boldsymbol{\alpha}_1,\boldsymbol{\alpha}_2,\cdots,\boldsymbol{\alpha}_n)\boldsymbol{P}$ 称为基变换公式，矩阵 $\boldsymbol{P}$ 称为由基 $\boldsymbol{\alpha}_1,\boldsymbol{\alpha}_2,\cdots,\boldsymbol{\alpha}_n$ 到基 $\boldsymbol{\beta}_1,\boldsymbol{\beta}_2,\cdots,\boldsymbol{\beta}_n$ 的**过渡矩阵**.

例 3.8　给定 $\mathbf{R}^3$ 的两组基

$$\boldsymbol{\alpha}_1=\begin{pmatrix}1\\1\\1\end{pmatrix},\boldsymbol{\alpha}_2=\begin{pmatrix}0\\1\\1\end{pmatrix},\boldsymbol{\alpha}_3=\begin{pmatrix}0\\0\\1\end{pmatrix};\ \boldsymbol{\beta}_1=\begin{pmatrix}1\\0\\1\end{pmatrix},\boldsymbol{\beta}_2=\begin{pmatrix}0\\1\\-1\end{pmatrix},\boldsymbol{\beta}_3=\begin{pmatrix}1\\2\\0\end{pmatrix},$$

求由基 $\boldsymbol{\alpha}_1,\boldsymbol{\alpha}_2,\boldsymbol{\alpha}_3$ 到基 $\boldsymbol{\beta}_1,\boldsymbol{\beta}_2,\boldsymbol{\beta}_3$ 的过渡矩阵.

(例 3.8)

解　令 $\boldsymbol{A}=(\boldsymbol{\alpha}_1,\boldsymbol{\alpha}_2,\boldsymbol{\alpha}_3)$，$\boldsymbol{B}=(\boldsymbol{\beta}_1,\boldsymbol{\beta}_2,\boldsymbol{\beta}_3)$. 根据过渡矩阵 $\boldsymbol{P}$ 满足 $\boldsymbol{B}=\boldsymbol{AP}$，知 $\boldsymbol{P}=\boldsymbol{A}^{-1}\boldsymbol{B}$. 对矩阵 $(\boldsymbol{A},\boldsymbol{B})$ 实施初等行变换，有

$$(\boldsymbol{A},\boldsymbol{B})=\begin{pmatrix}1&0&0&1&0&1\\1&1&0&0&1&2\\1&1&1&1&-1&0\end{pmatrix}\overset{r}{\sim}\begin{pmatrix}1&0&0&1&0&1\\0&1&0&-1&1&1\\0&1&1&0&-1&-1\end{pmatrix}$$

$$\overset{r}{\sim}\begin{pmatrix}1&0&0&1&0&1\\0&1&0&-1&1&1\\0&0&1&1&-2&-2\end{pmatrix},$$

故过渡矩阵为

$$\boldsymbol{P}=\begin{pmatrix}1&0&1\\-1&1&1\\1&-2&-2\end{pmatrix}.$$

【有限与无限】　向量空间的基体现了有限与无限的对立统一，有限个向量可以表示无穷多个向量.

【知识探索】　向量空间与线性空间的联系与区别.

(知识探索)

习题 3.4

一、基础题

1. 判断下列向量的集合是否为向量空间：

(1) 所有形如$(a,0,0)$的向量集合，其中a为任意实数；

(2) 所有形如$(a,1,1)$的向量集合，其中a为任意实数；

(3) 所有形如(a,b,c)的向量集合，其中a,b,c为满足$b=a+c$的任意实数.

2. 设$\mathbf{R}$为全体实数的集合，并且设

$$V_1=\{\boldsymbol{X}=(x_1,x_2,\cdots,x_n)\mid x_1,x_2,\cdots,x_n\in\mathbf{R},\ \text{满足}\ x_1+x_2+\cdots+x_n=0\},$$

$$V_2=\{\boldsymbol{X}=(x_1,x_2,\cdots,x_n)\mid x_1,x_2,\cdots,x_n\in\mathbf{R},\ \text{满足}\ x_1+x_2+\cdots+x_n=1\}.$$

问V_1,V_2是不是向量空间？为什么？

3. 设向量$\boldsymbol{\alpha}_1=\begin{pmatrix}1\\1\\0\end{pmatrix},\boldsymbol{\alpha}_2=\begin{pmatrix}1\\0\\1\end{pmatrix},\boldsymbol{\alpha}_3=\begin{pmatrix}0\\1\\1\end{pmatrix}$为$\mathbf{R}^3$的一个基，求向量$\boldsymbol{\beta}=\begin{pmatrix}2\\0\\0\end{pmatrix}$在这个基下的坐标.

二、提升题

4. 验证$\boldsymbol{\alpha}_1=\begin{pmatrix}1\\-1\\0\end{pmatrix},\boldsymbol{\alpha}_2=\begin{pmatrix}2\\1\\3\end{pmatrix},\boldsymbol{\alpha}_3=\begin{pmatrix}3\\1\\2\end{pmatrix}$是$\mathbf{R}^3$的一个基,并把$\boldsymbol{\beta}=\begin{pmatrix}5\\0\\7\end{pmatrix}$用这个基线性表示.

5. 设$\mathbf{R}^3$的两个基为$\boldsymbol{\alpha}_1=\begin{pmatrix}1\\1\\1\end{pmatrix},\boldsymbol{\alpha}_2=\begin{pmatrix}1\\0\\-1\end{pmatrix},\boldsymbol{\alpha}_3=\begin{pmatrix}1\\0\\1\end{pmatrix}$和$\boldsymbol{\beta}_1=\begin{pmatrix}1\\2\\1\end{pmatrix},\boldsymbol{\beta}_2=\begin{pmatrix}2\\3\\4\end{pmatrix},\boldsymbol{\beta}_3=\begin{pmatrix}3\\4\\3\end{pmatrix}$，求由基$\boldsymbol{\alpha}_1,\boldsymbol{\alpha}_2,\boldsymbol{\alpha}_3$到$\boldsymbol{\beta}_1,\boldsymbol{\beta}_2,\boldsymbol{\beta}_3$的过渡矩阵.

6. 求由向量组$\boldsymbol{\alpha}_1=\begin{pmatrix}1\\3\\1\\-1\end{pmatrix},\boldsymbol{\alpha}_2=\begin{pmatrix}2\\-1\\-1\\4\end{pmatrix},\boldsymbol{\alpha}_3=\begin{pmatrix}5\\1\\-1\\7\end{pmatrix},\boldsymbol{\alpha}_4=\begin{pmatrix}2\\6\\2\\-3\end{pmatrix}$生成的向量空间的维数.

3.5 用 MATLAB 求解向量问题

【问题导读】

向量是一种特殊形式的矩阵，矩阵的运算对向量同样适用.

在 MATLAB 中，利用向量组的秩可以判定向量组的线性相关性. 具体步骤为：

(1) 将向量组按列排成矩阵$\boldsymbol{A}$；

(2) 利用命令“rank(A)”求出向量组的秩.

根据 rank(A)和向量个数的大小比较，进行判定.

另外，还可以通过行最简形矩阵求向量组的极大线性无关组. 具体步骤为：

(1) 将向量组按列排成矩阵$\boldsymbol{A}$；

(2) 利用命令“rref(A)”将矩阵$\boldsymbol{A}$化成行最简形矩阵.

根据行最简形矩阵就可以写出原向量组的一个极大线性无关组，

并进一步可以将其余向量用极大无关组线性表示.

例 3.9　求下列向量组的秩，说明向量组是线性相关还是线性无关，若是线性相关，求它的一个极大无关组，并将其余向量用极大无关组线性表示：

$$\boldsymbol{\alpha}_1=\begin{pmatrix}1\\1\\3\\1\end{pmatrix},\boldsymbol{\alpha}_2=\begin{pmatrix}-1\\1\\-1\\3\end{pmatrix},\boldsymbol{\alpha}_3=\begin{pmatrix}5\\-2\\8\\-9\end{pmatrix},\boldsymbol{\alpha}_4=\begin{pmatrix}-1\\3\\1\\7\end{pmatrix}.$$

【编写代码】　分组查资料，了解 MATLAB 中解决向量问题的命令，并利用 MATLAB 进行计算.

(例 3.9)

解　在 MATLAB 命令行窗口中输入：

```
>>a1=[1,1,3,1].';
>>a2=[-1,1,-1,3].';
>>a3=[5,-2,8,-9].';
>>a4=[-1,3,1,7].';
>>A=[a1,a2,a3,a4].';
>>rank(A)
>>rref(A)
```

得到结果：

```
ans=
    2
ans=
    1  0   3/2  1
    0  1  -7/2  2
    0  0     0  0
    0  0     0  0
```

从而可知 $\boldsymbol{\alpha}_1,\boldsymbol{\alpha}_2$ 是一个极大无关组，且 $\boldsymbol{\alpha}_3=\frac{3}{2}\boldsymbol{\alpha}_1-\frac{7}{2}\boldsymbol{\alpha}_2$，$\boldsymbol{\alpha}_3=\boldsymbol{\alpha}_1+2\boldsymbol{\alpha}_2$.

3.6 应用案例

3.6.1 三原色

绘画时需要调色，三原色为红、黄、蓝，其他的颜色都是用三原色按照一定的比例调制出来的. 例如，用蓝色和黄色可以调成绿色，红色和黄色可以调成橙色，红色和蓝色可以调成紫色. 因此绘画时至少需要三种颜色.

在调色方面，三原色中任何两种颜色都调制不出其余的那种颜色，但不同比例的三种颜色可以调制成若干不同的颜色. 三原色之间的关系就类似于向量之间的线性关系，而其他的颜色可由红黄蓝线性表示. 三原色就是所有颜色这个集合的一个极大线性无关组.

3.6.2 气象观测站问题

某地区有 12 个气象观测站，10 年来每个观测站的年降水量见表 3.1. 为了节省开支想要适当减少气象观测站. 问题：减少哪些气象观测站可以使所得的降水量的信息量仍然足够大?

表 3.1　10 年 12 个观测站的年降水量　（单位：mm）

年份	x_1	x_2	x_3	x_4	x_5	x_6	x_7	x_8	x_9	x_{10}	x_{11}	x_{12}
1981	272.6	324.5	158.6	412.5	292.8	258.4	334.1	303.2	292.9	243.2	159.7	331.2
1982	251.6	287.3	349.5	297.4	227.8	453.6	321.5	451.0	446.2	307.5	421.1	455.1
1983	192.7	433.2	289.9	366.3	466.2	239.1	357.4	219.7	245.7	411.1	357.0	353.2
1984	246.2	232.4	243.7	372.5	460.4	158.9	298.7	314.5	256.6	327.0	296.5	423.0
1985	291.7	311.0	502.4	254.0	245.6	324.8	401.0	266.5	251.3	289.9	255.4	362.1
1986	466.5	158.9	223.5	425.1	251.4	321.0	315.4	317.4	246.2	277.5	304.2	410.7
1987	259.6	327.4	432.1	403.9	256.6	282.9	389.7	413.2	466.5	199.3	282.1	387.6
1988	453.4	365.5	357.6	258.1	278.8	467.2	355.2	228.5	453.6	315.6	456.3	407.2
1989	158.5	271.0	410.2	344.2	250.0	360.7	376.4	179.4	159.2	342.4	331.2	377.7
1990	324.8	406.5	235.7	288.8	192.6	284.9	290.5	343.7	283.4	281.2	243.7	411.1

用 $a_1, a_2, \cdots, a_{12}$ 分别表示气象观测站 $x_1, x_2, \cdots, x_{12}$ 在 1981—1990 年内的降水量的列向量，由于 $a_1, a_2, \cdots, a_{12}$ 是含有 12 个向量的 10 维向量组，该向量组必定线性相关. 若能求出它的一个极大线性无关组，则其极大线性无关组所对应的气象观测站就可将其他的气象观测站的气象资料表示出来，因而其他气象观测站就是可以减少的. 因此，最多需要 10 个气象观测站.

3.6.3 中成药的配置问题

某中药厂用 9 种中草药(A,B,…,I)，根据不同的比例制成了 7 种特效药. 表 3.2 给出了每种特效药每包所需各种成分的质量(单位：g).

表 3.2 特效药的成分含量 (单位：g)

中草药	1 号成药	2 号成药	3 号成药	4 号成药	5 号成药	6 号成药	7 号成药
A	10	2	14	12	20	38	100
B	12	0	12	25	35	60	55
C	5	3	11	0	5	14	0
D	7	9	25	5	15	47	35
E	0	1	2	25	5	33	6
F	25	5	35	5	35	55	50
G	9	4	17	25	2	39	25
H	6	5	16	10	10	35	10
I	8	2	12	0	0	6	20

(1) 某医院要购买这 7 种特效药，但药厂的第 3 号和第 6 号特效药已经卖完，请问能否用其他特效药配制出这两种脱销的药品?

(2) 现在该医院想用这 9 种中草药配置三种新的特效药，表 3.3给出新药所需的成分质量(单位：g). 请问如何配置?

表 3.3 特效药的成分含量 (单位：g)

中草药	1 号新药	2 号新药	3 号新药
A	40	162	88
B	62	141	67
C	14	27	8
D	44	102	51
E	53	60	7
F	50	155	80
G	71	118	38
H	41	68	21
I	14	52	30

分析：(1) 把每一种特效药都看成一个 9 维列向量，分别记为 $\boldsymbol{u}_1,\boldsymbol{u}_2,\cdots,\boldsymbol{u}_7$. 分析向量组 $\boldsymbol{u}_1,\boldsymbol{u}_2,\cdots,\boldsymbol{u}_7$ 的线性相关性. 若向量组线性无关，则无法配置脱销的特效药；若向量组线性相关，并且能找到不含 $\boldsymbol{u}_3$ 和 $\boldsymbol{u}_6$ 的一个极大无关组，则可以用现有的特效药来配置第 3 号和第 6 号成药.

经过初等行变换，将 $\boldsymbol{A}=(\boldsymbol{u}_1,\boldsymbol{u}_2,\cdots,\boldsymbol{u}_7)$ 化为行最简形矩阵，有

$$\boldsymbol{A}\overset{r}{\sim}\begin{pmatrix}1&0&1&0&0&0&0\\0&1&2&0&0&3&0\\0&0&0&1&0&1&0\\0&0&0&0&1&1&0\\0&0&0&0&0&0&1\\0&0&0&0&0&0&0\\0&0&0&0&0&0&0\\0&0&0&0&0&0&0\\0&0&0&0&0&0&0\end{pmatrix}.$$

从行最简形矩阵 $\boldsymbol{A}$ 可以看出，特效药是线性无关的，它的秩是 5，一个极大线性无关组是 $\boldsymbol{u}_1,\boldsymbol{u}_2,\boldsymbol{u}_4,\boldsymbol{u}_5,\boldsymbol{u}_7$，可以用现有特效药来配制出 3 号和 6 号成药：$\boldsymbol{u}_3=\boldsymbol{u}_1+2\boldsymbol{u}_2$，$\boldsymbol{u}_6=3\boldsymbol{u}_3+\boldsymbol{u}_4+\boldsymbol{u}_5$.

(2) 三种新药分别用 $\boldsymbol{v}_1$，$\boldsymbol{v}_2$ 和 $\boldsymbol{v}_3$ 表示，把特效药向量组和新药向量组放入同一个矩阵中，得到 $\boldsymbol{B}=(\boldsymbol{u}_1,\boldsymbol{u}_2,\cdots,\boldsymbol{u}_7,\boldsymbol{v}_1,\boldsymbol{v}_2,\boldsymbol{v}_3)$，经过初等行变换，矩阵 $\boldsymbol{B}$ 化为行最简形矩阵，有

$$\boldsymbol{B}\overset{r}{\sim}\begin{pmatrix}1&0&1&0&0&0&0&1&3&0\\0&1&2&0&0&3&0&3&4&0\\0&0&0&1&0&1&0&2&2&0\\0&0&0&0&1&1&0&0&0&0\\0&0&0&0&0&0&1&0&1&0\\0&0&0&0&0&0&0&0&0&1\\0&0&0&0&0&0&0&0&0&0\\0&0&0&0&0&0&0&0&0&0\\0&0&0&0&0&0&0&0&0&0\end{pmatrix}.$$

从行最简形矩阵的后三列可以看出：$\boldsymbol{v}_1=\boldsymbol{u}_1+3\boldsymbol{u}_2+2\boldsymbol{u}_4$，$\boldsymbol{v}_2=3\boldsymbol{u}_1+4\boldsymbol{u}_2+2\boldsymbol{u}_4+\boldsymbol{u}_7$，而 $\boldsymbol{v}_3$ 不能由前 7 种特效药线性表示，即无法配置出第三种新药.

第3章思维导图

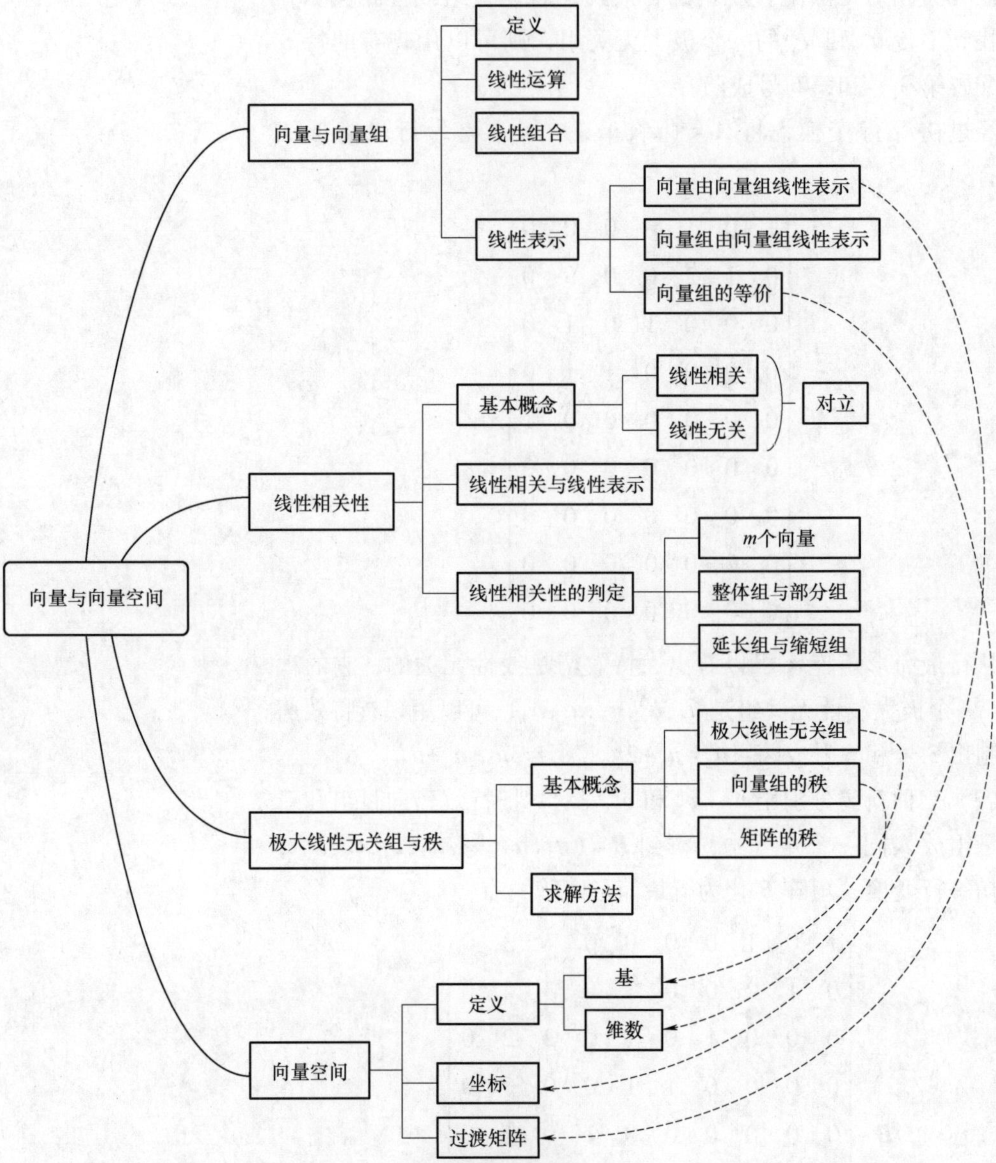

（本章总结）

陈景润(1933—1996)，出生于福建福州．陈景润主要从事解析数论的研究，在殆素数分布问题、华林问题、格点问题、算术级数中的最小素数问题等一系列重要数论问题上均有杰出贡献，得到了国内外数学家的高度评价．尤其是他关于“1+2”的证明，将200多年来人们未能解决的哥德巴赫猜想的证明大大推进了一步．这一结果被国际上誉为“陈氏定理”；其后又对此做了改进，将最小素数从原有的80推进到16，深受称赞，至今仍是偶数哥德巴赫猜想研究中最好的工作．陈景润曾获得国家自然科学一等奖、何梁何利数学奖和中国数学会华罗庚数学奖．他的事迹由徐迟写成报告文学，鼓舞了一代中国青年投身科学事业．

总习题三

一、基础题

1. 填空题：

(1) 设行向量组$(2,1,1,1)$，$(2,1,a,a)$，$(3,2,1,a)$，$(4,3,2,1)$线性相关，且$a\neq 1$，则$a=$________；

(2) 设$\boldsymbol{\alpha}_1=\begin{pmatrix}1\\2\\-1\\0\end{pmatrix}$，$\boldsymbol{\alpha}_2=\begin{pmatrix}1\\1\\0\\2\end{pmatrix}$，$\boldsymbol{\alpha}_3=\begin{pmatrix}2\\1\\1\\a\end{pmatrix}$，由$\boldsymbol{\alpha}_1,\boldsymbol{\alpha}_2,\boldsymbol{\alpha}_3$组成的向量组的秩为2，则$a=$________；

(3) 从$\mathbf{R}^2$的基$\boldsymbol{\alpha}_1=\begin{pmatrix}1\\0\end{pmatrix}$，$\boldsymbol{\alpha}_2=\begin{pmatrix}1\\-1\end{pmatrix}$到基$\boldsymbol{\beta}_1=\begin{pmatrix}1\\1\end{pmatrix}$，$\boldsymbol{\beta}_2=\begin{pmatrix}1\\2\end{pmatrix}$的过渡矩阵为________.

2. 选择题：

(1) 设$\boldsymbol{\alpha}_1,\boldsymbol{\alpha}_2,\boldsymbol{\alpha}_3$是3维向量，则对任意常数$k,l$，向量$\boldsymbol{\alpha}_1+k\boldsymbol{\alpha}_3$，$\boldsymbol{\alpha}_2+l\boldsymbol{\alpha}_3$线性无关是向量$\boldsymbol{\alpha}_1,\boldsymbol{\alpha}_2,\boldsymbol{\alpha}_3$线性无关的(　　).

A. 必要非充分条件　　B. 充分非必要条件

C. 充分必要条件　　D. 非充分非必要条件

(2) 设$\boldsymbol{\alpha}_1=\begin{pmatrix}0\\0\\c_1\end{pmatrix}$，$\boldsymbol{\alpha}_2=\begin{pmatrix}0\\1\\c_2\end{pmatrix}$，$\boldsymbol{\alpha}_3=\begin{pmatrix}1\\-1\\c_3\end{pmatrix}$，$\boldsymbol{\alpha}_4=\begin{pmatrix}-1\\1\\c_4\end{pmatrix}$，其中$c_1,c_2,c_3,c_4$为任意常数，则下列向量组线性相关的是(　　).

A. $\boldsymbol{\alpha}_1,\boldsymbol{\alpha}_2,\boldsymbol{\alpha}_3$　　B. $\boldsymbol{\alpha}_1,\boldsymbol{\alpha}_2,\boldsymbol{\alpha}_4$

C. $\boldsymbol{\alpha}_1,\boldsymbol{\alpha}_3,\boldsymbol{\alpha}_4$　　D. $\boldsymbol{\alpha}_2,\boldsymbol{\alpha}_3,\boldsymbol{\alpha}_4$

(3) 设向量组Ⅰ：$\boldsymbol{\alpha}_1,\boldsymbol{\alpha}_2,\cdots,\boldsymbol{\alpha}_r$可由向量组Ⅱ：$\boldsymbol{\beta}_1,\boldsymbol{\beta}_2,\cdots,\boldsymbol{\beta}_s$线性表示，则(　　).

A. 当$r<s$时，向量组Ⅱ必线性相关

B. 当$r>s$时，向量组Ⅱ必线性相关

C. 当$r<s$时，向量组Ⅰ必线性相关

D. 当$r>s$时，向量组Ⅰ必线性相关

(4) 设向量组Ⅰ：$\boldsymbol{\alpha}_1,\boldsymbol{\alpha}_2,\cdots,\boldsymbol{\alpha}_r$可由向量组Ⅱ：$\boldsymbol{\beta}_1,\boldsymbol{\beta}_2,\cdots,\boldsymbol{\beta}_s$线性表示，则下列命题正确的是(　　).

A. 若向量组Ⅰ线性无关，则 $r\leqslant s$

B. 若向量组Ⅰ线性相关，则 $r>s$

C. 若向量组Ⅱ线性无关，则 $r\leqslant s$

D. 若向量组Ⅱ线性相关，则 $r<s$

(5) 设 $\boldsymbol{A},\boldsymbol{B}$ 为满足 $\boldsymbol{AB}=\boldsymbol{O}$ 的任意两个非零矩阵，则必有(　　).

A. $\boldsymbol{A}$ 的列向量组线性相关，$\boldsymbol{B}$ 的行向量组线性相关

B. $\boldsymbol{A}$ 的列向量组线性相关，$\boldsymbol{B}$ 的列向量组线性相关

C. $\boldsymbol{A}$ 的行向量组线性相关，$\boldsymbol{B}$ 的行向量组线性相关

D. $\boldsymbol{A}$ 的行向量组线性相关，$\boldsymbol{B}$ 的列向量组线性相关

(6) 设 $\boldsymbol{\alpha}_1,\boldsymbol{\alpha}_2,\cdots,\boldsymbol{\alpha}_n$ 均为 n 维列向量，$\boldsymbol{A}$ 是$m\times n$ 矩阵，下列选项正确的是(　　).

A. 若 $\boldsymbol{\alpha}_1,\boldsymbol{\alpha}_2,\cdots,\boldsymbol{\alpha}_n$ 线性相关，则 $\boldsymbol{A\alpha}_1,\boldsymbol{A\alpha}_2,\cdots,\boldsymbol{A\alpha}_n$ 线性相关

B. 若 $\boldsymbol{\alpha}_1,\boldsymbol{\alpha}_2,\cdots,\boldsymbol{\alpha}_n$ 线性相关，则 $\boldsymbol{A\alpha}_1,\boldsymbol{A\alpha}_2,\cdots,\boldsymbol{A\alpha}_n$ 线性无关

C. 若 $\boldsymbol{\alpha}_1,\boldsymbol{\alpha}_2,\cdots,\boldsymbol{\alpha}_n$ 线性无关，则 $\boldsymbol{A\alpha}_1,\boldsymbol{A\alpha}_2,\cdots,\boldsymbol{A\alpha}_n$ 线性相关

D. 若 $\boldsymbol{\alpha}_1,\boldsymbol{\alpha}_2,\cdots,\boldsymbol{\alpha}_n$ 线性无关，则 $\boldsymbol{A\alpha}_1,\boldsymbol{A\alpha}_2,\cdots,\boldsymbol{A\alpha}_n$ 线性无关

(7) 设向量组 $\boldsymbol{\alpha}_1$，$\boldsymbol{\alpha}_2$，$\boldsymbol{\alpha}_3$ 线性无关，则下列向量组线性相关的是(　　).

A. $\boldsymbol{\alpha}_1-\boldsymbol{\alpha}_2,\boldsymbol{\alpha}_2-\boldsymbol{\alpha}_3,\boldsymbol{\alpha}_3-\boldsymbol{\alpha}_1$

B. $\boldsymbol{\alpha}_1+\boldsymbol{\alpha}_2,\boldsymbol{\alpha}_2+\boldsymbol{\alpha}_3,\boldsymbol{\alpha}_3+\boldsymbol{\alpha}_1$

C. $\boldsymbol{\alpha}_1-2\boldsymbol{\alpha}_2,\boldsymbol{\alpha}_2-2\boldsymbol{\alpha}_3,\boldsymbol{\alpha}_3-2\boldsymbol{\alpha}_1$

D. $\boldsymbol{\alpha}_1+2\boldsymbol{\alpha}_2,\boldsymbol{\alpha}_2+2\boldsymbol{\alpha}_3,\boldsymbol{\alpha}_3+2\boldsymbol{\alpha}_1$

(8) 设 $\boldsymbol{\alpha}_1,\boldsymbol{\alpha}_2,\cdots,\boldsymbol{\alpha}_s$ 均为 n 维向量，下列结论不正确的是(　　).

A. 若对于任意一组不全为零的数 $k_1,k_2,\cdots,k_s$，都有 $k_1\boldsymbol{\alpha}_1+k_2\boldsymbol{\alpha}_2+\cdots+k_s\boldsymbol{\alpha}_s\neq\boldsymbol{0}$，则 $\boldsymbol{\alpha}_1,\boldsymbol{\alpha}_2,\cdots,\boldsymbol{\alpha}_s$ 线性无关

B. 若 $\boldsymbol{\alpha}_1,\boldsymbol{\alpha}_2,\cdots,\boldsymbol{\alpha}_s$ 线性相关，则对于任意一组不全为零的数 $k_1,k_2,\cdots,k_s$，都有 $k_1\boldsymbol{\alpha}_1+k_2\boldsymbol{\alpha}_2+\cdots+k_s\boldsymbol{\alpha}_s=\boldsymbol{0}$

C. $\boldsymbol{\alpha}_1,\boldsymbol{\alpha}_2,\cdots,\boldsymbol{\alpha}_s$ 线性无关的充分必要条件是此向量组的秩为 s

D. $\boldsymbol{\alpha}_1,\boldsymbol{\alpha}_2,\cdots,\boldsymbol{\alpha}_s$ 线性无关的必要条件是其中任意两个向量线性无关

(9) 设 $\boldsymbol{\alpha}_1,\boldsymbol{\alpha}_2,\boldsymbol{\alpha}_3$ 是 3 维向量空间 $\mathbf{R}^3$ 的一个基，则由基 $\boldsymbol{\alpha}_1,\frac{1}{2}\boldsymbol{\alpha}_2,\frac{1}{3}\boldsymbol{\alpha}_3$ 到基 $\boldsymbol{\alpha}_1+\boldsymbol{\alpha}_2,\boldsymbol{\alpha}_2+\boldsymbol{\alpha}_3,\boldsymbol{\alpha}_3+\boldsymbol{\alpha}_1$ 的过渡矩阵为(　　).

A. $\begin{pmatrix}1&0&1\\2&2&0\\0&3&3\end{pmatrix}$　　B. $\begin{pmatrix}1&2&0\\0&2&3\\1&0&3\end{pmatrix}$

C. $\begin{pmatrix}\frac{1}{2}&\frac{1}{4}&-\frac{1}{6}\\-\frac{1}{2}&\frac{1}{4}&\frac{1}{6}\\\frac{1}{2}&-\frac{1}{4}&\frac{1}{6}\end{pmatrix}$　　D. $\begin{pmatrix}\frac{1}{2}&-\frac{1}{2}&\frac{1}{2}\\\frac{1}{4}&\frac{1}{4}&-\frac{1}{4}\\-\frac{1}{6}&\frac{1}{6}&\frac{1}{6}\end{pmatrix}$

二、提升题

3. 设 $\boldsymbol{\alpha}_1=\begin{pmatrix}1\\2\\0\end{pmatrix}$，$\boldsymbol{\alpha}_2=\begin{pmatrix}1\\a+2\\-3a\end{pmatrix}$，$\boldsymbol{\alpha}_3=\begin{pmatrix}-1\\-b-2\\a+2b\end{pmatrix}$，$\boldsymbol{\beta}=\begin{pmatrix}1\\3\\-3\end{pmatrix}$. 试讨论当 a,b 为何值时，

(1) $\boldsymbol{\beta}$ 不能由 $\boldsymbol{\alpha}_1,\boldsymbol{\alpha}_2,\boldsymbol{\alpha}_3$ 线性表示；

(2) $\boldsymbol{\beta}$ 可由 $\boldsymbol{\alpha}_1,\boldsymbol{\alpha}_2,\boldsymbol{\alpha}_3$ 唯一地线性表示，并求出表示式；

(3) $\boldsymbol{\beta}$ 可由 $\boldsymbol{\alpha}_1,\boldsymbol{\alpha}_2,\boldsymbol{\alpha}_3$ 线性表示，但表示式不唯一，并求出表示式.

4. 设 $\boldsymbol{\alpha}_1,\boldsymbol{\alpha}_2,\cdots,\boldsymbol{\alpha}_s,\boldsymbol{\beta}$ 线性相关，而 $\boldsymbol{\alpha}_1,\boldsymbol{\alpha}_2,\cdots,\boldsymbol{\alpha}_s$ 线性无关，证明 $\boldsymbol{\beta}$ 能由 $\boldsymbol{\alpha}_1,\boldsymbol{\alpha}_2,\cdots,\boldsymbol{\alpha}_s$ 线性表示且表示式唯一.

三、拓展题

5. 设向量组 $\boldsymbol{\alpha}_1,\boldsymbol{\alpha}_2,\boldsymbol{\alpha}_3$ 是 3 维空间的一个基，$\boldsymbol{\beta}_1=2\boldsymbol{\alpha}_1+2k\boldsymbol{\alpha}_3$，$\boldsymbol{\beta}_1=2\boldsymbol{\alpha}_2$，$\boldsymbol{\beta}_3=\boldsymbol{\alpha}_1+(k+1)\boldsymbol{\alpha}_3$.

(1) 证明 $\boldsymbol{\beta}_1,\boldsymbol{\beta}_2,\boldsymbol{\beta}_3$ 也是 3 维空间的一个基；

(2) 当 k 为何值时，存在非零向量 $\boldsymbol{\xi}$，且 $\boldsymbol{\xi}$ 在基 $\boldsymbol{\alpha}_1,\boldsymbol{\alpha}_2,\boldsymbol{\alpha}_3$ 与 $\boldsymbol{\beta}_1,\boldsymbol{\beta}_2,\boldsymbol{\beta}_3$ 下的坐标相同，并求出所有的 $\boldsymbol{\xi}$.

6. 设向量组 $\boldsymbol{\alpha}_1,\boldsymbol{\alpha}_2,\cdots,\boldsymbol{\alpha}_s$ 中 $\boldsymbol{\alpha}_1\neq\boldsymbol{0}$，并且每一个 $\boldsymbol{\alpha}_i$ 都不能由前 $i-1$ 个向量线性表示($i=2,3,\cdots,s$)，求证 $\boldsymbol{\alpha}_1,\boldsymbol{\alpha}_2,\cdots,\boldsymbol{\alpha}_s$ 线性无关.

第 4 章
线性方程组

线性方程组的求解问题是线性代数的重要内容，而讨论线性方程组的求解方法离不开线性代数的几个核心概念：行列式和矩阵. 矩阵的初等行变换是求解线性方程组的重要工具. 本章将介绍如何用初等行变换求解线性方程组，并且通过向量和向量空间，研究线性方程组的解的理论，进而讨论线性方程组解的结构.

(线性方程组发展史)

4.1 线性方程组的概念及判定方法

【问题导读】

1. 区分系数矩阵和增广矩阵.

2. 如何根据系数矩阵的秩、增广矩阵的秩和未知元的个数之间的比较，判定线性方程组解的不同情形?

在第 1 章学习了求解线性方程组的克莱姆法则，这个法则是以行列式为工具的. 虽然方法比较简单，但是却有局限性：它要求方程组中方程的个数和未知量的个数必须相等，而且要求系数行列式不为零. 在科学试验或工业生产管理中遇到的往往是大型方程组，方程的个数很难保证恰好等于未知量的个数，因此我们研究求解线性方程组的更一般的方法——初等行变换法.

4.1.1 线性方程组的概念

含有 n 个未知量 $x_1,x_2,\cdots,x_n$ 的 m 个线性方程构成的方程组称为 n 元**线性方程组**. n 元线性方程组的一般形式为

$$\begin{cases} a_{11}x_1+a_{12}x_2+\cdots+a_{1n}x_n=b_1 \\ a_{21}x_1+a_{22}x_2+\cdots+a_{2n}x_n=b_2 \\ \quad\vdots \\ a_{m1}x_1+a_{m2}x_2+\cdots+a_{mn}x_n=b_m \end{cases}, \tag{4-1}$$

其中 $a_{ij}(i=1,2,\cdots,m;j=1,2,\cdots,n)$ 称为第 i 个方程中第 j 个未知量 x_j 的系数，b_i 称为第 i 个方程的常数项($i=1,2,\cdots,m$)，m,n 为正整数.

若方程组中每个方程的常数项 $b_i=0(i=1,2,\cdots,m)$，即

$$\begin{cases} a_{11}x_1+a_{12}x_2+\cdots+a_{1n}x_n=0 \\ a_{21}x_1+a_{22}x_2+\cdots+a_{2n}x_n=0 \\ \vdots \\ a_{m1}x_1+a_{m2}x_2+\cdots+a_{mn}x_n=0 \end{cases}, \tag{4-2}$$

则称其为**齐次线性方程组**. 若方程组(4-1)的常数项 $b_i(i=1,2,\cdots,m)$ 中至少有一个不为零，则称方程组(4-1)为**非齐次线性方程组**.

如果引入三个矩阵

$$\boldsymbol{A}=\begin{pmatrix} a_{11} & a_{12} & \cdots & a_{1n} \\ a_{21} & a_{22} & \cdots & a_{2n} \\ \vdots & \vdots & & \vdots \\ a_{m1} & a_{m2} & \cdots & a_{mn} \end{pmatrix},\ \boldsymbol{b}=\begin{pmatrix} b_1 \\ b_2 \\ \vdots \\ b_m \end{pmatrix},\ \boldsymbol{X}=\begin{pmatrix} x_1 \\ x_2 \\ \vdots \\ x_n \end{pmatrix}.$$

根据矩阵的乘法运算，线性方程组(4-1)可表示为

$$\boldsymbol{AX}=\boldsymbol{b}. \tag{4-3}$$

其中矩阵 $\boldsymbol{A}$ 称为方程组的**系数矩阵**，$\boldsymbol{b}$ 称为**常数项矩阵**，$\boldsymbol{X}$ 称为**未知量矩阵**. 由此齐次线性方程组就可以表示为 $\boldsymbol{AX}=\boldsymbol{0}$.

根据求解线性方程组的需求，再构造一个新的矩阵，记

$$\boldsymbol{B}=\begin{pmatrix} a_{11} & a_{12} & \cdots & a_{1n} & b_1 \\ a_{21} & a_{22} & \cdots & a_{2n} & b_2 \\ \vdots & \vdots & & \vdots & \vdots \\ a_{m1} & a_{m2} & \cdots & a_{mn} & b_m \end{pmatrix},$$

称为非齐次线性方程组(4-3)的**增广矩阵**.

【归纳整理】 方程组的表达形式有几种?

(归纳整理)

4.1.2 线性方程组的求解方法

下面用消元法求解一个线性方程组，同时观察消元过程中增广矩阵的变化.

例 4.1 求解线性方程组 $\begin{cases} x_1+x_2+x_3-4x_4=1 \\ 2x_1+3x_2+x_3-5x_4=4 \\ x_1+2x_3-7x_4=-1 \end{cases}$.

解 用消元法求解这个方程组，得

$$\begin{cases} x_1+x_2+x_3-4x_4=1 & (1) \\ 2x_1+3x_2+x_3-5x_4=4 & (2) \\ x_1+2x_3-7x_4=-1 & (3) \end{cases}$$

$$\xrightarrow[\text{式}(3)-\text{式}(1)]{\text{式}(2)-2\times\text{式}(1)}\begin{cases}x_1+x_2+x_3-4x_4=1 & (4)\\ x_2-x_3+3x_4=2 & (5)\\ -x_2+x_3-3x_4=-2 & (6)\end{cases}$$

$$\xrightarrow{\text{式}(5)+\text{式}(6)}\begin{cases}x_1+x_2+x_3-4x_4=1 & (7)\\ x_2-x_3+3x_4=2 & (8)\\ 0=0 & (9)\end{cases}$$

$$\xrightarrow{\text{式}(7)-\text{式}(8)}\begin{cases}x_1+2x_3-7x_4=-1 & (10)\\ x_2-x_3+3x_4=2 & (11)\\ 0=0 & (12)\end{cases}$$

最终的方程组包含 4 个未知量、2 个有效方程，把 x_3,x_4 看作可以任意取值的量，称之为**自由未知量**，令 $x_3=c_1,x_4=c_2$，得到方程组的解

$$\begin{cases}x_1=-2c_1+7c_2-1\\ x_2=c_1-3c_2+2\\ x_3=c_1\\ x_4=c_2\end{cases},$$

其中 c_1,c_2 为任意常数.

这个解包含方程组的全部解，称之为方程组的**通解**，一般可以表示为向量形式

$$\begin{pmatrix}x_1\\x_2\\x_3\\x_4\end{pmatrix}=c_1\begin{pmatrix}-2\\1\\1\\0\end{pmatrix}+c_2\begin{pmatrix}7\\-3\\0\\1\end{pmatrix}+\begin{pmatrix}-1\\2\\0\\0\end{pmatrix},$$

其中 c_1,c_2 为任意常数.

【思考】 通过例 4.1 中的消元过程，你能观察出增广矩阵是如何随之变化的吗?

不难发现，消元法求解的过程中，未知量 $x_i(i=1,2,3,4)$ 并没有参与运算，发生变化的仅仅是各个未知量的系数和常数项，而且通过对增广矩阵变化过程的观察发现，消元的过程相当于对增广矩阵施行初等行变换使之化为行阶梯形矩阵或行最简形矩阵的过程. 由此得到用初等行变换方法求解线性方程组的步骤如下：

（1）对方程组的增广矩阵做初等行变换化为行最简形矩阵；

（2）行最简形矩阵对应的方程组，就是原方程组的同解方程组；

（3）根据同解方程组的解得到原方程组的解.

例 4.2

求解线性方程组$\begin{cases} x_1+x_2+x_3-4x_4=1 \\ 2x_1+3x_2+x_3-5x_4=4 \\ x_1+2x_3-7x_4=2 \end{cases}$.

解　增广矩阵

$$\begin{pmatrix} 1 & 1 & 1 & -4 & 1 \\ 2 & 3 & 1 & -5 & 4 \\ 1 & 0 & 2 & -7 & 2 \end{pmatrix} \overset{r_2-2r_1}{\underset{r_3-r_1}{\sim}} \begin{pmatrix} 1 & 1 & 1 & -4 & 1 \\ 0 & 1 & -1 & 3 & 2 \\ 0 & -1 & 1 & -3 & 1 \end{pmatrix} \overset{r_3+r_2}{\sim} \begin{pmatrix} 1 & 1 & 1 & -4 & 1 \\ 0 & 1 & -1 & 3 & 2 \\ 0 & 0 & 0 & 0 & 3 \end{pmatrix}.$$

最后化成的行阶梯形矩阵第三行对应的方程为 $0=3$，这是一个矛盾的方程. 如果做增广矩阵的初等行变换时出现了 $0=c$(c 是某个非零常数)这种情况，说明方程组无解.

如果方程组有解，则称方程组是**相容**的，否则称方程组是**不相容**的，例 4.2 的方程组就是不相容的.

【**思考**】 通过上面的两道例题，理解判别方程组是否有解的方法.

【**化归思想**】 将线性方程组问题转化为矩阵问题.

4.1.3 线性方程组可解性的判定

下面讨论关于线性方程组可解性的判定方法.

定理 4.1　n 元线性方程组 $\boldsymbol{AX}=\boldsymbol{b}$，增广矩阵为 $\boldsymbol{B}$，方程组无解的充要条件是 $R(\boldsymbol{A})<R(\boldsymbol{B})$；方程组有唯一解的充要条件是 $R(\boldsymbol{A})=R(\boldsymbol{B})=n$；方程组有无穷多个解的充要条件是 $R(\boldsymbol{A})=R(\boldsymbol{B})<n$.

证明　先证明充分性. 设 $R(\boldsymbol{A})=r$，为叙述方便，不妨设 $\boldsymbol{B}$ 的行最简形矩阵为

$$\begin{pmatrix} 1 & 0 & \cdots & 0 & b_{11} & \cdots & b_{1,n-r} & d_1 \\ 0 & 1 & \cdots & 0 & b_{21} & \cdots & b_{2,n-r} & d_2 \\ \vdots & \vdots & & \vdots & \vdots & & \vdots & \vdots \\ 0 & 0 & \cdots & 1 & b_{r1} & \cdots & b_{r,n-r} & d_r \\ 0 & 0 & \cdots & 0 & 0 & \cdots & 0 & d_{r+1} \\ 0 & 0 & \cdots & 0 & 0 & \cdots & 0 & 0 \\ \vdots & \vdots & & \vdots & \vdots & & \vdots & \vdots \\ \underbrace{0 \quad 0 \quad \cdots \quad 0}_{\text{前}r\text{列}} & & & & \underbrace{0 \quad \cdots \quad 0}_{\text{后}n-r\text{列}} & & & 0 \end{pmatrix}_{m\times(n+1)},$$

（1）若 $R(\boldsymbol{A})<R(\boldsymbol{B})$，则 $R(\boldsymbol{B})=R(\boldsymbol{A})+1$，从而 $d_{r+1}=1$. 第 $r+1$ 行对应矛盾方程 $0=1$，故原线性方程组无解.

（2）若 $R(\boldsymbol{A})=R(\boldsymbol{B})=n$，$d_{r+1}=0$ 且 $r=n$，从而 b_{ij} 都不出现，此时原方程有唯一解

$$\begin{cases}x_1=d_1\\x_2=d_2\\\quad\vdots\\x_n=d_n\end{cases}.$$

（3）若 $R(\boldsymbol{A})=R(\boldsymbol{B})<n$，$d_{r+1}=0$ 且 $r<n$，此时有同解方程组

$$\begin{cases}x_1 \qquad\quad +b_{11}x_{r+1}+\cdots+b_{1,n-r}x_n=d_1\\ \quad x_2 \qquad +b_{21}x_{r+1}+\cdots+b_{2,n-r}x_n=d_2\\ \qquad\qquad \vdots\\ \qquad\quad x_r+b_{r1}x_{r+1}+\cdots+b_{r,n-r}x_n=d_r\end{cases}.$$

令 $x_{r+1},x_{r+2},\cdots,x_n$ 作自由未知量，则

$$\begin{cases}x_1=-b_{11}x_{r+1}-\cdots-b_{1,n-r}x_n+d_1\\x_2=-b_{21}x_{r+1}-\cdots-b_{2,n-r}x_n+d_2\\\qquad\vdots\\x_r=-b_{r1}x_{r+1}-\cdots-b_{r,n-r}x_n+d_r\end{cases},$$

再令 $x_{r+1}=c_1$，$x_{r+2}=c_2$，$\cdots$，$x_n=c_{n-r}$，则有

$$\begin{pmatrix}x_1\\\vdots\\x_r\\x_{r+1}\\\vdots\\x_n\end{pmatrix}=\begin{pmatrix}-b_{11}c_1-\cdots-b_{1,n-r}c_{n-r}+d_1\\\vdots\\-b_{r1}c_1-\cdots-b_{r,n-r}c_{n-r}+d_r\\c_1\\\vdots\\c_{n-r}\end{pmatrix}=c_1\begin{pmatrix}-b_{11}\\\vdots\\-b_{r1}\\1\\\vdots\\0\end{pmatrix}+\cdots+c_{n-r}\begin{pmatrix}-b_{1,n-r}\\\vdots\\-b_{r,n-r}\\0\\\vdots\\1\end{pmatrix}+\begin{pmatrix}d_1\\\vdots\\d_r\\0\\\vdots\\0\end{pmatrix},$$

其中 $c_1,c_2,\cdots,c_{n-r}$ 为任意常数，方程组有无穷多个解.

由于系数矩阵和增广矩阵的秩之间的关系就上面三种情形，易知必要性成立. □

例 4.3

给定线性方程组 $\begin{cases}ax_1+x_2+x_3=1\\x_1+ax_2+x_3=1\\x_1+x_2+ax_3=-2\end{cases}$，讨论当 a 取何值时，方程组有唯一解、无解、有无穷多解？并在有无穷多解时求通解.

（例 4.3）

解法一　对该方程组的增广矩阵施行初等行变换化为行阶梯形矩阵，得

$$\boldsymbol{B}=\begin{pmatrix}a&1&1&1\\1&a&1&1\\1&1&a&-2\end{pmatrix}\overset{r_1\leftrightarrow r_3}{\sim}\begin{pmatrix}1&1&a&-2\\1&a&1&1\\a&1&1&1\end{pmatrix}$$

$$\underset{r_3-ar_1}{\overset{r_2-r_1}{\sim}}\begin{pmatrix}1&1&a&-2\\0&a-1&1-a&3\\0&1-a&1-a^2&1+2a\end{pmatrix}\overset{r_3+r_2}{\sim}\begin{pmatrix}1&1&a&-2\\0&a-1&1-a&3\\0&0&2-a-a^2&4+2a\end{pmatrix},$$

由 $2-a-a^2=0$ 得 $a=1$ 或 $a=-2$.

(1) 当 $a\neq1, a\neq-2$ 时，$R(\boldsymbol{A})=$ ________，$R(\boldsymbol{B})=$ ________，方程组有唯一解；

(2) 当 $a=1$ 时，

$$\boldsymbol{B}\sim\begin{pmatrix}1&1&1&-2\\0&0&0&3\\0&0&0&6\end{pmatrix}\overset{r_3-2r_2}{\sim}\begin{pmatrix}1&1&1&-2\\0&0&0&3\\0&0&0&0\end{pmatrix},$$

$R(\boldsymbol{A})=$ ________，$R(\boldsymbol{B})=$ ________，方程组无解；

(3) 当 $a=-2$ 时，

$$\boldsymbol{B}\sim\begin{pmatrix}1&1&-2&-2\\0&-3&3&3\\0&0&0&0\end{pmatrix}\overset{r_2\div(-3)}{\sim}\begin{pmatrix}1&1&-2&-2\\0&1&-1&-1\\0&0&0&0\end{pmatrix}\overset{r_1-r_2}{\sim}\begin{pmatrix}1&0&-1&-1\\0&1&-1&-1\\0&0&0&0\end{pmatrix},$$

$R(\boldsymbol{A})=$ ________，$R(\boldsymbol{B})=$ ________，方程组有无穷多个解，其同解方程组为 $\begin{cases}x_1-x_3=-1\\x_2-x_3=-1\end{cases}$，则

$$\begin{cases}x_1\quad\quad=x_3-1\\\quad x_2\quad=x_3-1,\\\quad\quad x_3=x_3\end{cases}$$

令 $x_3=c$，方程组的通解为

$$\begin{pmatrix}x_1\\x_2\\x_3\end{pmatrix}=c\begin{pmatrix}1\\1\\1\end{pmatrix}+\begin{pmatrix}-1\\-1\\0\end{pmatrix}.$$

【填空】 请将例 4.3 计算过程中横线部分的内容填写上.（答案：3，3；1，2；2，2）

解法二 由于方程组中方程的个数恰好等于未知量的个数，借助克莱姆法则讨论. 计算系数行列式得

$$|\boldsymbol{A}|=(a+2)(a-1)^2.$$

【解答】请同学们补充系数行列式的计算过程.

(1) 当 $a\neq1, a\neq-2$ 时，$|\boldsymbol{A}|\neq0$，由克莱姆法则知，方程组有唯一解；

（2）当 $a=1$ 时，

$$\boldsymbol{B}=\begin{pmatrix}1&1&1&1\\1&1&1&1\\1&1&1&-2\end{pmatrix}\sim\begin{pmatrix}1&1&1&1\\0&0&0&1\\0&0&0&0\end{pmatrix},$$

$R(\boldsymbol{A})=1$，$R(\boldsymbol{B})=2$，$R(\boldsymbol{A})<R(\boldsymbol{B})$，方程组无解；

（3）当 $a=-2$ 时，

$$\boldsymbol{B}=\begin{pmatrix}-2&1&1&1\\1&-2&1&1\\1&1&-2&-2\end{pmatrix}\sim\begin{pmatrix}1&0&-1&-1\\0&1&-1&-1\\0&0&0&0\end{pmatrix},$$

$R(\boldsymbol{A})=R(\boldsymbol{B})=2<3$，方程组有无穷多个解，同解方程组为 $\begin{cases}x_1-x_3=-1\\x_2-x_3=-1\end{cases}$，则

$$\begin{cases}x_1\quad=x_3-1\\ \quad x_2\quad=x_3-1,\\ \quad\quad x_3=x_3\end{cases}$$

令 $x_3=c$，方程组的通解为

$$\begin{pmatrix}x_1\\x_2\\x_3\end{pmatrix}=c\begin{pmatrix}1\\1\\1\end{pmatrix}+\begin{pmatrix}-1\\-1\\0\end{pmatrix}.$$

下面考虑齐次线性方程组

$$\begin{cases}a_{11}x_1+a_{12}x_2+\cdots+a_{1n}x_n=0\\a_{21}x_1+a_{22}x_2+\cdots+a_{2n}x_n=0\\\qquad\vdots\\a_{m1}x_1+a_{m2}x_2+\cdots+a_{mn}x_n=0\end{cases},$$

简记为 $\boldsymbol{AX}=\boldsymbol{0}$. 显然 $x_i=0(i=1,2,\cdots,n)$ 是方程组的一组解，称之为齐次线性方程组的**零解**，如果一组解不全为零，则称之为**非零解**.

由于齐次线性方程组是 $\boldsymbol{AX}=\boldsymbol{b}$ 的特殊情况，当 $\boldsymbol{b}=\boldsymbol{0}$ 时，总有 $R(\boldsymbol{A})=R(\boldsymbol{B})$，因此得到如下推论.

推论　n 元齐次线性方程组 $\boldsymbol{AX}=\boldsymbol{0}$ 只有零解的充要条件是 $R(\boldsymbol{A})=n$；方程组有非零解的充要条件是 $R(\boldsymbol{A})<n$.

根据上述推论，求解齐次线性方程组时，只要对系数矩阵施行初等行变换化为行最简形矩阵就可以了.

【思考】　对于矩阵 $\boldsymbol{A}_{m\times n}$，若 $R(\boldsymbol{A}_{m\times n})=m$，能否说明 $\boldsymbol{AX}=\boldsymbol{0}$ 只有零解？若 $R(\boldsymbol{A}_{m\times n})=n$，能否说明 $\boldsymbol{AX}=\boldsymbol{0}$ 只有零解？

（思考）

例 4.4 求解齐次线性方程组$\begin{cases} x_1+2x_2-x_3=0 \\ 2x_1-3x_2+x_3=0 \\ 4x_1+x_2-x_3=0 \end{cases}$.

解 系数矩阵

$$A=\begin{pmatrix} 1 & 2 & -1 \\ 2 & -3 & 1 \\ 4 & 1 & -1 \end{pmatrix} \overset{r_2-2r_1}{\underset{r_3-4r_1}{\sim}} \begin{pmatrix} 1 & 2 & -1 \\ 0 & -7 & 3 \\ 0 & -7 & 3 \end{pmatrix} \overset{r_3-r_2}{\sim} \begin{pmatrix} 1 & 2 & -1 \\ 0 & -7 & 3 \\ 0 & 0 & 0 \end{pmatrix}$$

$$\overset{r_2\div(-7)}{\sim} \begin{pmatrix} 1 & 2 & -1 \\ 0 & 1 & -\frac{3}{7} \\ 0 & 0 & 0 \end{pmatrix} \overset{r_1-2r_2}{\sim} \begin{pmatrix} 1 & 0 & -\frac{1}{7} \\ 0 & 1 & -\frac{3}{7} \\ 0 & 0 & 0 \end{pmatrix},$$

由于 $R(A)=2<3$，方程组有非零解，同解方程组为$\begin{cases} x_1-\frac{1}{7}x_3=0 \\ x_2-\frac{3}{7}x_3=0 \end{cases}$，则

$$\begin{cases} x_1=\frac{1}{7}x_3 \\ x_2=\frac{3}{7}x_3 \\ x_3=x_3 \end{cases},$$

令 $x_3=7c$，方程组的通解为$\begin{pmatrix} x_1 \\ x_2 \\ x_3 \end{pmatrix}=c\begin{pmatrix} 1 \\ 3 \\ 7 \end{pmatrix}$，其中 c 为任意常数.

进一步观察方程组可以发现，方程组的第一个方程的 2 倍加第二个方程恰巧变成第三个方程. 事实上，我们求解前两个方程构成的方程组也可以得到同样的解，也就是说第三个方程是多余的方程，对于一般的线性方程组也存在类似的情况.

习题 4.1

一、基础题

1. 求解下列线性方程组：

(1) $\begin{cases} x_1-2x_2+4x_3-7x_4=0 \\ 2x_1+x_2-2x_3+x_4=0 \\ 3x_1-x_2+2x_3-4x_4=0 \end{cases}$；

(2) $\begin{cases} x_1-2x_2+2x_3-x_4=1 \\ 2x_1-4x_2+8x_3=2 \\ -2x_1+4x_2-2x_3+3x_4=3 \\ 3x_1-6x_2-6x_4=4 \end{cases}$；

(3) $\begin{cases} x_1-x_2+x_3=1 \\ x_1-2x_2-x_3=2 \\ 3x_1-x_2+6x_3=3 \\ 2x_1-2x_2+3x_3=0 \end{cases}$;

(4) $\begin{cases} x_1+x_2+x_3+x_4+x_5=2 \\ 2x_1+3x_2+x_3+x_4-3x_5=0 \\ x_1+2x_3+2x_4+6x_5=6 \\ 4x_1+5x_2+3x_3+3x_4-x_5=0 \end{cases}$.

2. 求 λ 使齐次线性方程组

$\begin{cases} (3+\lambda)x_1+x_2+2x_3=0 \\ \lambda x_1+(\lambda-1)x_2+x_3=0 \\ 3(\lambda+1)x_1+\lambda x_2+(3+\lambda)x_3=0 \end{cases}$ 有非零解，并求其通解.

二、提升题

3. 当 λ 为何值时，方程组 $\begin{cases} -2x_1+x_2+x_3=-2 \\ x_1-2x_2+x_3=\lambda \\ x_1+x_2-2x_3=\lambda^2 \end{cases}$ 有解？并求出它的解.

4. 设 $\begin{cases} (2-\lambda)x_1+2x_2-2x_3=1 \\ 2x_1+(5-\lambda)x_2-4x_3=2 \\ -2x_1-4x_2+(5-\lambda)x_3=-\lambda-1 \end{cases}$，问 λ 为何值时，方程组有唯一解、无解或有无穷多个解？并在有无穷多个解时求其通解.

4.2 齐次线性方程组解的结构

【问题导读】

1. 齐次线性方程组的所有解组成的集合是一个向量空间吗？若是，其维数是多少？

2. 如果齐次线性方程组有非零解，基础解系本质上是解空间的基吗？

3. 如何找齐次线性方程组的基础解系？基础解系唯一吗？

上一节介绍了用初等行变换法求解线性方程组，并给出了方程组的解存在的充要条件，本节将应用向量组的线性相关性理论进一步探讨线性方程组解的结构.

对于齐次线性方程组(4-2)，简记为 $\boldsymbol{AX}=\boldsymbol{0}$. 若 $x_1=c_1, x_2=c_2, \cdots, x_n=c_n$ 是方程组的一组解，常记为 $\boldsymbol{\xi}=\begin{pmatrix} c_1 \\ c_2 \\ \vdots \\ c_n \end{pmatrix}$，并称向量 $\boldsymbol{\xi}$ 为方程组(4-2)的一个解向量.

齐次线性方程组的解向量具有以下两个性质：

性质 4.1　若 $\boldsymbol{\xi}$ 是 $\boldsymbol{AX}=\boldsymbol{0}$ 的解，k 为任意实数，则 $k\boldsymbol{\xi}$ 也是 $\boldsymbol{AX}=\boldsymbol{0}$ 的解；

性质 4.2　若 $\boldsymbol{\xi}_1,\boldsymbol{\xi}_2$ 都是 $\boldsymbol{AX}=\boldsymbol{0}$ 的解，则 $\boldsymbol{\xi}_1+\boldsymbol{\xi}_2$ 也是 $\boldsymbol{AX}=\boldsymbol{0}$ 的解.

由这两个性质可以看到，齐次线性方程组只要有一个非零解，就会有无穷多个非零解，所以齐次线性方程组的解的情况可以分为：只有零解、有无穷多个非零解. 如果它有无穷多个非零解，则它所有的解向量就可以构成一个向量集合 S，由性质 4.1、性质 4.2 知 S 对加法和数乘运算封闭，则 S 是一个向量空间，称为齐次线性方程组的**解空间**.

定义 齐次线性方程组的解空间的基，称为齐次线性方程组的**基础解系**.

根据向量空间的基的定义，如果齐次线性方程组 $\boldsymbol{AX}=\boldsymbol{0}$ 只有零解，则它没有基础解系；如果 $\boldsymbol{AX}=\boldsymbol{0}$ 有非零解，则它必定存在基础解系，而基础解系为 $\boldsymbol{\xi}_1,\boldsymbol{\xi}_2,\cdots,\boldsymbol{\xi}_s$，则 $\boldsymbol{AX}=\boldsymbol{0}$ 的全部解可以表示为 $\boldsymbol{x}=c_1\boldsymbol{\xi}_1+c_2\boldsymbol{\xi}_2+\cdots+c_s\boldsymbol{\xi}_s$，称为齐次线性方程组 $\boldsymbol{AX}=\boldsymbol{0}$ 的**通解**.

也就是，只要找到 $\boldsymbol{AX}=\boldsymbol{0}$ 的基础解系，就可以求出它的通解.

下面应用矩阵的初等行变换寻找 $\boldsymbol{AX}=\boldsymbol{0}$ 的基础解系.

设系数矩阵 $\boldsymbol{A}$ 的秩为 r，且 $r<n$，不妨设 $\boldsymbol{A}$ 的前 r 个列向量线性无关，对 $\boldsymbol{A}$ 实施初等行变换将其化为行最简形矩阵，有

$$\boldsymbol{A}\sim\begin{pmatrix}1 & 0 & \cdots & 0 & c_{11} & c_{12} & \cdots & c_{1,n-r}\\ 0 & 1 & \cdots & 0 & c_{21} & c_{22} & \cdots & c_{2,n-r}\\ \vdots & \vdots & & \vdots & \vdots & \vdots & & \vdots\\ 0 & 0 & \cdots & 1 & c_{r1} & c_{r2} & \cdots & c_{r,n-r}\\ 0 & 0 & \cdots & 0 & 0 & 0 & \cdots & 0\\ 0 & 0 & \cdots & 0 & 0 & 0 & \cdots & 0\\ \vdots & \vdots & & \vdots & \vdots & \vdots & & \vdots\\ 0 & 0 & \cdots & 0 & 0 & 0 & \cdots & 0\end{pmatrix},$$

从而得 $\boldsymbol{AX}=\boldsymbol{0}$ 的同解方程组为

$$\begin{cases}x_1+c_{11}x_{r+1}+c_{12}x_{r+2}+\cdots+c_{1,n-r}x_n=0\\ x_2+c_{21}x_{r+1}+c_{22}x_{r+2}+\cdots+c_{2,n-r}x_n=0\\ \qquad\vdots\\ x_r+c_{r1}x_{r+1}+c_{r2}x_{r+2}+\cdots+c_{r,n-r}x_n=0\end{cases}, \tag{4-4}$$

其中 $x_{r+1},x_{r+2},\cdots,x_n$ 为自由未知量.

现令自由未知量向量 $\begin{pmatrix}x_{r+1}\\ x_{r+2}\\ \vdots\\ x_{r+n}\end{pmatrix}$ 分别取 $\begin{pmatrix}1\\ 0\\ \vdots\\ 0\end{pmatrix}$，$\begin{pmatrix}0\\ 1\\ \vdots\\ 0\end{pmatrix}$，$\cdots$，$\begin{pmatrix}0\\ 0\\ \vdots\\ 1\end{pmatrix}$，即

$$\begin{pmatrix} x_{r+1} \\ x_{r+2} \\ \vdots \\ x_{r+n} \end{pmatrix} = \begin{pmatrix} 1 \\ 0 \\ \vdots \\ 0 \end{pmatrix}, \begin{pmatrix} 0 \\ 1 \\ \vdots \\ 0 \end{pmatrix}, \cdots, \begin{pmatrix} 0 \\ 0 \\ \vdots \\ 1 \end{pmatrix}. \tag{4-5}$$

代入式(4-4)，得非自由未知量 $\begin{pmatrix} x_1 \\ x_2 \\ \vdots \\ x_r \end{pmatrix}$ 分别为 $\begin{pmatrix} -c_{11} \\ -c_{21} \\ \vdots \\ -c_{r1} \end{pmatrix}, \begin{pmatrix} -c_{12} \\ -c_{22} \\ \vdots \\ -c_{r2} \end{pmatrix}, \cdots,$

$\begin{pmatrix} -c_{1,n-r} \\ -c_{2,n-r} \\ \vdots \\ -c_{r,n-r} \end{pmatrix}.$

这样就得到方程组的 $n-r$ 个解：

$$\boldsymbol{\xi}_1 = \begin{pmatrix} -c_{11} \\ -c_{21} \\ \vdots \\ -c_{r1} \\ 1 \\ 0 \\ \vdots \\ 0 \end{pmatrix}, \boldsymbol{\xi}_2 = \begin{pmatrix} -c_{12} \\ -c_{22} \\ \vdots \\ -c_{r2} \\ 0 \\ 1 \\ \vdots \\ 0 \end{pmatrix}, \cdots, \boldsymbol{\xi}_{n-r} = \begin{pmatrix} -c_{1,n-r} \\ -c_{2,n-r} \\ \vdots \\ -c_{r,n-r} \\ 0 \\ 0 \\ \vdots \\ 1 \end{pmatrix}.$$

下面证这 $n-r$ 个解就是 $\boldsymbol{AX}=\boldsymbol{0}$ 的基础解系.

由于 $\begin{pmatrix} 1 \\ 0 \\ \vdots \\ 0 \end{pmatrix}, \begin{pmatrix} 0 \\ 1 \\ \vdots \\ 0 \end{pmatrix}, \cdots, \begin{pmatrix} 0 \\ 0 \\ \vdots \\ 1 \end{pmatrix}$ 线性无关，根据定理 3.6 知 $\boldsymbol{\xi}_1$，$\boldsymbol{\xi}_2, \cdots, \boldsymbol{\xi}_{n-r}$ 线性无关.

由式(4-4)可得方程组的解为 $\begin{cases} x_1 = -c_{11}x_{r+1} - c_{12}x_{r+2} - \cdots - c_{1,n-r}x_n \\ x_2 = -c_{21}x_{r+1} - c_{22}x_{r+2} - \cdots - c_{2,n-r}x_n \\ \quad\vdots \\ x_r = -c_{r1}x_{r+1} - c_{r2}x_{r+2} - \cdots - c_{r,n-r}x_n \\ x_{r+1} = x_{r+1} \\ x_{r+2} = x_{r+2} \\ \quad\vdots \\ x_n = x_n \end{cases}.$

表示为向量形式，并令 $x_{r+1}=k_1$，$x_{r+2}=k_2$，…，$x_n=k_{n-r}$，有

$$\begin{pmatrix} x_1 \\ x_2 \\ \vdots \\ x_r \\ x_{r+1} \\ x_{r+2} \\ \vdots \\ x_n \end{pmatrix}=k_1\begin{pmatrix} -c_{11} \\ -c_{21} \\ \vdots \\ -c_{r1} \\ 1 \\ 0 \\ \vdots \\ 0 \end{pmatrix}+k_2\begin{pmatrix} -c_{12} \\ -c_{22} \\ \vdots \\ -c_{r2} \\ 0 \\ 1 \\ \vdots \\ 0 \end{pmatrix}+\cdots+k_{n-r}\begin{pmatrix} -c_{1,n-r} \\ -c_{2,n-r} \\ \vdots \\ -c_{r,n-r} \\ 0 \\ 0 \\ \vdots \\ 1 \end{pmatrix},$$

即方程组的任意一个解可表示为 $\boldsymbol{X}=k_1\boldsymbol{\xi}_1+k_2\boldsymbol{\xi}_2+\cdots+k_{n-r}\boldsymbol{\xi}_{n-r}$，这就证明了 $\boldsymbol{\xi}_1,\boldsymbol{\xi}_2,\cdots,\boldsymbol{\xi}_{n-r}$ 是解空间的基，也就是线性方程组的基础解系，同时也说明解空间的维数为 $n-r$.

【思考】 通过上面的过程，你发现齐次线性方程组中自由未知量的个数、基础解系中所含解的个数和解空间的维数，这三者之间有什么关系？它们和系数矩阵的秩又有什么关系？

定理 4.2 若 n 元齐次线性方程组 $\boldsymbol{AX}=\boldsymbol{0}$ 的系数矩阵的秩 $R(\boldsymbol{A})=r<n$，则方程组有基础解系，且基础解系含 $n-r$ 个解向量.

这样，通过寻找基础解系可以求齐次线性方程组的通解，具体步骤为：

(1) 将齐次线性方程组 $\boldsymbol{AX}=\boldsymbol{0}$ 的系数矩阵 $\boldsymbol{A}$ 用初等行变换化为行最简形；

(2) 据行最简形写出对应的方程组，并确定自由未知量，将自由未知量按照式(4-5)取值，求出非自由未知量，得到的 $n-r$ 个线性无关的解. 即为 $\boldsymbol{AX}=\boldsymbol{0}$ 的基础解系；

(3) 基础解系的线性组合就是方程组的通解.

(例 4.5)

例 4.5

求解齐次线性方程组 $\begin{cases} x_1+x_2+x_5=0 \\ x_1+x_2-x_3=0 \\ x_3+x_4+x_5=0 \end{cases}$.

解 对系数矩阵实施初等行变换化为行最简形：

$$\boldsymbol{A}=\begin{pmatrix} 1 & 1 & 0 & 0 & 1 \\ 1 & 1 & -1 & 0 & 0 \\ 0 & 0 & 1 & 1 & 1 \end{pmatrix}\sim\begin{pmatrix} 1 & 1 & 0 & 0 & 1 \\ 0 & 0 & 1 & 0 & 1 \\ 0 & 0 & 0 & 1 & 0 \end{pmatrix}.$$

对应的同解方程组为 $\begin{cases} x_1+x_2+x_5=0 \\ x_3+x_5=0 \\ x_4=0 \end{cases}$，令自由未知量为 x_2,x_5. 分

别取$\begin{pmatrix} x_2 \\ x_5 \end{pmatrix}=\begin{pmatrix} 1 \\ 0 \end{pmatrix},\begin{pmatrix} 0 \\ 1 \end{pmatrix}$，得基础解系

$$\boldsymbol{\xi}_1=\begin{pmatrix} -1 \\ 1 \\ 0 \\ 0 \\ 0 \end{pmatrix},\boldsymbol{\xi}_2=\begin{pmatrix} -1 \\ 0 \\ -1 \\ 0 \\ 1 \end{pmatrix}.$$

方程组的通解为$\boldsymbol{X}=k_1\boldsymbol{\xi}_1+k_2\boldsymbol{\xi}_2=k_1\begin{pmatrix} -1 \\ 1 \\ 0 \\ 0 \\ 0 \end{pmatrix}+k_2\begin{pmatrix} -1 \\ 0 \\ -1 \\ 0 \\ 1 \end{pmatrix}$（$k_1,k_2$ 为任意常数）.

下面这条性质就是第 2 章的性质 2.12. 现在给出证明过程.

性质 4.3　若 $\boldsymbol{A}_{m\times n}\boldsymbol{B}_{n\times s}=\boldsymbol{O}$，则 $R(\boldsymbol{A})+R(\boldsymbol{B})\leqslant n$.

证明　设 $\boldsymbol{B}=(\boldsymbol{\beta}_1,\boldsymbol{\beta}_2,\cdots,\boldsymbol{\beta}_s)$，则

$$\boldsymbol{A\beta}_1=\boldsymbol{A\beta}_2=\cdots=\boldsymbol{A\beta}_s=\boldsymbol{0},$$

即 $\boldsymbol{\beta}_1,\boldsymbol{\beta}_2,\cdots,\boldsymbol{\beta}_s$ 都是齐次线性方程组 $\boldsymbol{AX}=\boldsymbol{0}$ 的解. 若 $R(\boldsymbol{A})=r$，则

$$R(\boldsymbol{B})=R(\boldsymbol{\beta}_1,\boldsymbol{\beta}_2,\cdots,\boldsymbol{\beta}_s)\leqslant n-r=n-R(\boldsymbol{A}),$$

即有 $R(\boldsymbol{A})+R(\boldsymbol{B})\leqslant n$. □

【思考】　若基础解系存在，它是唯一的吗？

（思考）

习题 4.2

一、基础题

1. 求下列齐次线性方程组的一个基础解系并求通解：

（1）$\begin{cases} x_1-x_2+5x_3-x_4=0 \\ x_1+x_2-2x_3+3x_4=0 \\ 3x_1-x_2+8x_3+x_4=0 \\ x_1+3x_2-9x_3+7x_4=0 \end{cases}$；

（2）$\begin{cases} x_1-2x_2+x_3+x_4-x_5=0 \\ 2x_1-x_2-x_3-x_4+x_5=0 \\ x_1+7x_2-5x_3-5x_4+5x_5=0 \\ 3x_1-2x_2-2x_3+x_4-x_5=0 \end{cases}$.

二、提升题

2. 设三元齐次线性方程组 $\boldsymbol{AX}=\boldsymbol{0}$ 的系数矩阵 $\boldsymbol{A}$ 的秩为 1，且它的三个解向量 $\boldsymbol{\beta}_1,\boldsymbol{\beta}_2,\boldsymbol{\beta}_3$ 满足 $\boldsymbol{\beta}_1+\boldsymbol{\beta}_2=(3,1,-1)^{\mathrm{T}},\boldsymbol{\beta}_1+\boldsymbol{\beta}_3=(2,0,-2)^{\mathrm{T}}$，求 $\boldsymbol{AX}=\boldsymbol{0}$ 的通解.

4.3 非齐次线性方程组解的结构

【问题导读】

1. 非齐次线性方程组的所有解组成的集合是向量空间吗?

2. 非齐次线性方程组的通解结构.

下面讨论一般的 n 元非齐次线性方程组解的结构，其一般形式为

$$\begin{cases} a_{11}x_1+a_{12}x_2+\cdots+a_{1n}x_n=b_1 \\ a_{21}x_1+a_{22}x_2+\cdots+a_{2n}x_n=b_2 \\ \qquad\vdots \\ a_{m1}x_1+a_{m2}x_2+\cdots+a_{mn}x_n=b_m \end{cases}.$$

记为 $\boldsymbol{AX}=\boldsymbol{b}$，若将 $\boldsymbol{AX}=\boldsymbol{b}$ 的常数项全部用零代替，就是它所对应的齐次线性方程组 $\boldsymbol{AX}=\boldsymbol{0}$.

线性方程组 $\boldsymbol{AX}=\boldsymbol{b}$ 的解具有如下性质：

性质 4.4 若 $\boldsymbol{\eta}_1,\boldsymbol{\eta}_2$ 是 $\boldsymbol{AX}=\boldsymbol{b}$ 的解，则 $\boldsymbol{\eta}_1-\boldsymbol{\eta}_2$ 是对应的 $\boldsymbol{AX}=\boldsymbol{0}$ 的解.

性质 4.5 若 $\boldsymbol{\eta}$ 是 $\boldsymbol{AX}=\boldsymbol{b}$ 的解，$\boldsymbol{\xi}$ 是对应的 $\boldsymbol{AX}=\boldsymbol{0}$ 的解，则 $\boldsymbol{\xi}+\boldsymbol{\eta}$ 是 $\boldsymbol{AX}=\boldsymbol{b}$ 的解.

【思考】 你会证明上面两个性质吗?

由性质 4.4 和性质 4.5 可知，若 $\boldsymbol{\eta}^*$ 是非齐次线性方程组 $\boldsymbol{AX}=\boldsymbol{b}$ 的一个解(称为特解)，那么非齐次线性方程组 $\boldsymbol{AX}=\boldsymbol{b}$ 的任一解向量可表示为 $\boldsymbol{\eta}=\boldsymbol{\eta}^*+\boldsymbol{\xi}$ 的形式，其中 $\boldsymbol{\xi}$ 是其对应的齐次线性方程组 $\boldsymbol{AX}=\boldsymbol{0}$ 的一个解.

进一步，如果 $\boldsymbol{AX}=\boldsymbol{0}$ 的通解为 $\boldsymbol{X}=k_1\boldsymbol{\xi}_1+k_2\boldsymbol{\xi}_2+\cdots+k_{n-r}\boldsymbol{\xi}_{n-r}$，则非齐次线性方程组 $\boldsymbol{AX}=\boldsymbol{b}$ 的通解就可表示为 $\boldsymbol{X}=k_1\boldsymbol{\xi}_1+k_2\boldsymbol{\xi}_2+\cdots+k_{n-r}\boldsymbol{\xi}_{n-r}+\boldsymbol{\eta}^*$.

于是得到：非齐次线性方程组的通解=对应齐次线性方程组的通解+非齐次线性方程组的一个特解.

(例 4.6)

例 4.6 求解线性方程组 $\begin{cases} x_1+2x_2-x_3+2x_4=1 \\ 2x_1+4x_2+x_3+x_4=5 \\ -x_1-2x_2-2x_3+x_4=-4 \end{cases}$.

解　对增广矩阵实施初等行变换将其化为行最简形，得

$$B=\begin{pmatrix}1&2&-1&2&1\\2&4&1&1&5\\-1&-2&-2&1&-4\end{pmatrix}\sim\begin{pmatrix}1&2&0&1&2\\0&0&1&-1&1\\0&0&0&0&0\end{pmatrix}.$$

据行最简形知 $R(A)=R(B)=2$，方程组有无穷多个解.

对应的同解方程组为 $\begin{cases}x_1+2x_2\quad+x_4=2\\ \qquad\qquad x_3-x_4=1\end{cases}$，令 $x_2=0,x_4=0$，得非齐次线性方程组的一个特解 $\boldsymbol{\eta}^*=\begin{pmatrix}2\\0\\1\\0\end{pmatrix}$.

据系数矩阵的行最简形矩阵(即增广矩阵行最简形矩阵的前 4 列)知，对应齐次线性方程组的同解方程组为 $\begin{cases}x_1=-2x_2-x_4\\ x_3=x_4\end{cases}$，自由未知量是 x_2,x_4. 令自由未知量 x_2,x_4 分别取值 $\begin{pmatrix}x_2\\x_4\end{pmatrix}=\begin{pmatrix}1\\0\end{pmatrix},\begin{pmatrix}0\\1\end{pmatrix}$，得对应齐次线性方程组的基础解系

$$\boldsymbol{\xi}_1=\begin{pmatrix}-2\\1\\0\\0\end{pmatrix},\ \boldsymbol{\xi}_2=\begin{pmatrix}-1\\0\\1\\1\end{pmatrix},$$

所以非齐次方程组的通解为

$$\boldsymbol{\eta}=\boldsymbol{\eta}^*+k_1\boldsymbol{\xi}_1+k_2\boldsymbol{\xi}_2=\begin{pmatrix}2\\0\\1\\0\end{pmatrix}+k_1\begin{pmatrix}-2\\1\\0\\0\end{pmatrix}+k_2\begin{pmatrix}-1\\0\\1\\1\end{pmatrix}(k_1,k_2\text{ 为任意常数}).$$

【知识探索】　例 4.6 中将自由未知量 x_2,x_4 分别取任意常数 c_1,c_2，代入同解方程组，解出 x_1,x_3，亦可得通解. 将得到的答案与例 4.6 中给出的答案进行比较.

【拓展任务】　查找《九章算术》中关于线性方程组的相关记载.

习题 4.3

一、基础题

1. 求下列非齐次线性方程组的一个特解并求通解：

(1) $\begin{cases}2x_1+7x_2+3x_3+\ x_4=6\\3x_1+5x_2+2x_3+2x_4=4;\\9x_1+4x_2+\ x_3+7x_4=2\end{cases}$

(2) $\begin{cases} x_1+x_2=5 \\ 2x_1+x_2+x_3+2x_4=1. \\ 5x_1+3x_2+2x_3+2x_4=3 \end{cases}$

2. 设4元非齐次线性方程组的系数矩阵的秩为3，已知 $\boldsymbol{\eta}_1,\boldsymbol{\eta}_2,\boldsymbol{\eta}_3$ 是它的三个解向量，且 $\boldsymbol{\eta}_1=\begin{pmatrix}2\\3\\4\\5\end{pmatrix}$，$\boldsymbol{\eta}_2+\boldsymbol{\eta}_3=\begin{pmatrix}1\\2\\3\\4\end{pmatrix}$，求方程组的通解.

二、提升题

3. 设非齐次线性方程组 $\boldsymbol{AX}=\boldsymbol{b}$ 的系数矩阵的秩为2，且系数矩阵为5×3矩阵，$\boldsymbol{\eta}_1,\boldsymbol{\eta}_2$ 为方程组的两个解，且有 $\boldsymbol{\eta}_1+\boldsymbol{\eta}_2=\begin{pmatrix}1\\3\\0\end{pmatrix}$，$2\boldsymbol{\eta}_1+3\boldsymbol{\eta}_2=\begin{pmatrix}2\\5\\1\end{pmatrix}$，求方程组的通解.

三、拓展题

4. 设方程组 $\begin{cases} x_1+a_1x_2+a_1^2x_3=a_1^3 \\ x_1+a_2x_2+a_2^2x_3=a_2^3 \\ x_1+a_3x_2+a_3^2x_3=a_3^3 \\ x_1+a_4x_2+a_4^2x_3=a_4^3 \end{cases}$，

(1) 若 a_1,a_2,a_3,a_4 两两不等，证明此方程组无解；

(2) 设 $a_1=a_3=k,a_2=a_4=-k(k\neq 0)$，且已知 $\boldsymbol{\beta}_1=(-1,1,1)$，$\boldsymbol{\beta}_2=(1,1,-1)$ 是该方程组的两个解，试写出此方程组的通解.

5. 设 $\boldsymbol{\alpha}_0,\boldsymbol{\alpha}_1,\cdots,\boldsymbol{\alpha}_{n-r}$ 为 $\boldsymbol{AX}=\boldsymbol{b}(\boldsymbol{b}\neq\boldsymbol{0})$ 的 $n-r+1$ 个线性无关的解向量，$\boldsymbol{A}$ 的秩为 r，证明 $\boldsymbol{\alpha}_1-\boldsymbol{\alpha}_0,\boldsymbol{\alpha}_2-\boldsymbol{\alpha}_0,\cdots,\boldsymbol{\alpha}_{n-r}-\boldsymbol{\alpha}_0$ 是对应的齐次线性方程组 $\boldsymbol{AX}=\boldsymbol{0}$ 的基础解系.

4.4 用 MATLAB 求解线性方程组

【问题导读】

1. 求齐次线性方程组的基础解系用什么命令？
2. 求非齐次线性方程组的通解用什么命令？

4.4.1 求解齐次线性方程组

在 MATLAB 中可以用“null(　)”来求齐次线性方程组的基础解系，进而求出方程组的通解.

例 4.7

求齐次线性方程组 $\begin{cases} x_1-x_2+5x_3-x_4=0 \\ x_1+x_2-2x_3+3x_4=0 \\ 3x_1-x_2+8x_3+x_4=0 \\ x_1+3x_2-9x_3+7x_4=0 \end{cases}$ 的一个基础解系并求通解.

(例 4.7)

【编写代码】 分组查资料，了解 MATLAB 中求齐次线性方程组基础解系的命令，并利用 MATLAB 进行计算.

解　在 MATLAB 命令行窗口中输入：

```
>>A=[1,-1,5,-1;1,1,-2,3;3,-1,8,1;1,3,-9,7];
>>null(A,'rational')
```

得到结果：

```
ans=
    -3/2  -1
     7/2  -2
       1   0
       0   1
```

从而得到一个基础解系

$$\boldsymbol{\xi}_1=\begin{pmatrix}-3/2\\7/2\\1\\0\end{pmatrix},\ \boldsymbol{\xi}_2=\begin{pmatrix}-1\\-2\\0\\1\end{pmatrix}.$$

注： 上述命令中的 rational 是使输出结果中的数据以有理形式表示.

4.4.2 求解非齐次线性方程组

在 MATLAB 中可以用“rref(　)”将非齐次线性方程组的增广矩阵化为行最简形，判断解的不同情形，在有无穷多个解时进而写出通解.

例 4.8

求解非齐次线性方程组 $\begin{cases}x_1+x_2+x_3+x_4+x_5=2\\2x_1+3x_2+x_3+x_4-3x_5=0\\x_1+2x_3+2x_4+6x_5=6\\4x_1+5x_2+3x_3+3x_4-x_5=4\end{cases}$.

【编写代码】 分组查资料，了解 MATLAB 中将非齐次线性方程组的增广矩阵化为行最简形的命令，并利用 MATLAB 进行计算.

(例 4.8)

解 在 MATLAB 命令行窗口中输入：

```
>>A=[1,1,1,1,1;2,3,1,1,-3;1,0,2,2,6;4,5,3,3,
-1];
>>b=[2,0,6,4];
>>B=[A,b];
>>if  rank(A)=rank(B)
      x1=A\b
      x2=null(A,'rational')
else
      fprintf('该线性方程组无解')
end
```

得到结果：

```
ans=
     0
     1
     0
     0
     1
ans=
    -2   -2   -6
     1    1    5
     1    0    0
     0    1    0
     0    0    1
```

从而得到通解：

$$k_1\begin{pmatrix}-2\\1\\1\\0\\0\end{pmatrix}+k_2\begin{pmatrix}-2\\1\\0\\1\\0\end{pmatrix}+k_3\begin{pmatrix}-6\\5\\0\\0\\1\end{pmatrix}+\begin{pmatrix}0\\1\\0\\0\\1\end{pmatrix},\ k_1,\ k_2,\ k_3\text{ 为任意常数}.$$

4.5 应用案例

4.5.1 化学反应方程式配平

化学反应方程式表示化学反应中消耗和产生的物质的量. 配平化学反应方程式就是必须找出一组使得方程式左右两端的各类原子的总数对应相等. 方法就是建立能够描述反应过程中每种原子数目的向量方程，然后找出该方程的最简的正整数解. 下面我们利用此思路来配平如下化学反应方程式：

$$x_1 KMnO_4+x_2 MnSO_4+x_3 H_2O \rightarrow x_4 MnO_2+x_5 K_2SO_4+x_6 H_2SO_4,$$

其中 $x_1, x_2, x_3, x_4, x_5, x_6$ 均取正整数.

分析：上述化学反应方程式中包含 5 种不同的原子(钾、锰、氧、硫、氢)，每一种反应物和生成物构成如下向量：

$KMnO_4$：$\begin{pmatrix}1\\1\\4\\0\\0\end{pmatrix}$，$MnSO_4$：$\begin{pmatrix}0\\1\\4\\1\\0\end{pmatrix}$，$H_2O$：$\begin{pmatrix}0\\0\\1\\0\\2\end{pmatrix}$，$MnO_2$：$\begin{pmatrix}0\\1\\2\\0\\0\end{pmatrix}$，$K_2SO_4$：$\begin{pmatrix}2\\0\\4\\1\\0\end{pmatrix}$，

H_2SO_4：$\begin{pmatrix}0\\0\\4\\1\\2\end{pmatrix}$，

其中每个向量的各个分量依次表示反应物和生成物中钾、锰、氧、硫、氢的原子数目. 为了配平化学反应方程式，系数 x_1,x_2,x_3,x_4,x_5,x_6 必须满足方程组

$$x_1\begin{pmatrix}1\\1\\4\\0\\0\end{pmatrix}+x_2\begin{pmatrix}0\\1\\4\\1\\0\end{pmatrix}+x_3\begin{pmatrix}0\\0\\1\\0\\2\end{pmatrix}=x_4\begin{pmatrix}0\\1\\2\\0\\0\end{pmatrix}+x_5\begin{pmatrix}2\\0\\4\\1\\0\end{pmatrix}+x_6\begin{pmatrix}0\\0\\4\\1\\2\end{pmatrix}.$$

求解齐次线性方程组，得到通解

$$\begin{pmatrix}x_1\\x_2\\x_3\\x_4\\x_5\\x_6\end{pmatrix}=c\begin{pmatrix}2\\3\\2\\5\\1\\2\end{pmatrix},\ c\in\mathbf{R}.$$

由于化学方程式通常取最简的正整数，所以在通解中取 $c=1$，即得配平后的化学方程式：

$$2KMnO_4+3MnSO_4+2H_2O\rightarrow 5MnO_2+1K_2SO_4+2H_2SO_4.$$

4.5.2　营养食谱问题

一个饮食专家计划一份膳食，提供一定量的维生素 C、钙和镁. 其中用到 3 种食物，它们的质量用适当的单位计量. 这些食品提供的营养以及食谱需要的营养见表 4.1.

表 4.1　营养食谱

营养	单位食谱所含的营养/mg			需要的营养总量/mg
	食物 1	食物 2	食物 3	
维生素 C	10	20	20	100
钙	50	40	10	300
镁	30	10	40	200

分析：设 x_1,x_2,x_3 分别表示这三种食物的量. 对每一种食物考虑一个向量，其分量依次表示每单位食物中营养成分维生素C、钙和镁的含量：

$$\text{食物 1：}\boldsymbol{\alpha}_1=\begin{pmatrix}10\\50\\30\end{pmatrix},\ \text{食物 2：}\boldsymbol{\alpha}_2=\begin{pmatrix}20\\40\\10\end{pmatrix},\ \text{食物 3：}\boldsymbol{\alpha}_3=\begin{pmatrix}20\\10\\40\end{pmatrix},$$

需求：$\boldsymbol{\beta}=\begin{pmatrix}100\\300\\200\end{pmatrix}$，

则 $x_1\boldsymbol{\alpha}_1,x_2\boldsymbol{\alpha}_2,x_3\boldsymbol{\alpha}_3$ 分别表示三种食物提供的营养成分，所以需要的向量方程为

$$x_1\boldsymbol{\alpha}_1+x_2\boldsymbol{\alpha}_2+x_3\boldsymbol{\alpha}_3=\boldsymbol{\beta},$$

即

$$\begin{cases}10x_1+20x_2+20x_3=100\\50x_1+40x_2+10x_3=300.\\30x_1+10x_2+40x_3=200\end{cases}$$

解此方程组，得到通解

$$\begin{pmatrix}x_1\\x_2\\x_3\end{pmatrix}=\begin{pmatrix}50/11\\50/33\\40/33\end{pmatrix}.$$

因此食谱应该包含$\dfrac{50}{11}$个单位的食物1，$\dfrac{50}{33}$个单位的食物2和$\dfrac{40}{33}$个单位的食物3.

4.5.3　经济价格平衡

经济问题遵循一个基本原理：存在能指派给各个部门总产出的平衡价格，使得各部门的总收入等于它的总支出. 前提是知道区域中所有经济部门的总产量，知道每个部门的总产量在其他经济部门的分配交易原则. 假设某区域经济由煤炭、电力(电源)和钢铁三个部门组成，各部门之间的分配见表4.2，其中每一列中的数字表示该部门总产出的比例. 求平衡价格，使每个部门的收支平衡.

表4.2　一个简单的经济问题

部门的产出分配			采购部门
煤炭	电力	钢铁	
0.0	0.4	0.6	煤炭
0.6	0.1	0.2	电力
0.4	0.5	0.2	钢铁

设 p_1, p_2, p_3 分别表示煤炭、电力和钢铁部门年度总产出的价格(即货币价值). 针对表 4.2 中的数据，对应方程组为

$$\begin{cases} 0p_1+0.4p_2+0.6p_3=p_1 \\ 0.6p_1+0.1p_2+0.2p_3=p_2, \\ 0.4p_1+0.5p_2+0.2p_3=p_3 \end{cases}$$

即

$$\begin{cases} p_1-0.4p_2-0.6p_3=0 \\ 0.6p_1-0.9p_2+0.2p_3=0. \\ 0.4p_1+0.5p_2-0.8p_3=0 \end{cases}$$

此方程组的通解为

$$\begin{pmatrix} p_1 \\ p_2 \\ p_3 \end{pmatrix} = c\begin{pmatrix} 31 \\ 28 \\ 33 \end{pmatrix}, c \in \mathbf{R}$$

所以煤炭、电力和钢铁的平衡价格比例应该为 31∶28∶33.

第 4 章思维导图

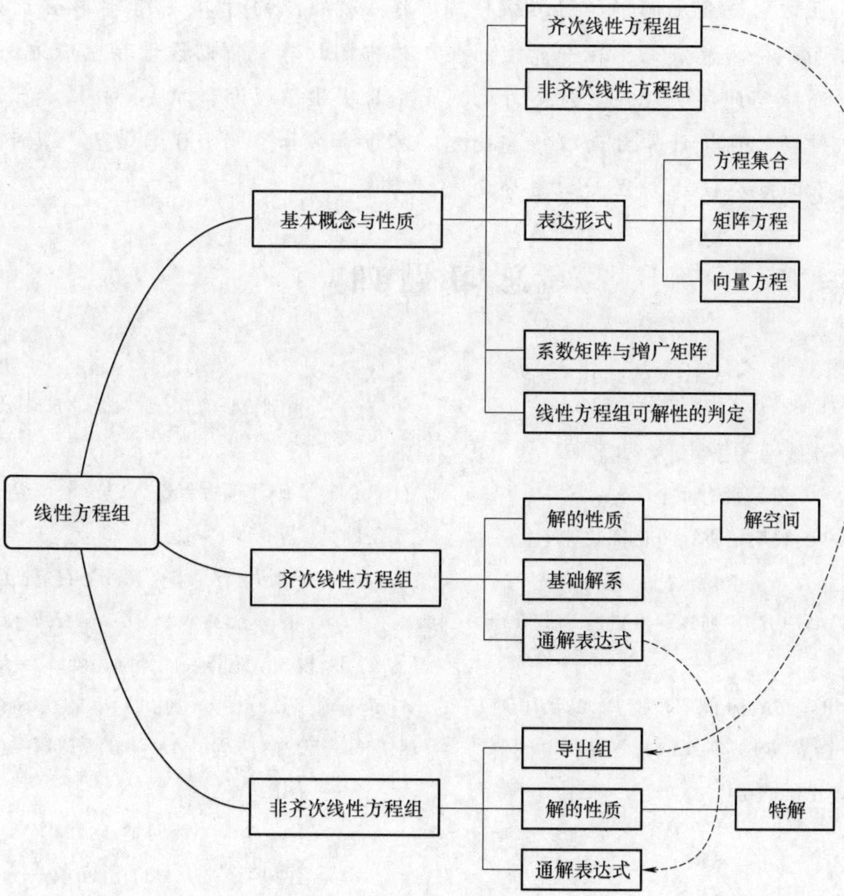

▶(本章总结)

苏步青(1902—2003)，出生于浙江温州.苏步青主要从事微分几何学和计算几何学等方面的研究，在仿射微分几何学和射影微分几何学研究方面取得出色成果，在一般空间微分几何学、高维空间共轭理论、几何外形设计、计算机辅助几何设计等方面取得突出成就.他创立了国际公认的浙江大学微分几何学学派，被誉为“东方第一几何学家”，“数学之王”.苏步青成立了全国计算几何协作组，组织的计算几何学术会议和学习班为中国计算机辅助设计和制造方面的高科技项目提供了理论和方法，并培养了大批人才.苏步青培养了近100名学生，其中有8名评为院士.

总习题四

一、基础题

1. 选择题:

(1) 设有齐次线性方程组 $\boldsymbol{AX}=\boldsymbol{0}$ 和 $\boldsymbol{BX}=\boldsymbol{0}$，其中 $\boldsymbol{A},\boldsymbol{B}$ 均为 $m\times n$ 矩阵，现有4个命题:

① 若 $\boldsymbol{AX}=\boldsymbol{0}$ 的解均是 $\boldsymbol{BX}=\boldsymbol{0}$ 的解，则 $R(\boldsymbol{A})\geqslant R(\boldsymbol{B})$;

② 若 $R(\boldsymbol{A})\geqslant R(\boldsymbol{B})$，则 $\boldsymbol{AX}=\boldsymbol{0}$ 的解均是 $\boldsymbol{BX}=\boldsymbol{0}$ 的解;

③ 若 $\boldsymbol{AX}=\boldsymbol{0}$ 与 $\boldsymbol{BX}=\boldsymbol{0}$ 同解，则 $R(\boldsymbol{A})=R(\boldsymbol{B})$;

④ 若 $R(\boldsymbol{A})=R(\boldsymbol{B})$，则 $\boldsymbol{AX}=\boldsymbol{0}$ 与 $\boldsymbol{BX}=\boldsymbol{0}$ 同解.

以上命题中正确的是(　　).

A. ①②　　　B. ①③

C. ②④　　　D. ③④

(2) 设矩阵 $\boldsymbol{A}=\begin{pmatrix}1&1&1\\1&2&a\\1&4&a^2\end{pmatrix}$，$\boldsymbol{b}=\begin{pmatrix}1\\d\\d^2\end{pmatrix}$，若集合 $\Omega=\{1,2\}$，则线性方程组 $\boldsymbol{AX}=\boldsymbol{b}$ 有无穷多个解的充要条件是(　　).

A. $a\notin\Omega,d\notin\Omega$　　　B. $a\notin\Omega,d\in\Omega$

C. $a\in\Omega,d\notin\Omega$　　　D. $a\in\Omega,d\in\Omega$

(3) 设 n 阶矩阵 $\boldsymbol{A}$ 的伴随矩阵 $\boldsymbol{A}^*\neq\boldsymbol{O}$，若 $\boldsymbol{\xi}_1,\boldsymbol{\xi}_2,\boldsymbol{\xi}_3,\boldsymbol{\xi}_4$ 是非齐次线性方程组 $\boldsymbol{AX}=\boldsymbol{b}$ 的互不相等的解，则对应的齐次线性方程组 $\boldsymbol{AX}=\boldsymbol{0}$ 的基础解系(　　).

A. 不存在

B. 仅含一个非零解向量

C. 含有两个线性无关的解向量

D. 含有三个线性无关的解向量

(4) 设 $\boldsymbol{A}=(\boldsymbol{\alpha}_1,\boldsymbol{\alpha}_2,\boldsymbol{\alpha}_3,\boldsymbol{\alpha}_4)$ 是 4 阶矩阵，$\boldsymbol{A}^*$ 为 $\boldsymbol{A}$ 的伴随矩阵. 若 $(1,0,1,0)^{\mathrm{T}}$ 是方程组 $\boldsymbol{AX}=\boldsymbol{0}$ 的一个基础解系，则 $\boldsymbol{A}^*\boldsymbol{X}=\boldsymbol{0}$ 的基础解系可以为(　　).

A. $\boldsymbol{\alpha}_1,\boldsymbol{\alpha}_2$　　B. $\boldsymbol{\alpha}_1,\boldsymbol{\alpha}_3$

C. $\boldsymbol{\alpha}_1,\boldsymbol{\alpha}_2,\boldsymbol{\alpha}_3$　　D. $\boldsymbol{\alpha}_2,\boldsymbol{\alpha}_3,\boldsymbol{\alpha}_4$

2. 已知 $\boldsymbol{A}=\begin{pmatrix}1&a&0&0\\0&1&a&0\\0&0&1&a\\a&0&0&1\end{pmatrix}$，$\boldsymbol{b}=\begin{pmatrix}1\\-1\\0\\0\end{pmatrix}$. 当 a 为何值时，方程组 $\boldsymbol{AX}=\boldsymbol{b}$ 有无穷多个解？并求出通解.

3. 设有齐次线性方程组

$$\begin{cases}(1+a)x_1+x_2+\cdots+x_n=0\\2x_1+(2+a)x_2+\cdots+2x_n=0\\\quad\vdots\\nx_1+nx_2+\cdots+(n+a)x_n=0\end{cases}\quad(n\geqslant 2),$$

试问 a 取何值时，该方程组有非零解？并求出其通解.

4. 已知非齐次线性方程组 $\begin{cases}x_1+x_2+x_3+x_4=-1\\4x_1+3x_2+5x_3-x_4=-1\\ax_1+x_2+3x_3-bx_4=1\end{cases}$ 有 3 个线性无关的解，(1) 证明方程组系数矩阵 $\boldsymbol{A}$ 的秩 $R(\boldsymbol{A})=2$；(2) 求 a,b 的值及方程组的通解.

5. 设线性方程组 $\begin{cases}x_1+x_2+x_3=0\\x_1+2x_2+ax_3=0\\x_1+4x_2+a^2x_3=0\end{cases}$ 与方程 $x_1+2x_2+x_3=a-1$ 有公共解，求 a 的值及所有的公共解.

二、提升题

6. 设 $\boldsymbol{A}=\begin{pmatrix}\lambda&1&1\\0&\lambda-1&0\\1&1&\lambda\end{pmatrix}$，$\boldsymbol{b}=\begin{pmatrix}a\\1\\1\end{pmatrix}$，已知线性方程组 $\boldsymbol{AX}=\boldsymbol{b}$ 存在两个不同的解，求：

(1) λ,a；(2) $\boldsymbol{AX}=\boldsymbol{b}$ 的通解.

7. 已知齐次线性方程组

$$\begin{cases}(a_1+b)x_1+a_2x_2+a_3x_3+\cdots+a_nx_n=0\\a_1x_1+(a_2+b)x_2+a_3x_3+\cdots+a_nx_n=0\\a_1x_1+a_2x_2+(a_3+b)x_3+\cdots+a_nx_n=0,\\\quad\vdots\\a_1x_1+a_2x_2+a_3x_3+\cdots+(a_n+b)x_n=0\end{cases}$$

其中 $\sum\limits_{i=1}^{n}a_i\neq 0$. 试讨论 $a_1,a_2,\cdots,a_n$ 和 b 满足何种关系时，(1) 方程组仅有零解；(2) 方程组有非零解. 在有非零解时，求此方程组的一个基础解系.

第 5 章 相似矩阵

本章主要讨论矩阵的特征值、特征向量、方阵的相似对角化和实对称矩阵的正交相似对角化等问题. 这些问题不仅在矩阵理论及数值计算中占有重要地位，而且在许多学科具有广泛的应用. 特征值和特征向量在概率统计、振动、量子力学、遗传学、经济学等领域起着重要作用. 工程技术中的振动问题、图像处理和稳定性问题、矩阵对角化和微分方程求解问题，都可以归结为求一个矩阵的特征值和特征向量.

(矩阵特征值特征向量简史)

5.1 向量的内积

【问题导读】

1. 正交向量组和线性无关向量组相比，哪个性质更强?
2. 施密特正交化方法过程中先单位化还是先正交化?
3. 正交矩阵及正交矩阵的性质.

本节将介绍向量的内积、长度等概念，给出向量组单位正交化的施密特(Schmidt)方法，并讨论正交矩阵及其性质.

5.1.1 内积

定义 5.1 对于 n 维向量 $\boldsymbol{\alpha}=(a_1,a_2,\cdots,a_n)^{\mathrm{T}}$，$\boldsymbol{\beta}=(b_1,b_2,\cdots,b_n)^{\mathrm{T}}$，定义

$$[\boldsymbol{\alpha},\boldsymbol{\beta}]=a_1b_1+a_2b_2+\cdots+a_nb_n, \tag{5-1}$$

称 $[\boldsymbol{\alpha},\boldsymbol{\beta}]$ 为向量 $\boldsymbol{\alpha}$ 与 $\boldsymbol{\beta}$ 的内积.

内积是两个向量之间的一种运算，其运算结果是一个实数. 如用矩阵乘法来表示，有

$$[\boldsymbol{\alpha},\boldsymbol{\beta}]=\boldsymbol{\alpha}^{\mathrm{T}}\boldsymbol{\beta}.$$

内积具有下列性质(其中 $\boldsymbol{\alpha},\boldsymbol{\beta},\boldsymbol{\gamma}$ 为 n 维向量，λ 为实数):

性质 5.1 $[\boldsymbol{\alpha},\boldsymbol{\beta}]=[\boldsymbol{\beta},\boldsymbol{\alpha}]$;

性质 5.2 $[\lambda\boldsymbol{\alpha},\boldsymbol{\beta}]=\lambda[\boldsymbol{\alpha},\boldsymbol{\beta}]$；

性质 5.3 $[\boldsymbol{\alpha}+\boldsymbol{\beta},\boldsymbol{\gamma}]=[\boldsymbol{\alpha},\boldsymbol{\gamma}]+[\boldsymbol{\beta},\boldsymbol{\gamma}]$；

性质 5.4 当 $\boldsymbol{\alpha}\neq\boldsymbol{0}$ 时，$[\boldsymbol{\alpha},\boldsymbol{\alpha}]>0$；当 $\boldsymbol{\alpha}=\boldsymbol{0}$ 时，$[\boldsymbol{\alpha},\boldsymbol{\alpha}]=0$.

【思考】 补充以上四条性质的证明过程.

利用这些性质，还可以证明施瓦茨(Schwarz)不等式

$$[\boldsymbol{\alpha},\boldsymbol{\beta}]^2\leqslant[\boldsymbol{\alpha},\boldsymbol{\alpha}][\boldsymbol{\beta},\boldsymbol{\beta}].$$

【拓展任务】 查找资料，看看施瓦茨不等式有几种证明方法.

5.1.2 向量的长度和夹角

定义 5.2 对于 n 维向量 $\boldsymbol{\alpha}=(a_1,a_2,\cdots,a_n)^{\mathrm{T}}$，称实数$\sqrt{[\boldsymbol{\alpha},\boldsymbol{\alpha}]}$为向量 $\boldsymbol{\alpha}$ 的长度. 记为 $\|\boldsymbol{\alpha}\|$，即

$$\|\boldsymbol{\alpha}\|=\sqrt{[\boldsymbol{\alpha},\boldsymbol{\alpha}]}=\sqrt{a_1^2+a_2^2+\cdots+a_n^2}.$$

显然，任何非零向量的长度都大于零，只有零向量的长度等于零.

容易证明，对于向量 $\boldsymbol{\alpha}$ 和实数 λ，有 $\|\lambda\boldsymbol{\alpha}\|=|\lambda|\,\|\boldsymbol{\alpha}\|$.

长度为 1 的向量称为单位向量. 由非零向量 $\boldsymbol{\alpha}$ 可得到与 $\boldsymbol{\alpha}$ 同方向的单位向量 $\boldsymbol{e}_{\alpha}=\dfrac{1}{\|\boldsymbol{\alpha}\|}\boldsymbol{\alpha}$，称 $\boldsymbol{e}_{\alpha}$ 为向量 $\boldsymbol{\alpha}$ 的单位化.

对两个非零 n 维向量 $\boldsymbol{\alpha},\boldsymbol{\beta}$，由施瓦茨不等式，可知 $|[\boldsymbol{\alpha},\boldsymbol{\beta}]|\leqslant\|\boldsymbol{\alpha}\|\cdot\|\boldsymbol{\beta}\|$，从而 $\left|\dfrac{[\boldsymbol{\alpha},\boldsymbol{\beta}]}{\|\boldsymbol{\alpha}\|\,\|\boldsymbol{\beta}\|}\right|\leqslant1$，于是有下面的定义：

当 $\boldsymbol{\alpha}\neq\boldsymbol{0},\boldsymbol{\beta}\neq\boldsymbol{0}$ 时，$\theta=\arccos\dfrac{[\boldsymbol{\alpha},\boldsymbol{\beta}]}{\|\boldsymbol{\alpha}\|\,\|\boldsymbol{\beta}\|}$称为向量 $\boldsymbol{\alpha}$ 与 $\boldsymbol{\beta}$ 的夹角.

5.1.3 正交向量组和正交化方法

定义 5.3 对 n 维向量 $\boldsymbol{\alpha},\boldsymbol{\beta}$，如果$[\boldsymbol{\alpha},\boldsymbol{\beta}]=0$，则称向量 $\boldsymbol{\alpha}$ 与 $\boldsymbol{\beta}$ 正交.

显然，零向量与任何向量都正交.

定义 5.4 如果一组非零向量两两正交，则称这组向量为正交向量组.

例如，$\mathbf{R}^n$ 的单位坐标向量组 $\boldsymbol{\varepsilon}_1=\begin{pmatrix}1\\0\\\vdots\\0\end{pmatrix},\boldsymbol{\varepsilon}_2=\begin{pmatrix}0\\1\\\vdots\\0\end{pmatrix},\cdots,\boldsymbol{\varepsilon}_n=\begin{pmatrix}0\\0\\\vdots\\1\end{pmatrix}$ 是一个正交向量组.

例 5.1　已知两个向量 $\boldsymbol{\alpha}_1=(1,1,1)^{\mathrm{T}}$，$\boldsymbol{\alpha}_2=(1,1,-2)^{\mathrm{T}}$ 正交，试求一个非零向量 $\boldsymbol{\alpha}_3$，使 $\boldsymbol{\alpha}_1,\boldsymbol{\alpha}_2,\boldsymbol{\alpha}_3$ 为正交向量组.

解　设 $\boldsymbol{\alpha}_3=(x_1,x_2,x_3)^{\mathrm{T}}$，由 $[\boldsymbol{\alpha}_1,\boldsymbol{\alpha}_3]=0$，$[\boldsymbol{\alpha}_2,\boldsymbol{\alpha}_3]=0$，得方程组

$$\begin{cases}x_1+x_2+\ x_3=0\\x_1+x_2-2x_3=0\end{cases},$$

解得

$$\begin{cases}x_1=-x_2\\x_3=0\end{cases},$$

从而有基础解系 $(-1,1,0)^{\mathrm{T}}$. 取 $\boldsymbol{\alpha}_3=(-1,1,0)^{\mathrm{T}}$，则 $\boldsymbol{\alpha}_1,\boldsymbol{\alpha}_2,\boldsymbol{\alpha}_3$ 为所求正交向量组.

【思考】　例 5.1 中的非零向量 $\boldsymbol{\alpha}_3$ 唯一吗？若不唯一，满足条件的非零向量 $\boldsymbol{\alpha}_3$ 应该如何表示？

(思考)

定理 5.1　若向量组 $\boldsymbol{\alpha}_1,\boldsymbol{\alpha}_2,\cdots,\boldsymbol{\alpha}_s$ 是正交向量组，则该向量组线性无关.

证明　设有 $k_1,k_2,\cdots,k_s$ 使

$$k_1\boldsymbol{\alpha}_1+k_2\boldsymbol{\alpha}_2+\cdots+k_s\boldsymbol{\alpha}_s=\mathbf{0},$$

上式两端与 $\boldsymbol{\alpha}_i(i=1,2,\cdots,s)$ 做内积可得

$$k_1[\boldsymbol{\alpha}_1,\boldsymbol{\alpha}_i]+k_2[\boldsymbol{\alpha}_2,\boldsymbol{\alpha}_i]+\cdots+k_i[\boldsymbol{\alpha}_i,\boldsymbol{\alpha}_i]+\cdots+k_s[\boldsymbol{\alpha}_s,\boldsymbol{\alpha}_i]=0.$$

当 $i\neq j$ 时，$[\boldsymbol{\alpha}_i,\boldsymbol{\alpha}_j]=0$，于是

$$k_i[\boldsymbol{\alpha}_i,\boldsymbol{\alpha}_i]=0\ ,\ i=1,2,\cdots,s.$$

而 $\boldsymbol{\alpha}_i\neq\mathbf{0}$，故 $[\boldsymbol{\alpha}_i,\boldsymbol{\alpha}_i]\neq 0$，从而必有 $k_i=0$. 故 n 维向量组 $\alpha_1,\alpha_2,\cdots,\alpha_s$ 线性无关. □

定义 5.5　如果一个正交向量组中每个向量都是单位向量，则称该向量组为**单位正交向量组**，简称**单位正交组**.

显然 $\mathbf{R}^n$ 的单位坐标向量组 $\boldsymbol{e}_1,\boldsymbol{e}_2,\cdots,\boldsymbol{e}_n$ 是一个单位正交组.

对于任意给定的线性无关的向量组 $\boldsymbol{\alpha}_1,\boldsymbol{\alpha}_2,\cdots,\boldsymbol{\alpha}_s$，可以将其正交化，即可以求出与其等价的正交向量组 $\boldsymbol{\beta}_1,\boldsymbol{\beta}_2,\cdots,\boldsymbol{\beta}_s$. 下面介绍

实现正交化的一种方法，称为施密特正交化方法. 具体步骤如下：

第一步：令 $\boldsymbol{\beta}_1=\boldsymbol{\alpha}_1$；

第二步：令 $\boldsymbol{\beta}_2=\boldsymbol{\alpha}_2-\dfrac{[\boldsymbol{\alpha}_2,\boldsymbol{\beta}_1]}{[\boldsymbol{\beta}_1,\boldsymbol{\beta}_1]}\boldsymbol{\beta}_1$，容易验证向量组 $\boldsymbol{\beta}_1,\boldsymbol{\beta}_2$ 是正交组且与向量组 $\boldsymbol{\alpha}_1,\boldsymbol{\alpha}_2$ 等价.

第三步：令 $\boldsymbol{\beta}_3=\boldsymbol{\alpha}_3-\dfrac{[\boldsymbol{\alpha}_3,\boldsymbol{\beta}_1]}{[\boldsymbol{\beta}_1,\boldsymbol{\beta}_1]}\boldsymbol{\beta}_1-\dfrac{[\boldsymbol{\alpha}_3,\boldsymbol{\beta}_2]}{[\boldsymbol{\beta}_2,\boldsymbol{\beta}_2]}\boldsymbol{\beta}_2$，同样易证向量组 $\boldsymbol{\beta}_1,\boldsymbol{\beta}_2,\boldsymbol{\beta}_3$ 是正交组且与向量组 $\boldsymbol{\alpha}_1,\boldsymbol{\alpha}_2,\boldsymbol{\alpha}_3$ 等价.

一直做下去，最后令

$$\boldsymbol{\beta}_s=\boldsymbol{\alpha}_s-\frac{[\boldsymbol{\alpha}_s,\boldsymbol{\beta}_1]}{[\boldsymbol{\beta}_1,\boldsymbol{\beta}_1]}\boldsymbol{\beta}_1-\frac{[\boldsymbol{\alpha}_s,\boldsymbol{\beta}_2]}{[\boldsymbol{\beta}_2,\boldsymbol{\beta}_2]}\boldsymbol{\beta}_2-\cdots-\frac{[\boldsymbol{\alpha}_s,\boldsymbol{\beta}_{s-1}]}{[\boldsymbol{\beta}_{s-1},\boldsymbol{\beta}_{s-1}]}\boldsymbol{\beta}_{s-1},$$

则得到与线性无关组 $\boldsymbol{\alpha}_1,\boldsymbol{\alpha}_2,\cdots,\boldsymbol{\alpha}_s$ 等价的正交向量组 $\boldsymbol{\beta}_1,\boldsymbol{\beta}_2,\cdots,\boldsymbol{\beta}_s$.

如果再把正交向量组 $\boldsymbol{\beta}_1,\boldsymbol{\beta}_2,\cdots,\boldsymbol{\beta}_s$ 的每个向量单位化，即令

$$\boldsymbol{\gamma}_i=\frac{1}{\|\boldsymbol{\beta}_i\|}\boldsymbol{\beta}_i,\ i=1,2,\cdots,s,$$

则 $\boldsymbol{\gamma}_1,\boldsymbol{\gamma}_2,\cdots,\boldsymbol{\gamma}_s$ 是一个单位正交组，并且和向量组 $\boldsymbol{\alpha}_1,\boldsymbol{\alpha}_2,\cdots,\boldsymbol{\alpha}_s$ 等价.

正交化与单位化过程合起来称为**单位正交化过程**. 这种方法称为**施密特单位正交化方法**(简称施密特方法).

【转化思想】 用施密特方法把一组线性无关的向量化为一组单位正交向量组.

例 5.2 用施密特方法，试求与已知向量组

$$\boldsymbol{\alpha}_1=\begin{pmatrix}1\\0\\-1\\1\end{pmatrix},\ \boldsymbol{\alpha}_2=\begin{pmatrix}1\\-1\\0\\1\end{pmatrix},\ \boldsymbol{\alpha}_3=\begin{pmatrix}-1\\1\\1\\0\end{pmatrix}$$

等价的单位正交向量组.

(例 5.2)

解 先正交化. 取 $\boldsymbol{\beta}_1=\boldsymbol{\alpha}_1$,

$$\boldsymbol{\beta}_2=\boldsymbol{\alpha}_2-\frac{[\boldsymbol{\alpha}_2,\boldsymbol{\beta}_1]}{[\boldsymbol{\beta}_1,\boldsymbol{\beta}_1]}\boldsymbol{\beta}_1=\begin{pmatrix}1\\-1\\0\\1\end{pmatrix}-\frac{2}{3}\begin{pmatrix}1\\0\\-1\\1\end{pmatrix}=\frac{1}{3}\begin{pmatrix}1\\-3\\2\\1\end{pmatrix},$$

$$\boldsymbol{\beta}_3=\boldsymbol{\alpha}_3-\frac{[\boldsymbol{\alpha}_3,\boldsymbol{\beta}_1]}{[\boldsymbol{\beta}_1,\boldsymbol{\beta}_1]}\boldsymbol{\beta}_1-\frac{[\boldsymbol{\alpha}_3,\boldsymbol{\beta}_2]}{[\boldsymbol{\beta}_2,\boldsymbol{\beta}_2]}\boldsymbol{\beta}_2=\begin{pmatrix}-1\\1\\1\\0\end{pmatrix}+\frac{2}{3}\begin{pmatrix}1\\0\\-1\\1\end{pmatrix}+\frac{2}{15}\begin{pmatrix}1\\-3\\2\\1\end{pmatrix}=\frac{1}{5}\begin{pmatrix}-1\\3\\3\\4\end{pmatrix}.$$

以上所得的 $\boldsymbol{\beta}_1,\boldsymbol{\beta}_2,\boldsymbol{\beta}_3$ 即是与 $\boldsymbol{\alpha}_1,\boldsymbol{\alpha}_2,\boldsymbol{\alpha}_3$ 等价的正交向量组.

再单位化. 取

$$\boldsymbol{\gamma}_1=\frac{1}{\|\boldsymbol{\beta}_1\|}\boldsymbol{\beta}_1=\underline{\qquad\qquad},\quad \boldsymbol{\gamma}_2=\frac{1}{\|\boldsymbol{\beta}_2\|}\boldsymbol{\beta}_2=\underline{\qquad\qquad},\quad \boldsymbol{\gamma}_3=\frac{1}{\|\boldsymbol{\beta}_3\|}\boldsymbol{\beta}_3=\underline{\qquad\qquad},$$

则 $\boldsymbol{\gamma}_1,\boldsymbol{\gamma}_2,\boldsymbol{\gamma}_3$ 即为所求.

【填空】 将例 5.2 中横线部分的内容补充完全.

$$\left(\text{答案: }\frac{1}{\sqrt{3}}\begin{pmatrix}1\\0\\-1\\1\end{pmatrix};\ \frac{1}{\sqrt{15}}\begin{pmatrix}1\\-3\\2\\1\end{pmatrix};\ \frac{1}{\sqrt{35}}\begin{pmatrix}-1\\3\\3\\4\end{pmatrix}.\right)$$

定义 5.6 如果 n 阶方阵 $\boldsymbol{A}$ 满足 $\boldsymbol{A}^{\mathrm{T}}\boldsymbol{A}=\boldsymbol{E}$, 则称 $\boldsymbol{A}$ 为一个 n 阶**正交矩阵**.

例如, $\begin{pmatrix}1&0\\0&-1\end{pmatrix}$, $\begin{pmatrix}\sin\theta&-\cos\theta\\\cos\theta&\sin\theta\end{pmatrix}$, $\begin{pmatrix}\frac{1}{3}&\frac{2}{3}&\frac{2}{3}\\\frac{2}{3}&\frac{1}{3}&-\frac{2}{3}\\\frac{2}{3}&-\frac{2}{3}&\frac{1}{3}\end{pmatrix}$ 都是正交矩阵.

正交矩阵具有如下性质:

(1) 若 $\boldsymbol{A}$ 是正交矩阵, 则 $-\boldsymbol{A}$ 也是正交矩阵;

(2) 若 $\boldsymbol{A}$ 是正交矩阵, 则 $\boldsymbol{A}^{\mathrm{T}}$(即 $\boldsymbol{A}^{-1}$)也是正交矩阵;

(3) 若 $\boldsymbol{A},\boldsymbol{B}$ 都是 n 阶正交矩阵, 则 $\boldsymbol{AB}$ 也是 n 阶正交矩阵;

(4) 若 $\boldsymbol{A}$ 是正交矩阵, 则 $|\boldsymbol{A}|=1$ 或 -1.

【知识探索】 补充正交矩阵性质的证明过程.

(知识探索)

定理 5.2 $\boldsymbol{A}$ 是 n 阶正交矩阵的充分必要条件是 $\boldsymbol{A}$ 的列向量组是单位正交向量组.

证明 必要性 设 $\boldsymbol{A}=(\boldsymbol{\alpha}_1,\boldsymbol{\alpha}_2,\cdots,\boldsymbol{\alpha}_n)$, 由 $\boldsymbol{A}$ 是 n 阶正交矩阵, 即 $\boldsymbol{A}^{\mathrm{T}}\boldsymbol{A}=\boldsymbol{E}$, 得

$$\boldsymbol{A}^{\mathrm{T}}\boldsymbol{A}=\begin{pmatrix}\boldsymbol{\alpha}_1^{\mathrm{T}}\\\boldsymbol{\alpha}_2^{\mathrm{T}}\\\vdots\\\boldsymbol{\alpha}_n^{\mathrm{T}}\end{pmatrix}(\boldsymbol{\alpha}_1,\ \boldsymbol{\alpha}_2,\ \cdots,\ \boldsymbol{\alpha}_n)=\begin{pmatrix}\boldsymbol{\alpha}_1^{\mathrm{T}}\boldsymbol{\alpha}_1&\boldsymbol{\alpha}_1^{\mathrm{T}}\boldsymbol{\alpha}_2&\cdots&\boldsymbol{\alpha}_1^{\mathrm{T}}\boldsymbol{\alpha}_n\\\boldsymbol{\alpha}_2^{\mathrm{T}}\boldsymbol{\alpha}_1&\boldsymbol{\alpha}_2^{\mathrm{T}}\boldsymbol{\alpha}_2&\cdots&\boldsymbol{\alpha}_2^{\mathrm{T}}\boldsymbol{\alpha}_n\\\vdots&\vdots&&\vdots\\\boldsymbol{\alpha}_n^{\mathrm{T}}\boldsymbol{\alpha}_1&\boldsymbol{\alpha}_n^{\mathrm{T}}\boldsymbol{\alpha}_2&\cdots&\boldsymbol{\alpha}_n^{\mathrm{T}}\boldsymbol{\alpha}_n\end{pmatrix}$$

$$=\begin{pmatrix}1&0&\cdots&0\\0&1&\cdots&0\\\vdots&\vdots&&\vdots\\0&0&\cdots&1\end{pmatrix},$$

即 $\boldsymbol{\alpha}_i^{\mathrm{T}}\boldsymbol{\alpha}_j=\begin{cases}1, & i=j\\0, & i\neq j\end{cases}$，故 $\boldsymbol{\alpha}_1,\boldsymbol{\alpha}_2,\cdots,\boldsymbol{\alpha}_n$ 是单位正交向量组.

充分性 设 $\boldsymbol{A}$ 的列向量组是单位正交向量组，则

$$\boldsymbol{\alpha}_i^{\mathrm{T}}\boldsymbol{\alpha}_j=\begin{cases}1, & i=j\\0, & i\neq j.\end{cases}$$

显然 $\boldsymbol{A}^{\mathrm{T}}\boldsymbol{A}=\boldsymbol{E}$，故 $\boldsymbol{A}$ 是正交矩阵. □

由正交矩阵的性质(2)可知定理 5.2 对行向量组也成立.

定义 5.7 称线性变换 $\boldsymbol{Y}=\boldsymbol{P}\boldsymbol{X}$ 为正交变换，若 $\boldsymbol{P}$ 为正交矩阵. 对于正交变换 $\boldsymbol{Y}=\boldsymbol{P}\boldsymbol{X}$，有

$$\|\boldsymbol{Y}\|=\sqrt{\boldsymbol{Y}^{\mathrm{T}}\boldsymbol{Y}}=\sqrt{\boldsymbol{X}^{\mathrm{T}}\boldsymbol{P}^{\mathrm{T}}\boldsymbol{P}\boldsymbol{X}}=\sqrt{\boldsymbol{X}^{\mathrm{T}}\boldsymbol{X}}=\|\boldsymbol{X}\|.$$

由于 $\|\boldsymbol{X}\|$ 表示向量的长度，这说明正交变换 $\boldsymbol{Y}=\boldsymbol{P}\boldsymbol{X}$ 不改变向量的长度，这正是正交变换所具有的特性.

习题 5.1

一、基础题

1. 计算下列向量的内积：

(1) $\boldsymbol{\alpha}=(1,-2,2)^{\mathrm{T}}$，$\boldsymbol{\beta}=(2,2,-1)^{\mathrm{T}}$；

(2) $\boldsymbol{\alpha}=\left(\frac{\sqrt{2}}{2},-\frac{1}{2},\frac{\sqrt{2}}{4},-1\right)^{\mathrm{T}}$，$\boldsymbol{\beta}=\left(-\frac{\sqrt{2}}{2},-2,\sqrt{2},\frac{1}{2}\right)^{\mathrm{T}}$.

2. 将下列向量单位化：

(1) $\boldsymbol{\alpha}=(2,0,-5,-1)^{\mathrm{T}}$；(2) $\boldsymbol{\beta}=(-3,1,2,-2)^{\mathrm{T}}$.

3. 用施密特方法将下列向量组正交化：

(1) $\boldsymbol{\alpha}_1=(1,-2,2)^{\mathrm{T}}$，$\boldsymbol{\alpha}_2=(-1,0,-1)^{\mathrm{T}}$，$\boldsymbol{\alpha}_3=(5,-3,-7)^{\mathrm{T}}$；

(2) $\boldsymbol{\alpha}_1=(1,2,2,-1)^{\mathrm{T}}$，$\boldsymbol{\alpha}_2=(1,1,-5,3)^{\mathrm{T}}$，$\boldsymbol{\alpha}_3=(3,2,8,-7)^{\mathrm{T}}$.

4. 求与向量组 $(1,0,1,1)^{\mathrm{T}}$，$(1,1,1,-1)^{\mathrm{T}}$，$(1,2,3,1)^{\mathrm{T}}$ 等价的正交单位向量组.

5. 下列矩阵是不是正交矩阵，请说明理由：

(1) $\begin{pmatrix}1 & 0 & 1\\1 & -1 & 0\\1 & 1 & 0\end{pmatrix}$；(2) $\begin{pmatrix}\frac{1}{9} & -\frac{8}{9} & -\frac{4}{9}\\-\frac{8}{9} & \frac{1}{9} & -\frac{4}{9}\\-\frac{4}{9} & -\frac{4}{9} & \frac{7}{9}\end{pmatrix}$.

二、提升题

6. 已知 $\boldsymbol{\alpha}_1=(1,1,1)^{\mathrm{T}}$，求一组非零向量 $\boldsymbol{\alpha}_2,\boldsymbol{\alpha}_3$，使得 $\boldsymbol{\alpha}_1,\boldsymbol{\alpha}_2,\boldsymbol{\alpha}_3$ 两两正交.

7. 若 $\boldsymbol{A},\boldsymbol{B}$ 是 n 阶正交矩阵，证明 $\boldsymbol{AB}$ 也是正交矩阵.

三、拓展题

8. 设列向量 $\boldsymbol{\alpha}$ 满足 $\boldsymbol{\alpha}^{\mathrm{T}}\boldsymbol{\alpha}=1$. 令 $\boldsymbol{H}=\boldsymbol{E}-2\boldsymbol{\alpha}\boldsymbol{\alpha}^{\mathrm{T}}$，证明：

(1) $\boldsymbol{H}^{\mathrm{T}}=\boldsymbol{H}$；(2) $\boldsymbol{H}$ 为正交矩阵.

9. 设 $\boldsymbol{A}$ 为正交矩阵，且 $|\boldsymbol{A}|=-1$. 证明：$|\boldsymbol{A}+\boldsymbol{E}|=0$.

5.2 矩阵的特征值与特征向量

【问题导读】

1. 对应于一个特征值的特征向量唯一吗？对应于一个特征向量的特征值唯一吗？

2. 求 n 阶方阵 $\boldsymbol{A}$ 的特征值与特征向量.

3. n 阶方阵 $\boldsymbol{A}$ 的所有特征值之和等于什么？所有特征值之积等于什么？

工程技术和经济管理中的许多定量分析问题，常可归结为求一个方阵的特征值和特征向量的问题. 本节将介绍矩阵的特征值和特征向量的概念及有关知识.

5.2.1　特征值与特征向量的概念

定义 5.8　设 $\boldsymbol{A}$ 是 n 阶方阵，若存在数 λ 和非零向量 $\boldsymbol{\alpha}$，使得 $\boldsymbol{A\alpha}=\lambda\boldsymbol{\alpha}$ 成立，则称 λ 为 $\boldsymbol{A}$ 的一个**特征值**，$\boldsymbol{\alpha}$ 为 $\boldsymbol{A}$ 的属于特征值 λ 的一个**特征向量**.

例 5.3　已知 $\boldsymbol{\alpha}=\begin{pmatrix}1\\-1\\1\end{pmatrix}$ 是方阵 $\boldsymbol{A}=\begin{pmatrix}1&-1&2\\3&a&1\\-1&b&-2\end{pmatrix}$ 的特征向量，试确定参数 a,b，并求向量 $\boldsymbol{\alpha}$ 所对应的特征值 λ.

(例 5.3)

解　由 $\boldsymbol{A\alpha}=\lambda\boldsymbol{\alpha}$，即

$$\begin{pmatrix}1&-1&2\\3&a&1\\-1&b&-2\end{pmatrix}\begin{pmatrix}1\\-1\\1\end{pmatrix}=\lambda\begin{pmatrix}1\\-1\\1\end{pmatrix},$$

得到

$$\underline{\qquad\qquad}=\begin{pmatrix}\lambda\\-\lambda\\\lambda\end{pmatrix}.$$

根据矩阵相等的定义得 $a=8$，$b=-7$，$\lambda=4$.

【填空】 补充例 5.3 中下划线部分的内容. $\left(\text{答案：}\begin{pmatrix}4\\4-a\\-3-b\end{pmatrix}\right)$.

例 5.4　设 λ 是方阵 $\boldsymbol{A}$ 的特征值，证明：

(1) λ^2 是 $\boldsymbol{A}^2$ 的一个特征值；

(2) 当 $\boldsymbol{A}$ 可逆时，$\dfrac{1}{\lambda}$是 $\boldsymbol{A}^{-1}$的一个特征值.

证明　因 λ 是方阵 $\boldsymbol{A}$ 的特征值，故有向量 $\boldsymbol{\alpha}\neq\boldsymbol{0}$，使得 $\boldsymbol{A\alpha}=\lambda\boldsymbol{\alpha}$. 于是，

(1) $\boldsymbol{A}^2\boldsymbol{\alpha}=\boldsymbol{A}(\boldsymbol{A\alpha})=\boldsymbol{A}(\lambda\boldsymbol{\alpha})=\lambda(\boldsymbol{A\alpha})=\lambda^2\boldsymbol{\alpha}$，所以 λ^2 是 $\boldsymbol{A}^2$ 的一个特征值.

(2) 当 $\boldsymbol{A}$ 可逆时，由 $\boldsymbol{A\alpha}=\lambda\boldsymbol{\alpha}$，有 $\boldsymbol{\alpha}=\lambda\boldsymbol{A}^{-1}\boldsymbol{\alpha}$，因 $\boldsymbol{\alpha}\neq\boldsymbol{0}$，知 $\lambda\neq0$，故 $\boldsymbol{A}^{-1}\boldsymbol{\alpha}=\dfrac{1}{\lambda}\boldsymbol{\alpha}$. 所以 $\dfrac{1}{\lambda}$ 是 $\boldsymbol{A}^{-1}$ 的特征值. □

【填空】 若 λ 是方阵 $\boldsymbol{A}$ 的一个特征值，则 $\boldsymbol{A}^k$ 有一个特征值为________. 进一步，$\varphi(\boldsymbol{A})=a_0\boldsymbol{E}+a_1\boldsymbol{A}+\cdots+a_m\boldsymbol{A}^m$ 有一个特征值为__________________.

解 λ^k；$\varphi(\lambda)$.

例 5.5 设 λ 是方阵 $\boldsymbol{A}$ 的一个特征值，证明：

(1) 若 α 是 $\boldsymbol{A}$ 的属于特征值 λ 的一个特征向量，则对任意常数 $k\neq0$，向量 $k\boldsymbol{\alpha}$ 也是矩阵 $\boldsymbol{A}$ 的属于特征值 λ 的特征向量.

(2) 若 $\boldsymbol{\alpha}_1,\boldsymbol{\alpha}_2$ 均为 $\boldsymbol{A}$ 的属于特征值 λ 的特征向量，且 $\boldsymbol{\alpha}_1+\boldsymbol{\alpha}_2\neq\boldsymbol{0}$，则 $\boldsymbol{\alpha}_1+\boldsymbol{\alpha}_2$ 也是矩阵 $\boldsymbol{A}$ 的属于特征值 λ 的特征向量.

证明 (1) 若 $\boldsymbol{A\alpha}=\lambda\boldsymbol{\alpha}$，则 $\boldsymbol{A}(k\boldsymbol{\alpha})=k(\boldsymbol{A\alpha})=k(\lambda\boldsymbol{\alpha})=\lambda(k\boldsymbol{\alpha})$，即向量 $k\boldsymbol{\alpha}$ 也是矩阵 $\boldsymbol{A}$ 的属于特征值 λ 的特征向量.

(2) 若 $\boldsymbol{A\alpha}_1=\lambda\boldsymbol{\alpha}_1$，$\boldsymbol{A\alpha}_2=\lambda\boldsymbol{\alpha}_2$，则

$$\boldsymbol{A}(\boldsymbol{\alpha}_1+\boldsymbol{\alpha}_2)=\boldsymbol{A\alpha}_1+\boldsymbol{A\alpha}_2=\lambda\boldsymbol{\alpha}_1+\lambda\boldsymbol{\alpha}_2=\lambda(\boldsymbol{\alpha}_1+\boldsymbol{\alpha}_2),$$

即 $\boldsymbol{\alpha}_1+\boldsymbol{\alpha}_2$ 也是矩阵 $\boldsymbol{A}$ 的属于特征值 λ 的特征向量. □

一般地，如果向量 $\boldsymbol{\alpha}_1,\boldsymbol{\alpha}_2,\cdots,\boldsymbol{\alpha}_s$ 都是矩阵 $\boldsymbol{A}$ 的属于特征值 λ 的特征向量，$k_1,k_2,\cdots,k_s$ 是一组数，且 $k_1\boldsymbol{\alpha}_1+k_2\boldsymbol{\alpha}_2+\cdots+k_s\boldsymbol{\alpha}_s\neq\boldsymbol{0}$，则 $k_1\boldsymbol{\alpha}_1+k_2\boldsymbol{\alpha}_2+\cdots+k_s\boldsymbol{\alpha}_s$ 也是矩阵 $\boldsymbol{A}$ 的属于特征值 λ 的特征向量.

5.2.2 特征值与特征向量的求法

设 $\boldsymbol{A}=(a_{ij})$ 为 n 阶方阵，为求 $\boldsymbol{A}$ 的特征值和特征向量，将 $\boldsymbol{A\alpha}=\lambda\boldsymbol{\alpha}$ 改写为

$$(\boldsymbol{A}-\lambda\boldsymbol{E})\boldsymbol{\alpha}=\boldsymbol{0}.$$

上式说明 $\boldsymbol{\alpha}$ 是齐次线性方程组

$$(\boldsymbol{A}-\lambda\boldsymbol{E})\boldsymbol{X}=\boldsymbol{0} \tag{5-2}$$

的非零解，而齐次线性方程组(5-2)有非零解的充分必要条件是 $|\boldsymbol{A}-\lambda\boldsymbol{E}|=0$，即

$$\det(\boldsymbol{A}-\lambda\boldsymbol{E})=\begin{vmatrix} a_{11}-\lambda & a_{12} & \cdots & a_{1n} \\ a_{21} & a_{22}-\lambda & \cdots & a_{2n} \\ \vdots & \vdots & & \vdots \\ a_{n1} & a_{n2} & \cdots & a_{nn}-\lambda \end{vmatrix}=0. \tag{5-3}$$

式(5-3)是一个以 λ 为未知数的一元 n 次方程，称为矩阵 $\boldsymbol{A}$ 的**特征方程**，其左端 $|\boldsymbol{A}-\lambda\boldsymbol{E}|$ 是 λ 的 n 次多项式，称为矩阵 $\boldsymbol{A}$ 的**特征多项式**. 显然，$\boldsymbol{A}$ 的特征值就是特征方程的解. 由代数学的知识知，

特征方程在复数范围内恒有解，其解的个数(k 重根按 k 个根计算)为方程的次数，因此 n 阶方阵 $\boldsymbol{A}$ 在复数范围内有 n 个特征值.

求 n 阶方阵 $\boldsymbol{A}$ 的特征值与特征向量可按如下步骤进行：

第一步：写出 n 阶方阵 $\boldsymbol{A}$ 的特征多项式 $|\boldsymbol{A}-\lambda\boldsymbol{E}|$；

第二步：求出特征方程 $|\boldsymbol{A}-\lambda\boldsymbol{E}|=0$ 的全部解 $\lambda_1,\lambda_2,\cdots,\lambda_n$ (可能有重根)，也即 $\boldsymbol{A}$ 的全部特征值；

第三步：对每个特征值 $\lambda_i(i=1,2,\cdots,n)$，求出对应的齐次方程组 $(\boldsymbol{A}-\lambda_i\boldsymbol{E})\boldsymbol{X}=\boldsymbol{0}$ 的基础解系 $\boldsymbol{\xi}_1,\boldsymbol{\xi}_2,\cdots,\boldsymbol{\xi}_{n-r}$ (其中 $R(\boldsymbol{A}-\lambda_i\boldsymbol{E})=r$)，则 $\boldsymbol{A}$ 的属于特征值 λ_i 的全部特征向量为

$$c_1\boldsymbol{\xi}_1+c_2\boldsymbol{\xi}_2+\cdots+c_{n-r}\boldsymbol{\xi}_{n-r},$$

其中 $c_1,c_2,\cdots,c_{n-r}$ 是不全为零的常数.

例 5.6 求矩阵 $\boldsymbol{A}=\begin{pmatrix}-1&1&0\\-4&3&0\\2&0&3\end{pmatrix}$ 的特征值与特征向量.

解 矩阵 $\boldsymbol{A}$ 的特征多项式为

$$|\boldsymbol{A}-\lambda\boldsymbol{E}|=\begin{vmatrix}-1-\lambda&1&0\\-4&3-\lambda&0\\2&0&3-\lambda\end{vmatrix}=\underline{\qquad\qquad},$$

令 $|\boldsymbol{A}-\lambda\boldsymbol{E}|=0$，得 $\boldsymbol{A}$ 的特征值为 $\lambda_1=3,\lambda_2=\lambda_3=1$.

当 $\lambda_1=3$ 时，对应的特征向量应满足______ $\boldsymbol{X}=\boldsymbol{0}$，即

$$\begin{pmatrix}-4&1&0\\-4&0&0\\2&0&0\end{pmatrix}\begin{pmatrix}x_1\\x_2\\x_3\end{pmatrix}=0.$$

由 $\boldsymbol{A}-3\boldsymbol{E}=\begin{pmatrix}-4&1&0\\-4&0&0\\2&0&0\end{pmatrix}\sim\begin{pmatrix}0&1&0\\1&0&0\\0&0&0\end{pmatrix}$，得基础解系 $\boldsymbol{\alpha}_1=\begin{pmatrix}0\\0\\1\end{pmatrix}$. 所以 $\boldsymbol{A}$ 的属于特征值 $\lambda_1=3$ 的全部特征向量为 $c_1\boldsymbol{\alpha}_1$(c_1 为不等于零的任意常数).

当 $\lambda_2=\lambda_3=1$ 时，对应的特征向量应满足 $(\boldsymbol{A}-\boldsymbol{E})\boldsymbol{X}=\boldsymbol{0}$，即

$$\begin{pmatrix}-2&1&0\\-4&2&0\\2&0&2\end{pmatrix}\begin{pmatrix}x_1\\x_2\\x_3\end{pmatrix}=0.$$

由 $\boldsymbol{A}-\boldsymbol{E}=\begin{pmatrix}-2&1&0\\-4&2&0\\2&0&2\end{pmatrix}\sim$________(行最简形)，得基础解系 $\boldsymbol{\alpha}_2=\begin{pmatrix}1\\2\\-1\end{pmatrix}$.

所以 $\boldsymbol{A}$ 的属于特征值 $\lambda_2=\lambda_3=1$ 的全部特征向量为 $c_2\boldsymbol{\alpha}_2$(c_2 为不等

于零的任意常数).

【填空】 补充例5.6中下划线部分的内容. 答案：$-(\lambda-3)$

$(\lambda-1)^2$；$(\boldsymbol{A}-3\boldsymbol{E})$；$\begin{pmatrix}1&0&1\\0&1&2\\0&0&0\end{pmatrix}$.

例5.7

求矩阵 $\boldsymbol{A}=\begin{pmatrix}1&-2&2\\-2&-2&4\\2&4&-2\end{pmatrix}$ 的特征值与特征向量.

解 矩阵 $\boldsymbol{A}$ 的特征多项式为

$$|\boldsymbol{A}-\lambda\boldsymbol{E}|=\begin{vmatrix}1-\lambda&-2&2\\-2&-2-\lambda&4\\2&4&-2-\lambda\end{vmatrix}=-(\lambda+7)(\lambda-2)^2.$$

令 $|\boldsymbol{A}-\lambda\boldsymbol{E}|=0$，得 $\boldsymbol{A}$ 的特征值为 $\lambda_1=-7$，$\lambda_2=\lambda_3=2$.

当 $\lambda_1=-7$ 时，对应的特征向量应满足 $(\boldsymbol{A}+7\boldsymbol{E})\boldsymbol{X}=\boldsymbol{0}$，即

$$\begin{pmatrix}8&-2&2\\-2&5&4\\2&4&5\end{pmatrix}\begin{pmatrix}x_1\\x_2\\x_3\end{pmatrix}=\boldsymbol{0}.$$

由 $\boldsymbol{A}+7\boldsymbol{E}=\begin{pmatrix}8&-2&2\\-2&5&4\\2&4&5\end{pmatrix}\sim\begin{pmatrix}1&0&\frac{1}{2}\\0&1&1\\0&0&0\end{pmatrix}$，得基础解系 $\boldsymbol{\alpha}_1=\begin{pmatrix}1\\2\\-2\end{pmatrix}$. 所以 $\boldsymbol{A}$ 的属于特征值 $\lambda_1=-7$ 的全部特征向量为 $c_1\boldsymbol{\alpha}_1$(c_1 为不等于零的任意常数).

当 $\lambda_2=\lambda_3=2$ 时，对应的特征向量应满足 $(\boldsymbol{A}-2\boldsymbol{E})\boldsymbol{X}=\boldsymbol{0}$，即

$$\begin{pmatrix}-1&-2&2\\-2&-4&4\\2&4&-4\end{pmatrix}\begin{pmatrix}x_1\\x_2\\x_3\end{pmatrix}=\boldsymbol{0}.$$

由 $\boldsymbol{A}-2\boldsymbol{E}=\begin{pmatrix}-1&-2&2\\-2&-4&4\\2&4&-4\end{pmatrix}\sim\begin{pmatrix}1&2&-2\\0&0&0\\0&0&0\end{pmatrix}$，得基础解系 $\boldsymbol{\alpha}_2=\begin{pmatrix}-2\\1\\0\end{pmatrix}$，$\boldsymbol{\alpha}_3=\begin{pmatrix}2\\0\\1\end{pmatrix}$. 所以 $\boldsymbol{A}$ 的属于特征值 $\lambda_2=\lambda_3=2$ 的全部特征向量为 $c_2\boldsymbol{\alpha}_2+c_3\boldsymbol{\alpha}_3$($c_2,c_3$ 是不同时为零的任意常数).

(思考)

(定理 5.3)

【思考】 若 λ 是 k 重特征值，那么属于 λ 的线性无关的特征向量的个数也一定是 k 个吗?

5.2.3 特征值与特征向量的性质

定理 5.3 设 $\lambda_1,\lambda_2,\cdots,\lambda_m$ 是方阵 $\boldsymbol{A}$ 的 m 个特征值，$\boldsymbol{\alpha}_1,\boldsymbol{\alpha}_2,\cdots,\boldsymbol{\alpha}_m$ 依次是与之对应的特征向量，如果 $\lambda_1,\lambda_2,\cdots,\lambda_m$ 各不相等，则 $\boldsymbol{\alpha}_1,\boldsymbol{\alpha}_2,\cdots,\boldsymbol{\alpha}_m$ 线性无关.

证明 采用数学归纳法.

当 $m=1$ 时，由于 $\boldsymbol{\alpha}_1\neq\boldsymbol{0}$，因此 $\boldsymbol{\alpha}_1$ 线性无关.

假设当 $m=k-1$ 时结论成立，证明当 $m=k$ 时结论也成立. 即假设向量组 $\boldsymbol{\alpha}_1,\boldsymbol{\alpha}_2,\cdots,\boldsymbol{\alpha}_{k-1}$ 线性无关，证明向量组 $\boldsymbol{\alpha}_1,\boldsymbol{\alpha}_2,\cdots,\boldsymbol{\alpha}_k$ 线性无关. 为此，令

$$x_1\boldsymbol{\alpha}_1+x_2\boldsymbol{\alpha}_2+\cdots+x_{k-1}\boldsymbol{\alpha}_{k-1}+x_k\boldsymbol{\alpha}_k=\boldsymbol{0}. \tag{5-4}$$

用 $\boldsymbol{A}$ 左乘上式，得

$$x_1\boldsymbol{A}\boldsymbol{\alpha}_1+x_2\boldsymbol{A}\boldsymbol{\alpha}_2+\cdots+x_{k-1}\boldsymbol{A}\boldsymbol{\alpha}_{k-1}+x_k\boldsymbol{A}\boldsymbol{\alpha}_k=\boldsymbol{0},$$

即

$$x_1\lambda_1\boldsymbol{\alpha}_1+x_2\lambda_2\boldsymbol{\alpha}_2+\cdots+x_{k-1}\lambda_{k-1}\boldsymbol{\alpha}_{k-1}+x_k\lambda_k\boldsymbol{\alpha}_k=\boldsymbol{0}. \tag{5-5}$$

式(5-5)减去式(5-4)的 λ_k 倍，得

$$x_1(\lambda_1-\lambda_k)\boldsymbol{\alpha}_1+x_2(\lambda_2-\lambda_k)\boldsymbol{\alpha}_2+\cdots+x_{k-1}(\lambda_{k-1}-\lambda_k)\boldsymbol{\alpha}_{k-1}=\boldsymbol{0},$$

由假设知 $\boldsymbol{\alpha}_1,\boldsymbol{\alpha}_2,\cdots,\boldsymbol{\alpha}_{k-1}$ 线性无关，故

$$x_1(\lambda_1-\lambda_k)=x_2(\lambda_2-\lambda_k)=\cdots=x_{k-1}(\lambda_{k-1}-\lambda_k)=0,$$

而 $\lambda_1,\lambda_2,\cdots,\lambda_m$ 各不相等，即 $\lambda_i-\lambda_k\neq 0, i=1,2,\cdots,k-1$，故

$$x_1=x_2=\cdots=x_{k-1}=0.$$

将其代入式(5-4)得 $x_k\boldsymbol{\alpha}_k=\boldsymbol{0}$，而 $\boldsymbol{\alpha}_k\neq\boldsymbol{0}$，得 $x_k=0$. 因此向量组 $\boldsymbol{\alpha}_1,\boldsymbol{\alpha}_2,\cdots,\boldsymbol{\alpha}_m$ 线性无关. □

用类似证明定理 5.4 的方法，可以证明下述定理.

定理 5.4 设 $\boldsymbol{A}$ 为 n 阶方阵，$\lambda_1,\lambda_2,\cdots,\lambda_m$ 是 $\boldsymbol{A}$ 的 m 个互不相同的特征值，$\boldsymbol{\alpha}_{i1},\boldsymbol{\alpha}_{i2},\cdots,\boldsymbol{\alpha}_{ip_i}$ 是 $\boldsymbol{A}$ 的对应于特征值 $\lambda_i(i=1,2,\cdots,m)$ 的线性无关的特征向量组，那么向量组

$$\boldsymbol{\alpha}_{11},\boldsymbol{\alpha}_{12},\cdots,\boldsymbol{\alpha}_{1p_1},\boldsymbol{\alpha}_{21},\boldsymbol{\alpha}_{22},\cdots,\boldsymbol{\alpha}_{2p_2},\cdots,\boldsymbol{\alpha}_{m1},\boldsymbol{\alpha}_{m2},\cdots,\boldsymbol{\alpha}_{mp_m}$$

线性无关.

定理 5.5 设 n 阶方阵 $\boldsymbol{A}$ 的特征值为 $\lambda_1,\lambda_2,\cdots,\lambda_n$，则

(1) $\lambda_1+\lambda_2+\cdots+\lambda_n=a_{11}+a_{22}+\cdots+a_{nn}$ ($\sum\limits_{i=1}^{n}a_{ii}$ 称为矩阵 $\boldsymbol{A}$ 的迹,

简记为 $\operatorname{tr}(\boldsymbol{A})\Big)$；

（2）$\lambda_1\lambda_2\cdots\lambda_n=|\boldsymbol{A}|$.

此定理的证明要用到 n 次多项式根与系数的关系（证明略）.

【拓展任务】 请同学们查找资料，了解上述定理的证明方法.

例 5.8 设 3 阶方阵 $\boldsymbol{A}$ 的特征值为 $\lambda_1=1,\lambda_2=2,\lambda_3=-3$，求 $\det(\boldsymbol{A}^3-3\boldsymbol{A}+\boldsymbol{E})$.

解 设 $f(t)=t^3-3t+1$，则 $f(\boldsymbol{A})=$__________的特征值为

$$f(\lambda_1)=-1,f(\lambda_2)=3,f(\lambda_3)=-17.$$

由定理 5.5 中的(2)知

$$\det(\boldsymbol{A}^3-3\boldsymbol{A}+\boldsymbol{E})=(-1)\cdot 3\cdot(-17)=51.$$

【填空】 补充例 5.8 中的下划线部分的内容.（答案：$f(\boldsymbol{A})=\boldsymbol{A}^3-3\boldsymbol{A}+\boldsymbol{E}$.）

【实践拓展】 查资料，举例说明特征值和特征向量在实际中的应用.

【几何意义】 特征向量的含义是将矩阵乘法转换为数乘操作，矩阵乘法即线性变换——对向量进行旋转和长度伸缩，效果与函数相同. 特征向量指向只缩放不旋转的方向；特征值即缩放因子.

习题 5.2

一、基础题

1. 填空题

（1）设 2 是方阵 $\boldsymbol{A}$ 的一个特征值，则 $2\boldsymbol{A}^2+\boldsymbol{A}-\boldsymbol{E}$ 的一个特征值是________，$(2\boldsymbol{A})^{-1}$ 的一个特征值是________；

（2）已知 3 阶方阵 $\boldsymbol{A}$ 的特征值为 $-1,1,2$，则矩阵 $(3\boldsymbol{A}^*)^{-1}$ 的特征值是________；

（3）设 $\boldsymbol{A}=\begin{pmatrix}1&-3&3\\3&a&3\\6&-6&4\end{pmatrix}$ 的三个特征值为 $-2,-2,4$，则 $a=$________.

2. 求如下矩阵的特征值和特征向量：

（1）$\boldsymbol{A}=\begin{pmatrix}-3&4\\2&-1\end{pmatrix}$；（2）$\boldsymbol{A}=\begin{pmatrix}3&-2&-4\\-2&6&-2\\-4&-2&3\end{pmatrix}$；

（3）$\boldsymbol{A}=\begin{pmatrix}1&0&2\\0&1&2\\3&-a-2&2a\end{pmatrix}$.

3. 设矩阵 $\boldsymbol{A}=\begin{pmatrix}-1&2&2\\2&-1&-2\\2&-2&-1\end{pmatrix}$，求：

（1）$\boldsymbol{A}$ 的特征值；（2）矩阵 $\boldsymbol{E}+\boldsymbol{A}^{-1}$ 的特征值，其中 $\boldsymbol{E}$ 为 3 阶单位矩阵.

4. 已知 3 阶矩阵 $\boldsymbol{A}$ 的特征值为 1，2，-3，求 $|\boldsymbol{A}^*+3\boldsymbol{A}+2\boldsymbol{E}|$.

二、提升题

5. 已知 $\boldsymbol{A}$ 为 n 阶方阵且 $\boldsymbol{A}^2=\boldsymbol{A}$，求 $\boldsymbol{A}$ 的特征值.

6. 已知 $\boldsymbol{A}=\begin{pmatrix}0&0&1\\x&1&0\\1&0&0\end{pmatrix}$ 有三个线性无关的特征

向量，求 x.

7. 设 $\boldsymbol{\alpha}_1,\boldsymbol{\alpha}_2$ 分别是 n 阶矩阵 $\boldsymbol{A}$ 的属于不同特征值 λ_1,λ_2 的特征向量，证明 $\boldsymbol{\alpha}_1+\boldsymbol{\alpha}_2$ 不是 $\boldsymbol{A}$ 的特征向量.

三、拓展题

8. 设 $\boldsymbol{\alpha}=\begin{pmatrix}1\\1\\2\end{pmatrix}$ 为矩阵 $\boldsymbol{A}=\begin{pmatrix}1&-3&3\\6&x&-6\\y&-9&13\end{pmatrix}$ 的逆矩阵 $\boldsymbol{A}^{-1}$ 的一个特征向量，求 x,y 及 $\boldsymbol{A}^{-1}$ 的对应于 $\boldsymbol{\alpha}$ 的特征值.

9. 设 $\boldsymbol{A}$ 为 3 阶矩阵，$\boldsymbol{A}$ 的每行元素之和都是 3. 又 $\boldsymbol{A}\begin{pmatrix}1&1\\-1&0\\0&1\end{pmatrix}=\begin{pmatrix}-1&2\\1&0\\0&2\end{pmatrix}$，求矩阵 $\boldsymbol{A}$ 的特征值及对应的线性无关的特征向量.

5.3 相似矩阵与矩阵的对角化

【问题导读】

1. 说出矩阵的几个相似不变量.（秩、行列式、特征多项式、特征值）

2. 任意方阵都能相似对角化吗？如果不是，方阵可相似对角化的充要条件是什么？

3. 对于可相似对角化的 n 阶方阵，会通过特征值法写出与其相似的对角矩阵吗？

对角矩阵是矩阵中形式最简单、运算最方便的一类矩阵. 那么，任意方阵是否可化为对角矩阵，并保持方阵的一些原有性质不变？本节将讨论这个问题.

5.3.1 相似矩阵

定义 5.9 设 $\boldsymbol{A}$ 和 $\boldsymbol{B}$ 都是 n 阶方阵，若有可逆矩阵 $\boldsymbol{P}$ 使得 $\boldsymbol{P}^{-1}\boldsymbol{A}\boldsymbol{P}=\boldsymbol{B}$，则称矩阵 $\boldsymbol{A}$ 与 $\boldsymbol{B}$ 相似，记作 $\boldsymbol{A}\sim\boldsymbol{B}$.

对 $\boldsymbol{A}$ 进行的运算 $\boldsymbol{P}^{-1}\boldsymbol{A}\boldsymbol{P}$ 称为对 $\boldsymbol{A}$ 进行相似变换，可逆矩阵 $\boldsymbol{P}$ 称为把 $\boldsymbol{A}$ 变成 $\boldsymbol{B}$ 的相似变换矩阵.

例如，

$$\begin{pmatrix}1&-1\\-1&2\end{pmatrix}^{-1}\begin{pmatrix}3&-1\\-1&3\end{pmatrix}\begin{pmatrix}1&-1\\-1&2\end{pmatrix}=\begin{pmatrix}4&-3\\0&2\end{pmatrix},$$

由定义 5.9 得 $$\begin{pmatrix}3&-1\\-1&3\end{pmatrix}\sim\begin{pmatrix}4&-3\\0&2\end{pmatrix}.$$

相似是矩阵间的一种关系，这种关系具有以下基本性质：

（1）自反性：$\boldsymbol{A}\sim\boldsymbol{A}$；

（2）对称性：若 $\boldsymbol{A}\sim\boldsymbol{B}$，则 $\boldsymbol{B}\sim\boldsymbol{A}$；

（3）传递性：若 $\boldsymbol{A}\sim\boldsymbol{B}$，$\boldsymbol{B}\sim\boldsymbol{C}$，则 $\boldsymbol{A}\sim\boldsymbol{C}$.

另外，相似矩阵还具有以下重要性质：

性质 5.5 对于 n 阶方阵 $\boldsymbol{A}$ 和 $\boldsymbol{B}$，若 $\boldsymbol{A}\sim\boldsymbol{B}$，则 $|\boldsymbol{A}|=|\boldsymbol{B}|$.

证明 $|\boldsymbol{B}|=|\boldsymbol{P}^{-1}\boldsymbol{A}\boldsymbol{P}|=|\boldsymbol{P}^{-1}||\boldsymbol{A}||\boldsymbol{P}|=|\boldsymbol{A}|$. □

性质 5.6 对于 n 阶矩阵 $\boldsymbol{A}$ 和 $\boldsymbol{B}$，若 $\boldsymbol{A}\sim\boldsymbol{B}$，则 $\boldsymbol{A}^{\mathrm{T}}\sim\boldsymbol{B}^{\mathrm{T}}$.

证明 因为 $\boldsymbol{B}^{\mathrm{T}}=(\boldsymbol{P}^{-1}\boldsymbol{A}\boldsymbol{P})^{\mathrm{T}}=\boldsymbol{P}^{\mathrm{T}}\boldsymbol{A}^{\mathrm{T}}(\boldsymbol{P}^{-1})^{\mathrm{T}}=[(\boldsymbol{P}^{\mathrm{T}})^{-1}]^{-1}\boldsymbol{A}^{\mathrm{T}}(\boldsymbol{P}^{-1})^{\mathrm{T}}$，所以 $\boldsymbol{A}^{\mathrm{T}}\sim\boldsymbol{B}^{\mathrm{T}}$. □

性质 5.7 相似矩阵有相同的特征多项式和完全相同的特征值.

证明 设 $\boldsymbol{A},\boldsymbol{B}$ 为 n 阶方阵，且 $\boldsymbol{A}\sim\boldsymbol{B}$，则存在可逆矩阵 $\boldsymbol{P}$，使得 $\boldsymbol{B}=\boldsymbol{P}^{-1}\boldsymbol{A}\boldsymbol{P}$，于是

$$\begin{aligned}|\boldsymbol{B}-\lambda\boldsymbol{E}|&=|\boldsymbol{P}^{-1}\boldsymbol{A}\boldsymbol{P}-\lambda\boldsymbol{P}^{-1}\boldsymbol{P}|=|\boldsymbol{P}^{-1}(\boldsymbol{A}-\lambda\boldsymbol{E})\boldsymbol{P}|\\&=|\boldsymbol{P}^{-1}||\boldsymbol{A}-\lambda\boldsymbol{E}||\boldsymbol{P}|=|\boldsymbol{A}-\lambda\boldsymbol{E}|.\end{aligned}$$

所以矩阵 $\boldsymbol{A}$ 和 $\boldsymbol{B}$ 有相同的特征多项式，从而有完全相同的特征值. □

推论 5.1 若 n 阶矩阵 $\boldsymbol{A}$ 与对角阵

$$\boldsymbol{\Lambda}=\begin{pmatrix}\lambda_1 & & & \\ & \lambda_2 & & \\ & & \ddots & \\ & & & \lambda_n\end{pmatrix}$$

相似，则 $\lambda_1,\lambda_2,\cdots,\lambda_n$ 即是 $\boldsymbol{A}$ 的 n 个特征值.

证明 因为 $\lambda_1,\lambda_2,\cdots,\lambda_n$ 是 $\boldsymbol{\Lambda}$ 的 n 个特征值，由性质 5.7 知 $\lambda_1,\lambda_2,\cdots,\lambda_n$ 也就是 $\boldsymbol{A}$ 的 n 个特征值. □

5.3.2 矩阵的对角化

定义 5.10 若 n 阶方阵 $\boldsymbol{A}$ 相似于一个对角矩阵 $\boldsymbol{\Lambda}$，则称矩阵 $\boldsymbol{A}$ 可以对角化.

下面要讨论的问题是：①什么样的方阵可以对角化？②如果一个 n 阶方阵可以对角化，其相似变换矩阵 $\boldsymbol{P}$ 如何求得？对角矩阵 $\boldsymbol{\Lambda}$ 又如何求出？下面的定理回答了这个问题.

定理 5.6 n 阶矩阵 $\boldsymbol{A}$ 可以对角化的充分必要条件是 $\boldsymbol{A}$ 有 n 个线性无关的特征向量.

(定理 5.6)

证明　必要性　设存在可逆矩阵 $\boldsymbol{P}$ 和 n 阶对角矩阵 $\boldsymbol{\Lambda}=\mathbf{diag}(\lambda_1,\lambda_2,\cdots,\lambda_n)$，使得

$$\boldsymbol{P}^{-1}\boldsymbol{A}\boldsymbol{P}=\boldsymbol{\Lambda}=\begin{pmatrix}\lambda_1 & & & \\ & \lambda_2 & & \\ & & \ddots & \\ & & & \lambda_n\end{pmatrix}.$$

将上式左乘 $\boldsymbol{P}$，则有____________________.

将矩阵 $\boldsymbol{P}$ 按列分块为 $\boldsymbol{P}=(\boldsymbol{\alpha}_1,\boldsymbol{\alpha}_2,\cdots,\boldsymbol{\alpha}_n)$，则 $\boldsymbol{AP}=\boldsymbol{P\Lambda}$ 可写成

$$\boldsymbol{A}(\boldsymbol{\alpha}_1,\boldsymbol{\alpha}_2,\cdots,\boldsymbol{\alpha}_n)=(\boldsymbol{\alpha}_1,\boldsymbol{\alpha}_2,\cdots,\boldsymbol{\alpha}_n)\begin{pmatrix}\lambda_1 & & & \\ & \lambda_2 & & \\ & & \ddots & \\ & & & \lambda_n\end{pmatrix},$$

即

$$(\boldsymbol{A\alpha}_1,\boldsymbol{A\alpha}_2,\cdots,\boldsymbol{A\alpha}_n)=(\lambda_1\boldsymbol{\alpha}_1,\lambda_2\boldsymbol{\alpha}_2,\cdots,\lambda_n\boldsymbol{\alpha}_n),$$

于是有 $\boldsymbol{A\alpha}_i=\lambda_i\boldsymbol{\alpha}_i,i=1,2,\cdots,n.$

这说明 $\boldsymbol{P}$ 的列向量 $\boldsymbol{\alpha}_1,\boldsymbol{\alpha}_2,\cdots,\boldsymbol{\alpha}_n$ 恰好是矩阵 $\boldsymbol{A}$ 的分别属于特征值 $\lambda_1,\lambda_2,\cdots,\lambda_n$ 的特征向量. 由于 $\boldsymbol{\alpha}_1,\boldsymbol{\alpha}_2,\cdots,\boldsymbol{\alpha}_n$ 是可逆矩阵 $\boldsymbol{P}$ 的列向量组，所以必是线性无关组，故矩阵 $\boldsymbol{A}$ 有 n 个线性无关的特征向量.

充分性　若 $\boldsymbol{A}$ 有 n 个线性无关的特征向量 $\boldsymbol{\alpha}_1,\boldsymbol{\alpha}_2,\cdots,\boldsymbol{\alpha}_n$，假设它们对应的特征值分别是 $\lambda_1,\lambda_2,\cdots,\lambda_n$，则有

$$\boldsymbol{A\alpha}_i=\_\_\_\_\_\_\_\_,\quad i=1,2,\cdots,n.$$

记 $\boldsymbol{P}=(\boldsymbol{\alpha}_1,\boldsymbol{\alpha}_2,\cdots,\boldsymbol{\alpha}_n)$，因为 $\boldsymbol{\alpha}_1,\boldsymbol{\alpha}_2,\cdots,\boldsymbol{\alpha}_n$ 线性无关，故 $\boldsymbol{P}$ 可逆. 于是有

$$\begin{aligned}\boldsymbol{AP}&=\boldsymbol{A}(\boldsymbol{\alpha}_1,\boldsymbol{\alpha}_2,\cdots,\boldsymbol{\alpha}_n)=(\boldsymbol{A\alpha}_1,\boldsymbol{A\alpha}_2,\cdots,\boldsymbol{A\alpha}_n)=(\lambda\boldsymbol{\alpha}_1,\lambda\boldsymbol{\alpha}_2,\cdots,\lambda\boldsymbol{\alpha}_n)\\&=(\boldsymbol{\alpha}_1,\boldsymbol{\alpha}_2,\cdots,\boldsymbol{\alpha}_n)\begin{pmatrix}\lambda_1 & & & \\ & \lambda_2 & & \\ & & \ddots & \\ & & & \lambda_n\end{pmatrix}\\&=\boldsymbol{P}\begin{pmatrix}\lambda_1 & & & \\ & \lambda_2 & & \\ & & \ddots & \\ & & & \lambda_n\end{pmatrix}.\end{aligned}$$

用 $\boldsymbol{P}^{-1}$ 左乘上式两端，得________，因此，矩阵 $\boldsymbol{A}$ 可以对角化. □

【填空】 补充定理 5.6 证明过程中下画线部分的内容. 答案：

$\boldsymbol{AP}=\boldsymbol{P\Lambda}$；$\lambda_i\boldsymbol{\alpha}_i$；$\boldsymbol{P}^{-1}\boldsymbol{AP}=\boldsymbol{\Lambda}=\begin{pmatrix}\lambda_1 & & & \\ & \lambda_2 & & \\ & & \ddots & \\ & & & \lambda_n\end{pmatrix}$.

推论 5.2 如果 n 阶方阵 $\boldsymbol{A}$ 的 n 个特征值互不相等，则 $\boldsymbol{A}$ 可以对角化.

当 $\boldsymbol{A}$ 的特征方程有重根时，$\boldsymbol{A}$ 就不一定有 n 个线性无关的特征向量，从而不一定能对角化. 例如例 5.6 中的特征方程有重根，但找不到 3 个线性无关的特征向量，因此例 5.6 中的 $\boldsymbol{A}$ 不能对角化；而例 5.7 中的特征方程也有重根，但能找到 3 个线性无关的特征向量，因此，例 5.7 中的 $\boldsymbol{A}$ 可以对角化.

定理 5.7 设 λ 是 n 阶矩阵 $\boldsymbol{A}$ 的 k 重特征值，则 $\boldsymbol{A}$ 的属于 λ 的线性无关的特征向量至多有 k 个.（证明略）

该定理表明，一个 n 阶矩阵 $\boldsymbol{A}$ 最多有 n 个线性无关的特征向量.

例 5.9

设 $\boldsymbol{A}=\begin{pmatrix}2 & 2 & 0\\ 8 & 2 & x\\ 0 & 0 & 6\end{pmatrix}$，问 x 为何值时，矩阵 $\boldsymbol{A}$ 可以对角化？并求可逆矩阵 $\boldsymbol{P}$ 使 $\boldsymbol{P}^{-1}\boldsymbol{AP}=\boldsymbol{\Lambda}$.

（例 5.9）

解 矩阵 $\boldsymbol{A}$ 的特征多项式为 $|\boldsymbol{A}-\lambda\boldsymbol{E}|=\begin{vmatrix}2-\lambda & 2 & 0\\ 8 & 2-\lambda & x\\ 0 & 0 & 6-\lambda\end{vmatrix}=$ ________，故 $\boldsymbol{A}$ 的特征值为 $\lambda_1=\lambda_2=6$，$\lambda_3=-2$.

由于矩阵 $\boldsymbol{A}$ 可以对角化，故对应 $\lambda_1=\lambda_2=6$ 应有两个线性无关的特征向量，即方程 $(\boldsymbol{A}-6\boldsymbol{E})\boldsymbol{X}=\boldsymbol{0}$ 有两个线性无关的解，亦即系数矩阵 $\boldsymbol{A}-6\boldsymbol{E}$ 的秩 $R(\boldsymbol{A}-6\boldsymbol{E})=$ ________.

由 $\boldsymbol{A}-6\boldsymbol{E}=\begin{pmatrix}-4 & 2 & 0\\ 8 & -4 & x\\ 0 & 0 & 0\end{pmatrix}\sim$ ________（行最简形），知 $x=0$.

于是对应于 $\lambda_1=\lambda_2=6$ 的两个线个无关的特征向量可取为

$$\boldsymbol{\xi}_1=\begin{pmatrix}0\\0\\1\end{pmatrix},\ \boldsymbol{\xi}_2=\begin{pmatrix}1\\2\\0\end{pmatrix}.$$

当 $\lambda_3=-2$ 时，

$$\boldsymbol{A}+2\boldsymbol{E}=\begin{pmatrix}4&2&0\\8&4&0\\0&0&8\end{pmatrix}\sim\begin{pmatrix}2&1&0\\0&0&1\\0&0&0\end{pmatrix},$$

于是对应于 $\lambda_3=-2$ 的特征向量可取为

$$\boldsymbol{\xi}_3=\begin{pmatrix}1\\-2\\0\end{pmatrix}.$$

令 $\boldsymbol{P}=\begin{pmatrix}0&1&1\\0&2&-2\\1&0&0\end{pmatrix}$，则 $\boldsymbol{P}$ 可逆，并有 $\boldsymbol{P}^{-1}\boldsymbol{A}\boldsymbol{P}=\begin{pmatrix}6&&\\&6&\\&&-2\end{pmatrix}$.

(思考)

【填空】 补充例 5.9 求解过程中下画线部分的内容.

$\left(\text{答案：}-(\lambda-6)^2(\lambda+2)\text{；}1\text{；}\begin{pmatrix}1&-\frac{1}{2}&0\\0&0&0\\0&0&0\end{pmatrix}.\right)$

(思考)

【思考】 如果想让上述例题对角化后的矩阵为 $\begin{pmatrix}-2&&\\&6&\\&&6\end{pmatrix}$，又该如何构造可逆矩阵 $\boldsymbol{P}$?

【结构美】 矩阵的相似对角形在形式上的简洁性和对称性.

【思考】 总结相似矩阵的相同点.

习题 5.3

一、基础题

1. 判断下列矩阵是否与对角矩阵相似，如果是，写出相似对角矩阵 $\boldsymbol{\Lambda}$ 及相似变换矩阵 $\boldsymbol{P}$.

(1) $\begin{pmatrix}2&1\\1&2\end{pmatrix}$；(2) $\begin{pmatrix}5&6&-3\\-1&0&1\\1&2&1\end{pmatrix}$；(3) $\begin{pmatrix}0&0&1\\0&1&0\\1&0&0\end{pmatrix}$.

2. 已知矩阵 $\boldsymbol{A}=\begin{pmatrix}1&1&0\\1&1&0\\0&0&3\end{pmatrix}$ 与 $\boldsymbol{B}=\begin{pmatrix}0&0&0\\0&3&0\\0&0&x\end{pmatrix}$ 相似，

(1) 求 x；(2) 求可逆矩阵 $\boldsymbol{P}$，使得 $\boldsymbol{P}^{-1}\boldsymbol{A}\boldsymbol{P}=\boldsymbol{B}$.

二、提升题

3. 已知 $\boldsymbol{A}=\begin{pmatrix}2&a&2\\5&b&3\\-1&1&-1\end{pmatrix}$ 有特征值 1 和 −1，问 A 是否能对角化?

4. 设 3 阶矩阵 $\boldsymbol{A}$ 的特征值为 −1,2,5，矩阵 $\boldsymbol{B}=3\boldsymbol{A}-\boldsymbol{A}^2$，

(1) 求 $\boldsymbol{B}$ 的特征值;

(2) $\boldsymbol{B}$ 可否对角化，若可对角化求出与 $\boldsymbol{B}$ 相似的对角阵;

(3) 求 $|\boldsymbol{B}|$, $|\boldsymbol{A}-3\boldsymbol{E}|$.

5. 已知 $\boldsymbol{A}=\begin{pmatrix}2&0&0\\1&2&-1\\1&0&1\end{pmatrix}$，求 $\boldsymbol{A}^{100}$.

三、拓展题

6. 设 3 阶矩阵 $\boldsymbol{A}$ 的三个特征值分别为 $2,-2,1$，对应的特征向量依次为

$$\boldsymbol{p}_1=\begin{pmatrix}0\\1\\1\end{pmatrix},\boldsymbol{p}_2=\begin{pmatrix}1\\1\\1\end{pmatrix},\boldsymbol{p}_3=\begin{pmatrix}1\\1\\0\end{pmatrix},$$

求矩阵 $\boldsymbol{A}$ 以及 $\boldsymbol{A}^5$.

7. 设 $\boldsymbol{A}$ 为 3 阶方阵，且满足 $\boldsymbol{A}^3+2\boldsymbol{A}^2-3\boldsymbol{A}=\boldsymbol{O}$. 证明 $\boldsymbol{A}$ 可以对角化.

8. 设 $\boldsymbol{A}$ 为 n 阶非零方阵，且 $\boldsymbol{A}^m=\boldsymbol{O}$($m>1$ 为自然数). 证明 $\boldsymbol{A}$ 不可以对角化.

5.4 实对称矩阵的对角化

【问题导读】

1. n 阶实对称矩阵一定有 n 个实特征值(重特征值按重数计算)吗?

2. 任意 n 阶实对称矩阵都能相似对角化吗?

3. 任意 n 阶实对称矩阵都能正交相似对角化吗?

本节将说明，实对称矩阵作为一类特殊的矩阵，其特征值和特征向量具有特殊的性质. 实对称矩阵都可以经过正交变换实现对角化.

5.4.1 实对称矩阵的特征值与特征向量

定理 5.8 实对称矩阵的特征值都是实数.

证明 设 λ 是实对称矩阵 $\boldsymbol{A}$ 的特征值，$\boldsymbol{\alpha}$ 是与之对应的特征向量，即

$$\boldsymbol{A\alpha}=\lambda\boldsymbol{\alpha}, \tag{5-6}$$

上式两端取共轭，注意 $\overline{\boldsymbol{A}}=\boldsymbol{A}$，便有

$$\boldsymbol{A}\overline{\boldsymbol{\alpha}}=\overline{\lambda}\overline{\boldsymbol{\alpha}},$$

两端同时转置，得

$$\overline{\boldsymbol{\alpha}}^{\mathrm{T}}\boldsymbol{A}=\overline{\lambda}\overline{\boldsymbol{\alpha}}^{\mathrm{T}}.$$

上式两端右乘 $\boldsymbol{\alpha}$ 得

$$\overline{\boldsymbol{\alpha}}^{\mathrm{T}}\boldsymbol{A\alpha}=\overline{\lambda}\overline{\boldsymbol{\alpha}}^{\mathrm{T}}\boldsymbol{\alpha}, \tag{5-7}$$

式(5-6)两端左乘 $\overline{\boldsymbol{\alpha}}^{\mathrm{T}}$，得

$$\overline{\boldsymbol{\alpha}}^{\mathrm{T}}\boldsymbol{A\alpha}=\lambda\overline{\boldsymbol{\alpha}}^{\mathrm{T}}\boldsymbol{\alpha}, \tag{5-8}$$

式(5-7)与式(5-8)两端相减，得

$$(\overline{\lambda}-\lambda)\overline{\boldsymbol{\alpha}}^{\mathrm{T}}\boldsymbol{\alpha}=\boldsymbol{0}.$$

由于 $\boldsymbol{\alpha}\neq\mathbf{0}$，故 $\overline{\boldsymbol{\alpha}}^{\mathrm{T}}\boldsymbol{\alpha}\neq\mathbf{0}$，于是有 $\overline{\lambda}-\lambda=0$，即 $\overline{\lambda}=\lambda$，这说明 λ 为实数. □

设 λ 是实对称矩阵的任一特征值，由于 λ 是实数，所以齐次线性方程组 $(\boldsymbol{A}-\lambda\boldsymbol{E})\boldsymbol{X}=\mathbf{0}$ 是实系数方程组，其解向量为实向量，所以 $\boldsymbol{A}$ 对应于特征值 λ 的特征向量都是实向量.

(定理 5.9)

定理 5.9 设 λ_1,λ_2 是实对称矩阵 $\boldsymbol{A}$ 的两个特征值，$\boldsymbol{\alpha}_1,\boldsymbol{\alpha}_2$ 分别是 λ_1,λ_2 对应的两个特征向量. 若 $\lambda_1\neq\lambda_2$，则 $\boldsymbol{\alpha}_1$ 与 $\boldsymbol{\alpha}_2$ 正交.

证明 由特征值和特征向量的定义，有

$$\boldsymbol{A}\boldsymbol{\alpha}_1=\lambda_1\boldsymbol{\alpha}_1,\ \boldsymbol{A}\boldsymbol{\alpha}_2=\lambda_2\boldsymbol{\alpha}_2,$$

将前式两端转置并右乘 $\boldsymbol{\alpha}_2$，将后式两端左乘 $\boldsymbol{\alpha}_1^{\mathrm{T}}$，得__________，于是可得

$$(\lambda_1-\lambda_2)\boldsymbol{\alpha}_1^{\mathrm{T}}\boldsymbol{\alpha}_2=\mathbf{0}.$$

因为 $\lambda_1\neq\lambda_2$，所以有 $\boldsymbol{\alpha}_1^{\mathrm{T}}\boldsymbol{\alpha}_2=\mathbf{0}$，即 $\boldsymbol{\alpha}_1$ 与 $\boldsymbol{\alpha}_2$ 正交. □

【填空】 补充定理 5.9 证明过程中下划线部分的内容.（答案：$\boldsymbol{\alpha}_1^{\mathrm{T}}\boldsymbol{A}^{\mathrm{T}}\boldsymbol{\alpha}_2=\lambda_1\boldsymbol{\alpha}_1^{\mathrm{T}}\boldsymbol{\alpha}_2$，$\boldsymbol{\alpha}_1^{\mathrm{T}}\boldsymbol{A}^{\mathrm{T}}\boldsymbol{\alpha}_2=\lambda_2\boldsymbol{\alpha}_1^{\mathrm{T}}\boldsymbol{\alpha}_2$.）

5.4.2 实对称矩阵的对角化

定理 5.10 设 $\boldsymbol{A}$ 为 n 阶实对称矩阵，则必有正交矩阵 $\boldsymbol{P}$，使得 $\boldsymbol{P}^{-1}\boldsymbol{A}\boldsymbol{P}=\boldsymbol{P}^{\mathrm{T}}\boldsymbol{A}\boldsymbol{P}=\boldsymbol{\Lambda}$，其中 $\boldsymbol{\Lambda}$ 是 $\boldsymbol{A}$ 的 n 个特征值为对角元的对角阵.（证明略）

推论 5.3 设 $\boldsymbol{A}$ 为 n 阶实对称矩阵，λ 是 $\boldsymbol{A}$ 的特征方程的 k 重根，则矩阵 $\boldsymbol{A}-\lambda\boldsymbol{E}$ 的秩 $R(\boldsymbol{A}-\lambda\boldsymbol{E})=n-k$，从而对应特征值 λ 恰有 k 个线性无关的特征向量.（证明略）

依据定理 5.10 及推论 5.3，我们采取以下步骤将实对称矩阵 $\boldsymbol{A}$ 对角化：

(1) 求出 $\boldsymbol{A}$ 的全部互不相等的特征值 $\lambda_1,\lambda_2,\cdots,\lambda_m$，它们的重数分别为 $n_1,n_2,\cdots,n_m(n_1+n_2+\cdots+n_m=n)$.

(2) 对每个 n_i 重特征值 λ_i，求方程组 $(\boldsymbol{A}-\lambda_i\boldsymbol{E})\boldsymbol{X}=\mathbf{0}$ 的基础解系，得 n_i 个线性无关的特征向量 $\boldsymbol{\alpha}_{i_1},\boldsymbol{\alpha}_{i_2},\cdots,\boldsymbol{\alpha}_{i_{n_i}}$，再把它们正交化、单位化得 n_i 个两两正交的单位特征向量 $\boldsymbol{p}_{i_1},\boldsymbol{p}_{i_2},\cdots,\boldsymbol{p}_{i_{n_i}}(i=1,2,\cdots,m)$. 因 $n_1+n_2+\cdots+n_m=n$，故总共可得 n 个两两正交的单位特征向量.

（3）取 $\boldsymbol{P}=(\boldsymbol{p}_{1_1},\boldsymbol{p}_{1_2},\cdots,\boldsymbol{p}_{1_{n_1}},\boldsymbol{p}_{2_1},\boldsymbol{p}_{2_2},\cdots,\boldsymbol{p}_{2_{n_2}},\cdots,\boldsymbol{p}_{m_1},\boldsymbol{p}_{m_2},\cdots,\boldsymbol{p}_{m_{n_m}})$，则 $\boldsymbol{P}$ 为正交矩阵，且 $\boldsymbol{P}^{-1}\boldsymbol{A}\boldsymbol{P}=\boldsymbol{\Lambda}$，其中 $\boldsymbol{\Lambda}=\mathrm{diag}(\lambda_1,\cdots,\lambda_1,\lambda_2,\cdots,\lambda_2,\cdots,\lambda_m,\cdots,\lambda_m)$.

例 5.10　设 $\boldsymbol{A}=\begin{pmatrix}1&-2&-4\\-2&4&-2\\-4&-2&1\end{pmatrix}$，求正交矩阵 $\boldsymbol{P}$，使 $\boldsymbol{P}^{-1}\boldsymbol{A}\boldsymbol{P}$ 为对角矩阵.

解　矩阵 $\boldsymbol{A}$ 的特征多项式为

$$|\boldsymbol{A}-\lambda\boldsymbol{E}|=\underline{\qquad\qquad\qquad}=\begin{vmatrix}-5-\lambda&-\lambda&-5-\lambda\\-2&4-\lambda&-2\\-4&-2&1-\lambda\end{vmatrix}$$

$$=\begin{vmatrix}-5-\lambda&-\lambda&0\\-2&4-\lambda&0\\-4&-2&5-\lambda\end{vmatrix}=-(\lambda-5)^2(\lambda+4).$$

（例 5.10）

矩阵 $\boldsymbol{A}$ 的特征值为 $\lambda_1=\lambda_2=5$，$\lambda_3=-4$.

当 $\lambda_1=\lambda_2=5$ 时，解齐次线性方程组 $(\boldsymbol{A}-5\boldsymbol{E})\boldsymbol{X}=\boldsymbol{0}$.

由 $\boldsymbol{A}-5\boldsymbol{E}=\begin{pmatrix}-4&-2&-4\\-2&-1&-2\\-4&-2&-4\end{pmatrix}\sim\begin{pmatrix}2&1&2\\0&0&0\\0&0&0\end{pmatrix}$，得基础解系 $\boldsymbol{\xi}_1=\begin{pmatrix}1\\-2\\0\end{pmatrix}$，$\boldsymbol{\xi}_2=\begin{pmatrix}1\\0\\-1\end{pmatrix}$.

将 $\boldsymbol{\xi}_1,\boldsymbol{\xi}_2$ 正交化：

取　$\boldsymbol{\beta}_1=\boldsymbol{\xi}_1$，

$$\boldsymbol{\beta}_2=\boldsymbol{\xi}_2-\frac{[\boldsymbol{\beta}_1,\boldsymbol{\xi}_2]}{[\boldsymbol{\beta}_1,\boldsymbol{\beta}_1]}\boldsymbol{\beta}_1=\underline{\qquad\qquad\qquad}.$$

再将 $\boldsymbol{\beta}_1,\boldsymbol{\beta}_2$ 单位化，得

$\boldsymbol{\alpha}_1=\underline{\qquad\qquad\qquad\qquad}$，$\boldsymbol{\alpha}_2=\underline{\qquad\qquad\qquad\qquad}$.

当 $\lambda_3=-4$ 时，解齐次线性方程组 $(\boldsymbol{A}+4\boldsymbol{E})\boldsymbol{X}=\boldsymbol{0}$.

由 $\boldsymbol{A}+4\boldsymbol{E}=\begin{pmatrix}5&-2&-4\\-2&8&-2\\-4&-2&5\end{pmatrix}\sim\begin{pmatrix}1&-2&0\\0&-2&1\\0&0&0\end{pmatrix}$，得基础解系 $\boldsymbol{\xi}_3=\begin{pmatrix}2\\1\\2\end{pmatrix}$.

再将 $\boldsymbol{\xi}_3$ 单位化，得 $\boldsymbol{\alpha}_3=\dfrac{1}{3}\begin{pmatrix}2\\1\\2\end{pmatrix}$.

令 $\boldsymbol{P}=(\boldsymbol{\alpha}_1,\boldsymbol{\alpha}_2,\boldsymbol{\alpha}_3)=\begin{pmatrix}\frac{1}{\sqrt{5}} & \frac{4}{3\sqrt{5}} & \frac{2}{3}\\ -\frac{2}{\sqrt{5}} & \frac{2}{3\sqrt{5}} & \frac{1}{3}\\ 0 & -\frac{5}{3\sqrt{5}} & \frac{2}{3}\end{pmatrix}$，则 $\boldsymbol{P}$ 为所求正交矩阵，它满足 $\boldsymbol{P}^{-1}\boldsymbol{A}\boldsymbol{P}=$__________.

【填空】 补充例题 5.10 求解过程中各条下划线部分的内容.

(思考)

答案: $\left(\begin{vmatrix}1-\lambda & -2 & -4\\ -2 & 4-\lambda & -2\\ -4 & -2 & 1-\lambda\end{vmatrix};\ \begin{pmatrix}\frac{4}{5}\\ \frac{2}{5}\\ -1\end{pmatrix};\ \frac{1}{\sqrt{5}}\begin{pmatrix}1\\ -2\\ 0\end{pmatrix},\ \frac{1}{3\sqrt{5}}\begin{pmatrix}4\\ 2\\ -5\end{pmatrix};\ \begin{pmatrix}5 & 0 & 0\\ 0 & 5 & 0\\ 0 & 0 & -4\end{pmatrix}.\right)$

【思考】在例 5.10 的求解过程中，为什么不把三个特征向量 $\boldsymbol{\xi}_1,\boldsymbol{\xi}_2,\boldsymbol{\xi}_3$ 放一起正交化？

(例 5.11)

例 5.11　设 $\boldsymbol{A}=\begin{pmatrix}3 & -2\\ -2 & 3\end{pmatrix}$，求 $\boldsymbol{A}^n$（n 为正整数）.

解　因为 $\boldsymbol{A}$ 为实对称矩阵，故 $\boldsymbol{A}$ 可以对角化，即有正交矩阵 $\boldsymbol{P}$ 及对角矩阵 $\boldsymbol{\Lambda}$，使 $\boldsymbol{P}^{-1}\boldsymbol{A}\boldsymbol{P}=\boldsymbol{\Lambda}$. 于是 $\boldsymbol{A}=\boldsymbol{P}\boldsymbol{\Lambda}\boldsymbol{P}^{-1}=\boldsymbol{P}\boldsymbol{\Lambda}\boldsymbol{P}^{\mathrm{T}}$. 从而 $\boldsymbol{A}^n=\boldsymbol{P}\boldsymbol{\Lambda}^n\boldsymbol{P}^{\mathrm{T}}$.

$\boldsymbol{A}$ 的特征多项式为 $|\boldsymbol{A}-\lambda\boldsymbol{E}|=\begin{vmatrix}3-\lambda & -2\\ -2 & 3-\lambda\end{vmatrix}=$__________.

$\boldsymbol{A}$ 的特征值为 $\lambda_1=1,\lambda_2=5$.

对应 $\lambda_1=1$，解方程组 $(\boldsymbol{A}-\boldsymbol{E})\boldsymbol{X}=\boldsymbol{0}$.

由 $\boldsymbol{A}-\boldsymbol{E}=\begin{pmatrix}2 & -2\\ -2 & 2\end{pmatrix}\sim\begin{pmatrix}1 & -1\\ 0 & 0\end{pmatrix}$，得基础解系 $\boldsymbol{\xi}_1=\begin{pmatrix}1\\ 1\end{pmatrix}$，将其单位化，得 $\boldsymbol{\alpha}_1=\frac{1}{\sqrt{2}}\begin{pmatrix}1\\ 1\end{pmatrix}$.

对应 $\lambda_2=5$，解方程组 $(\boldsymbol{A}-5\boldsymbol{E})\boldsymbol{X}=\boldsymbol{0}$.

由 $\boldsymbol{A}-5\boldsymbol{E}=\begin{pmatrix}-2 & -2\\ -2 & -2\end{pmatrix}\sim\begin{pmatrix}1 & 1\\ 0 & 0\end{pmatrix}$，得基础解系 $\boldsymbol{\xi}_2=\begin{pmatrix}1\\ -1\end{pmatrix}$，将其单位化，得 $\boldsymbol{\alpha}_2=\frac{1}{\sqrt{2}}\begin{pmatrix}1\\ -1\end{pmatrix}$.

记 $\boldsymbol{P}=(\boldsymbol{\alpha}_1,\boldsymbol{\alpha}_2)=\frac{1}{\sqrt{2}}\begin{pmatrix}1 & 1\\ 1 & -1\end{pmatrix}$，则有

$$\boldsymbol{P}^{-1}\boldsymbol{A}\boldsymbol{P}=\boldsymbol{P}^{\mathrm{T}}\boldsymbol{A}\boldsymbol{P}=\boldsymbol{\Lambda}=\begin{pmatrix}1 & 0\\ 0 & 5\end{pmatrix},$$

故 $\boldsymbol{A}=\boldsymbol{P\Lambda P}^{\mathrm{T}}$. 于是得

$$\boldsymbol{A}^n=\boldsymbol{P\Lambda}^n\boldsymbol{P}^{\mathrm{T}}=\frac{1}{2}\begin{pmatrix}1&1\\1&-1\end{pmatrix}\begin{pmatrix}1&0\\0&5^n\end{pmatrix}\begin{pmatrix}1&1\\1&-1\end{pmatrix}=\underline{\qquad\qquad\qquad}.$$

【填空】 补充例 5.11 中各下划线部分的内容. $\left(\text{答案：}\lambda^2-6\lambda+5;\ \frac{1}{2}\begin{pmatrix}1+5^n&1-5^n\\1-5^n&1+5^n\end{pmatrix}.\right)$

【形变质不变】 总结分析矩阵的相似不变量.

习题 5.4

一、基础题

1. 求正交矩阵 $\boldsymbol{P}$，使 $\boldsymbol{P}^{-1}\boldsymbol{AP}$ 为对角矩阵：

(1) $\boldsymbol{A}=\begin{pmatrix}3&2&4\\2&0&2\\4&2&3\end{pmatrix}$；(2) $\boldsymbol{A}=\begin{pmatrix}4&0&-1\\0&3&0\\-1&0&4\end{pmatrix}$.

二、提升题

2. 设 A 是 3 阶实对称矩阵，$\boldsymbol{A}$ 的特征值为 $1,-1,0$. 其中 $\lambda=1$ 和 $\lambda=0$ 所对应的特征向量分别为 $(1,a,1)^{\mathrm{T}}$ 及 $(a,a+1,1)^{\mathrm{T}}$，求特征值 -1 所对应的特征向量.

3. 设 $\boldsymbol{A}$ 为 3 阶实对称矩阵，且满足 $\boldsymbol{A}^2+\boldsymbol{A}-2\boldsymbol{E}=\boldsymbol{O}$，向量 $\boldsymbol{\alpha}_1=\begin{pmatrix}0\\1\\0\end{pmatrix}$，$\boldsymbol{\alpha}_2=\begin{pmatrix}1\\0\\1\end{pmatrix}$ 是 $\boldsymbol{A}$ 对应特征值 $\lambda=1$ 的特征向量，求 $\boldsymbol{A}^n$，其中 n 为自然数.

4. 设矩阵 $\boldsymbol{A}=\begin{pmatrix}1&-2&-4\\-2&x&-2\\-4&-2&1\end{pmatrix}$ 与 $\boldsymbol{\Lambda}=\begin{pmatrix}5&&\\&-4&\\&&y\end{pmatrix}$ 相似，求 x,y 并求一个正交矩阵 $\boldsymbol{P}$，使 $\boldsymbol{P}^{-1}\boldsymbol{AP}=\boldsymbol{\Lambda}$.

5. 设 $\boldsymbol{A}$ 和 $\boldsymbol{B}$ 均为同阶的实对称矩阵，若 $\boldsymbol{A}$ 和 $\boldsymbol{B}$ 的特征多项式相同，则 $\boldsymbol{A}$ 和 $\boldsymbol{B}$ 相似.

三、拓展题

6. 设 $\boldsymbol{A}$ 为 3 阶实对称矩阵，$\boldsymbol{A}$ 的秩为 2，且

$$\boldsymbol{A}\begin{pmatrix}1&1\\0&0\\-1&1\end{pmatrix}=\begin{pmatrix}-1&1\\0&0\\1&1\end{pmatrix}.$$

(1) 求 $\boldsymbol{A}$ 的所有特征值与特征向量；(2) 求矩阵 $\boldsymbol{A}$.

7. 已知 $6,3,3$ 是 3 阶实对称矩阵 $\boldsymbol{A}$ 的三个特征值，向量 $(1,1,1)^{\mathrm{T}}$ 是属于特征值 6 的特征向量.

(1) 能否找出属于特征值 3 的两个相互正交的特征向量?

(2) 能否根据条件求出 $\boldsymbol{A}$? 如果能，则求出来；如果不能，说明理由.

5.5 用 MATLAB 进行矩阵对角化

【问题导读】

1. 求特征值和特征向量用什么命令?
2. 如何判断一个方阵是否可以对角化?
3. 如何将一个实对称矩阵正交相似对角化?

5.5.1 求特征值与特征向量

在 MATLAB 中可以用“eig( )”来求矩阵的特征值和特征向量，

用函数“[V,D]=eig(A)”返回矩阵 $\boldsymbol{A}$ 的特征值矩阵 $\boldsymbol{D}$ 和特征向量矩阵 $\boldsymbol{V}$. 其中，特征值矩阵 $\boldsymbol{D}$ 是以矩阵 $\boldsymbol{A}$ 的特征值为对角线元素生成的对角矩阵，特征向量矩阵 $\boldsymbol{V}$ 的第 i 列是矩阵 $\boldsymbol{A}$ 的第 i 个特征值所对应的特征向量，满足 $\boldsymbol{AV}=\boldsymbol{VD}$.

例 5.12 求矩阵 $\boldsymbol{A}=\begin{pmatrix}3&-2&-4\\-2&6&-2\\-4&-2&3\end{pmatrix}$ 的特征值和特征向量.

(例 5.12)

【编写代码】 分组查资料，了解 MATLAB 中求特征值与特征向量的命令，并利用 MATLAB 进行计算.

解　在 MATLAB 命令行窗口中输入：

```
>>A=[3,-2,-4;-2,6,-2;-4,-2,3];
>>[V,D]=eig(A);
>>V,D
```

得到结果：

```
V=
   2/3      -963/1615      1292/2889
   1/3      -963/3230     -2584/2889
   2/3       963/1292          0
D=
   -2     0     0
    0     7     0
    0     0     7
```

5.5.2 矩阵对角化的判断

在 MATLAB 中判断矩阵是否可以对角化，可以用“[V,D]=eig(A)”返回矩阵 $\boldsymbol{A}$ 的特征值矩阵 $\boldsymbol{D}$ 和特征向量矩阵 $\boldsymbol{V}$ 后，根据 $\boldsymbol{V}$ 中列向量的个数是否等于 $\boldsymbol{A}$ 的阶数进行判定.

例 5.13 判断下列矩阵是否与对角矩阵相似，如果是，写出相似对角矩阵 $\boldsymbol{\Lambda}$ 及相似变换矩阵 $\boldsymbol{P}$.

(1) $\begin{pmatrix}5&6&-3\\-1&0&1\\1&2&1\end{pmatrix}$；(2) $\begin{pmatrix}2&0&0\\1&2&-1\\1&0&1\end{pmatrix}$.

(例 5.13)

【编写代码】 分组查资料，了解 MATLAB 中讨论矩阵相似对角化的方法，并利用 MATLAB 进行判断.

解 在MATLAB命令行窗口中输入：

```
>>A=[5,6,-3;-1,0,1;1,2,1];
>>B=[2,0,0;1,2,-1;1,0,1];
>>[V1,d1]=eig(A);
>>[V2,d2]=eig(B);
>>if rank(V1)=rank(A)
        D1=d1
   else
        fprintf('A不可对角化')
   end
>>if rank(V2)=rank(B)
        D2=d2
   else
        fprintf('B不可对角化')
   end
>>f=isequal(d1,d2);
>>if f==1
        fprintf('A,B相似')
   else
        fprintf('A,B不相似')
```

得到结果：

```
D1=
    2    0    0
    0    2    0
    0    0    2
D2=
    2    0    0
    0    1    0
    0    0    2
A,B不相似
```

5.6 应用案例

5.6.1 网页排名算法(PageRank算法)

搜索引擎是世界各国网民普遍适用的搜索工具. 当用户在

搜索引擎上提交搜索条件(一个或多个)，搜索引擎搜索出相应的结果网页，有时可能很少，只有几个，有时却达到成百上千个，此时需要对结果网页进行排序. 最初人们根据匹配度进行简单排序，例如搜索关键词“大海”，网页 A 中出现 5 次“大海”，网页 B 中出现 3 次“大海”，就认为网页 A 的匹配度是 5，而网页 B 的匹配度是 3，网页 A 排在网页 B 前. 不过这样的排序也不太合理，如内容较长的网页往往更可能比内容较短的网页关键词出现的次数多，特别是当一个病毒网页含有成千上万个“大海”，那么这个排名靠前的病毒网页显然不是用户所需要的网页. 为此，谷歌采用 PageRank 算法负责对得出的结果网页进行排序，基本想法是被用户访问次数越多的网页重要性可能越高. 因为用户都是通过超链接访问网页的，所以 PageRank 算法主要是考虑链接组成的拓扑结构来推算每个网页被访问频率的高低.

为简便起见，我们考虑一个最简单的链接构成的拓扑结构，假设关键词“大海”录入后，只出现 4 个相关网页 A、B、C、D，将这 4 个网页看成 4 个节点，如果页面 A 可直接链向 B，则存在一条有向边从 A 到 B，并假设从任一个网页出发都能到达其他网页，则该拓扑结构可以表示成这样一个强连通的有向图，如图 5.1 所示.

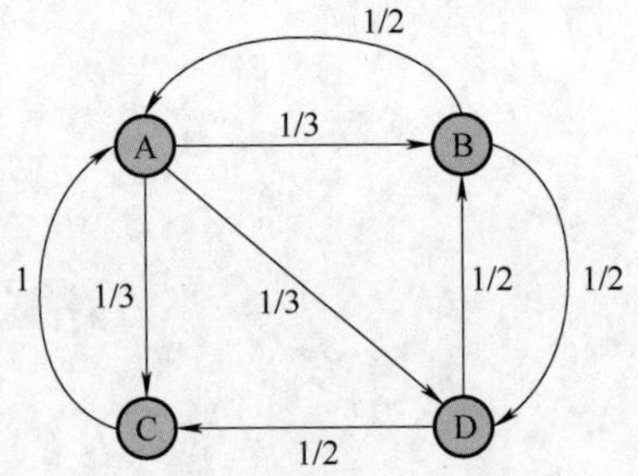

图 5.1　网页间的拓扑结构有向图

图 5.1 中页面 A 链向页面 B、C、D，则一个用户从页面 A 跳转到页面 B、C、D 的概率各为 1/3. 依次类推我们可以写出这样一个矩阵 $\boldsymbol{M}=(m_{ij})$，称为转移矩阵：

$$\boldsymbol{M}=\begin{pmatrix} 0 & 1/2 & 1 & 0 \\ 1/3 & 0 & 0 & 1/2 \\ 1/3 & 0 & 0 & 1/2 \\ 1/3 & 1/2 & 0 & 0 \end{pmatrix},$$

其中的元素 m_{ij} 是网页 j 链接到网页 i 的概率. 用向量 $\boldsymbol{V}=(V_1,V_2,$

$V_3,V_4)^T$ 表示网页的重要性或访问频率. 将矩阵 $\boldsymbol{M}$ 和向量 $\boldsymbol{V}$ 相乘，可以得到用户对每个页面访问的概率，例如 $\boldsymbol{M}$ 的第 1 行乘以 $\boldsymbol{V}$，按矩阵乘法得到 $\frac{1}{2}V_2+V_3$，即为用户通过其他页面对页面 A 的访问概率.

假设向量 $\boldsymbol{V}$ 的初始向量 $\boldsymbol{V}^{(0)}=\left(\frac{1}{4},\frac{1}{4},\frac{1}{4},\frac{1}{4}\right)^T$，即假设四个页面同等重要，左乘转移矩阵 $\boldsymbol{M}$，得到 $\boldsymbol{V}^{(1)}$，继续左乘，就得到迭代关系：$\boldsymbol{V}^{(n)}=\boldsymbol{M}\boldsymbol{V}^{(n-1)}$. 当迭代次数变大时，若向量 $\boldsymbol{V}^{(n)}$ 趋于稳定，即在数学上可以表示为 $\lim\limits_{n\to\infty}\boldsymbol{V}^{(n)}=\boldsymbol{V}$，得到 $\boldsymbol{V}=\boldsymbol{M}\boldsymbol{V}$.

显然上述向量 $\boldsymbol{V}$ 为非零向量时，这个问题就是求矩阵 $\boldsymbol{M}$ 的对应特征值为 1 的特征向量问题. 当然，在实际应用中由于网页数目太多，一般迭代或数值求解出 $\boldsymbol{V}^{(n)}$ 作为 $\boldsymbol{V}$ 的近似值.

令 $|\boldsymbol{M}-\lambda\boldsymbol{E}|=0$，可验证 1 是 $\boldsymbol{M}$ 的特征值，计算 $(\boldsymbol{M}-\boldsymbol{E})\boldsymbol{V}=\boldsymbol{0}$，得到矩阵 $\boldsymbol{M}$ 的对应特征值 1 的特征向量，即 $\boldsymbol{V}=\left(\frac{3}{9},\frac{2}{9},\frac{2}{9},\frac{2}{9}\right)^T$. 由此判定重要性排序为 A>C>D>B，观察图可发现和我们的计算结果是一致的.

上面的算法之所以能成功收敛到非零值，很大程度上依赖转移矩阵这样一个性质：每列的加和为 1.

当有向图不是强连通时，例如去掉网页 C 到 A 的有向链接，可验证 1 不是矩阵的特征值，$\boldsymbol{V}^{(n)}$ 最终收敛到零向量. C 没有外链接，意味着用户浏览到网页 C 时就进入了死胡同，但是按照上网习惯，用户很有可能选择其他网页浏览，而不是一直停留在网页 C. 此时在 PageRank 算法中对转移矩阵 $\boldsymbol{M}$ 进行所谓的“心理转移”处理. 限于篇幅，不再展开讨论.

5.6.2 传染病模型

考虑在某一地区某种传染病流行期的发展情况. 该传染病可以治愈，但治愈者没有免疫力，可能因感染病毒而再次患病. 开始时患病者占的比例为 10%，若干天后情况会怎样呢?

假设流行期健康者每天因感染病毒而患病的人数比例为常数 20%，患病者每天治愈的比例为常数 30%. 记第 n 天健康者和患病者所占的比例分别为 $x_1^{(n)},x_2^{(n)}$，记

$$\boldsymbol{A}=\begin{pmatrix}0.8 & 0.3\\ 0.2 & 0.7\end{pmatrix},\ \boldsymbol{X}^{(n)}=\begin{pmatrix}x_1^{(n)}\\ x_2^{(n)}\end{pmatrix},\ \boldsymbol{X}^{(0)}=\begin{pmatrix}0.9\\ 0.1\end{pmatrix},$$

则 $X^{(n+1)}=AX^{(n)}$ $(n=0,1,2,\cdots)$. 通过计算发现，$n=14$ 以后，$X^{(n)}=\begin{pmatrix}0.6\\0.4\end{pmatrix}$就不变了，这就是我们想了解的长时间后达到稳定的情形. 实际上，$\begin{pmatrix}0.6\\0.4\end{pmatrix}$是矩阵 A 的属于特征值 1 的一个特征向量.

如果改变开始时健康者和患病者的比例，如 $A=\begin{pmatrix}0.75&0.4\\0.25&0.6\end{pmatrix}$，$A$ 有一个特征值 1，可求满足 $A\alpha=\alpha$ 的非零向量 α，即求解

$$(A-E)X=\begin{pmatrix}-0.25&0.4\\0.25&-0.4\end{pmatrix}\begin{pmatrix}x_1\\x_2\end{pmatrix}=\mathbf{0}.$$

解得$\begin{pmatrix}x_1\\x_2\end{pmatrix}=c\begin{pmatrix}8\\5\end{pmatrix}$，即 $x_1:x_2=8:5$，所以若干天后健康者和患病者的比例是 $8:5$.

5.6.3 矩阵对角化在微分方程组中的应用

在许多实际应用中，我们常需研究随时间连续地变化的变量，并且这些变量之间的关系常以微分方程组的形式关联着. 事实上，微分方程组是在连续情形下描述动态系统行为的一种常用数学模型. 下面通过实例来了解矩阵对角化在求解微分方程组中的应用.

设函数 $x_i=x_i(t)$ $(i=1,2,3)$ 满足下列微分方程组：

$$\begin{cases}x_1'=2x_1-2x_2\\x_2'=-2x_1+x_2-2x_3,\\x_3'=-2x_2\end{cases}$$

其中 $x_i'=\dfrac{\mathrm{d}x_i}{\mathrm{d}t}$ $(i=1,2,3)$，试求该方程组的解.

分析 令 $X=\begin{pmatrix}x_1\\x_2\\x_3\end{pmatrix}$，$X'=\begin{pmatrix}\dfrac{\mathrm{d}x_1}{\mathrm{d}t}\\\dfrac{\mathrm{d}x_2}{\mathrm{d}t}\\\dfrac{\mathrm{d}x_3}{\mathrm{d}t}\end{pmatrix}=\begin{pmatrix}x_1'\\x_2'\\x_3'\end{pmatrix}$，则方程组可化为

$$\begin{pmatrix}x_1'\\x_2'\\x_3'\end{pmatrix}=\begin{pmatrix}2&-2&0\\-2&1&-2\\0&-2&0\end{pmatrix}\begin{pmatrix}x_1\\x_2\\x_3\end{pmatrix},$$

即 $$X'=AX,\tag{5-9}$$

其中 $$A=\begin{pmatrix}2&-2&0\\-2&1&-2\\0&-2&0\end{pmatrix}.$$

令 $X=PY$，P 为可逆矩阵，$Y=\begin{pmatrix}y_1\\y_2\\y_3\end{pmatrix}$，代入式(5-9)得$(PY)'=A(PY)$，即 $PY'=APY$，可得 $Y'=P^{-1}APY$.

如果能使 $P^{-1}AP$ 为对角形，则方程组的解会很容易求出.

下面首先解决 A 的对角化问题.

先求出 A 的特征值 $\lambda_1=-2$，$\lambda_2=1$，$\lambda_3=4$，对应的特征向量分别为

$$p_1=\begin{pmatrix}1\\2\\2\end{pmatrix},p_2=\begin{pmatrix}2\\1\\-2\end{pmatrix},p_3=\begin{pmatrix}2\\-2\\1\end{pmatrix}.$$

令 $P=(p_1,p_2,p_3)=\begin{pmatrix}1&2&2\\2&1&-2\\2&-2&1\end{pmatrix}$,则 $P^{-1}AP=\begin{pmatrix}-2&&\\&1&\\&&4\end{pmatrix}$.

若令$\begin{cases}x_1=y_1+2y_2+2y_3\\x_2=2y_1+y_2-2y_3\\x_3=2y_1-2y_2+y_3\end{cases}$，则得到$\begin{pmatrix}y_1'\\y_2'\\y_3'\end{pmatrix}=\begin{pmatrix}-2&&\\&1&\\&&4\end{pmatrix}\begin{pmatrix}y_1\\y_2\\y_3\end{pmatrix}$，即

$$y_1'=-2y_1,y_2'=y_2,y_3'=4y_3.$$

解此微分方程组得 $y_1=c_1\mathrm{e}^{-2t},y_2=c_2\mathrm{e}^{t},y_3=c_3\mathrm{e}^{4t}$，即

$$Y=\begin{pmatrix}y_1\\y_2\\y_3\end{pmatrix}=\begin{pmatrix}c_1\mathrm{e}^{-2t}\\c_2\mathrm{e}^{t}\\c_3\mathrm{e}^{4t}\end{pmatrix}$$，$c_i(i=1,2,3)$为任意常数.

从而 $X=\begin{pmatrix}x_1\\x_2\\x_3\end{pmatrix}=PY=\begin{pmatrix}1&2&2\\2&1&-2\\2&-2&1\end{pmatrix}\begin{pmatrix}c_1\mathrm{e}^{-2t}\\c_2\mathrm{e}^{t}\\c_3\mathrm{e}^{4t}\end{pmatrix}$，即

$$\begin{cases}x_1=c_1\mathrm{e}^{-2t}+2c_2\mathrm{e}^{t}+2c_3\mathrm{e}^{4t}\\x_2=2c_1\mathrm{e}^{-2t}+c_2\mathrm{e}^{t}-2c_3\mathrm{e}^{4t}\\x_2=2c_1\mathrm{e}^{-2t}-2c_2\mathrm{e}^{t}+c_3\mathrm{e}^{4t}\end{cases}$$

为方程组的解(其中 $c_i(i=1,2,3)$为任意常数).

第 5 章思维导图

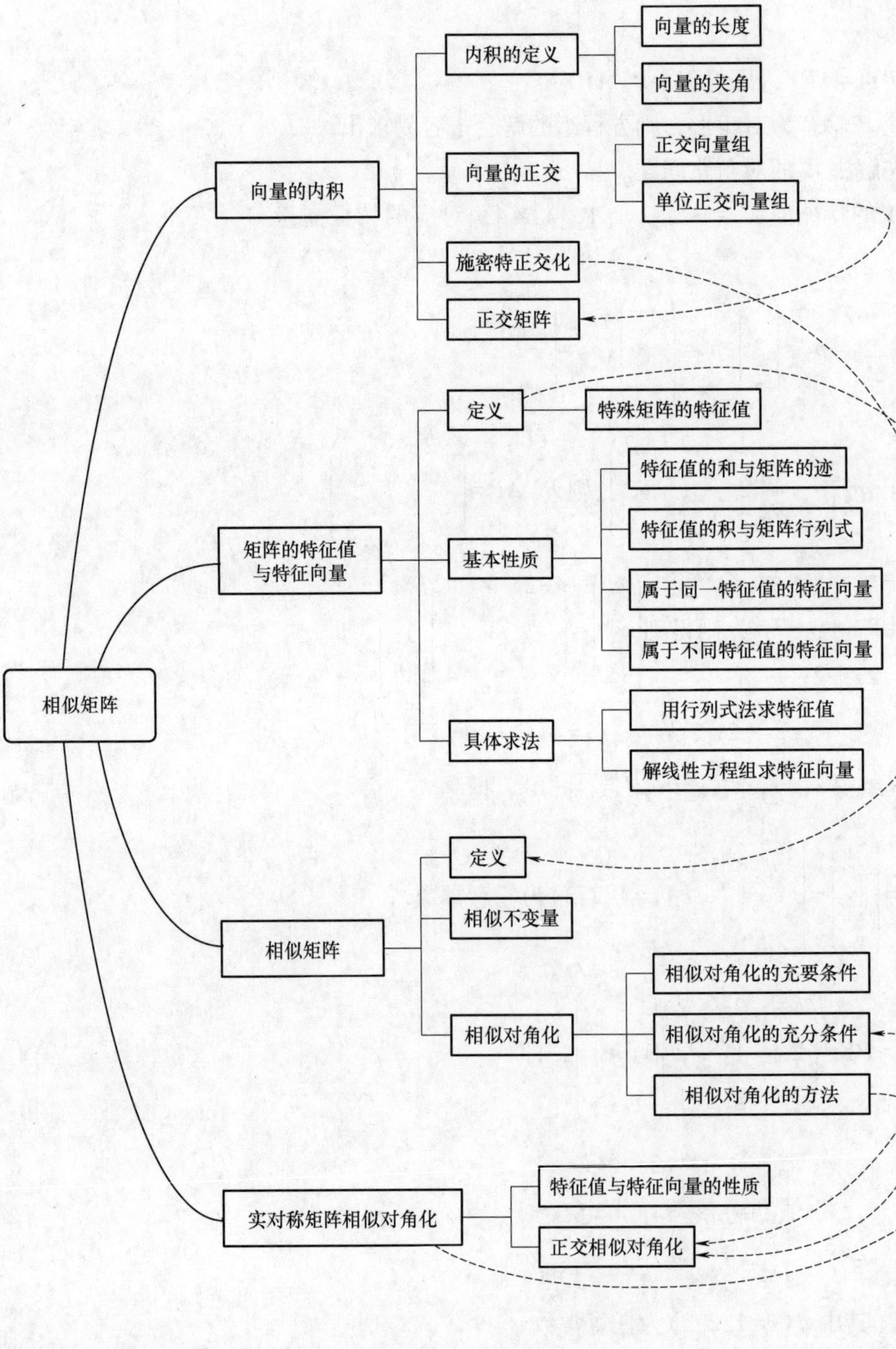
相似矩阵
向量的内积
内积的定义
向量的长度
向量的夹角
向量的正交
正交向量组
单位正交向量组
施密特正交化
正交矩阵
矩阵的特征值与特征向量
定义
特殊矩阵的特征值
基本性质
特征值的和与矩阵的迹
特征值的积与矩阵行列式
属于同一特征值的特征向量
属于不同特征值的特征向量
具体求法
用行列式法求特征值
解线性方程组求特征向量
相似矩阵
定义
相似不变量
相似对角化
相似对角化的充要条件
相似对角化的充分条件
相似对角化的方法
实对称矩阵相似对角化
特征值与特征向量的性质
正交相似对角化

万哲先，1927 年出生于山东淄博. 万哲先在典型群、矩阵几何、有限几何、编码与密码、图论与组合数学等领域做出了杰出的贡献，在国际上有重要影响. 他是华罗庚典型群和矩阵几何学派的继承人，是中国有限几何及其应用研究的开创者，在编码和密码领域也有卓越的成就. 华罗庚和万哲先的“典型群”获 1978 年全国科技大会重大科技成果奖，万哲先的“图上作业法及其应用”和“伪随机序列”也都获 1978 年全国科技大会重大成果奖. 万哲先帮助一些高等院校开展典型群、李代数和编码的研究，培养了一大批大学生和研究生.

总习题五

一、基础题

1. 填空题：

(1) 设 $\boldsymbol{A}$ 为 2 阶矩阵，$\boldsymbol{\alpha}_1,\boldsymbol{\alpha}_2$ 为线性无关的 2 维列向量，$\boldsymbol{A}\boldsymbol{\alpha}_1=\boldsymbol{0}$，$\boldsymbol{A}\boldsymbol{\alpha}_2=2\boldsymbol{\alpha}_1+\boldsymbol{\alpha}_2$，则 $\boldsymbol{A}$ 的非零特征值为________；

(2) 若 3 维列向量 $\boldsymbol{\alpha},\boldsymbol{\beta}$ 满足 $\boldsymbol{\alpha}^{\mathrm{T}}\boldsymbol{\beta}=2$，其中 $\boldsymbol{\alpha}^{\mathrm{T}}$ 为 $\boldsymbol{\alpha}$ 的转置，则矩阵 $\boldsymbol{\beta}\boldsymbol{\alpha}^{\mathrm{T}}$ 的非零特征值为________；

(3) 设 n 阶矩阵 $\boldsymbol{A}$ 的元素全为 1，则 $\boldsymbol{A}$ 的 n 个特征值为________；

(4) 4 阶矩阵 $\boldsymbol{A}$ 相似于矩阵 $\boldsymbol{B}$，$\boldsymbol{A}$ 的特征值为 2，3,4,5，$\boldsymbol{E}$ 为 4 阶单位矩阵，则 $|\boldsymbol{B}-\boldsymbol{E}|$ =________；

(5) 矩阵 $\boldsymbol{A}=\begin{pmatrix}1&1&t\\4&1&-6\\0&0&3\end{pmatrix}$ 可相似对角化，则 t=________.

2. 选择题：

(1) 设 λ_1,λ_2 是矩阵 $\boldsymbol{A}$ 的两个不同的特征值，对应的特征向量分别为 $\boldsymbol{\alpha}_1,\boldsymbol{\alpha}_2$. 则 $\boldsymbol{\alpha}_1,\boldsymbol{A}(\boldsymbol{\alpha}_1+\boldsymbol{\alpha}_2)$ 线性无关的充分必要条件是(　　)；

A. $\lambda_1\neq0$　　B. $\lambda_2\neq0$

C. $\lambda_1=0$　　D. $\lambda_2=0$

(2) 设 $\boldsymbol{A}$ 是 4 阶实对称矩阵，且 $\boldsymbol{A}^2+\boldsymbol{A}=\boldsymbol{O}$，若 $R(\boldsymbol{A})=3$，则 $\boldsymbol{A}$ 相似于(　　).

A. $\begin{pmatrix}1&&&\\&1&&\\&&1&\\&&&0\end{pmatrix}$　　B. $\begin{pmatrix}1&&&\\&1&&\\&&-1&\\&&&0\end{pmatrix}$

C. $\begin{pmatrix}1&&&\\&-1&&\\&&-1&\\&&&0\end{pmatrix}$　　D. $\begin{pmatrix}-1&&&\\&-1&&\\&&-1&\\&&&0\end{pmatrix}$

3. 求下列矩阵的特征值及特征向量：

(1) $\begin{pmatrix}1&0&0\\1&-1&0\\2&3&2\end{pmatrix}$；(2) $\begin{pmatrix}2&2&-2\\2&5&-4\\-2&-4&5\end{pmatrix}$；

(3) $\begin{pmatrix}2&-1&2\\5&-3&3\\-1&0&-2\end{pmatrix}$.

4. 设矩阵 $\boldsymbol{A}=\begin{pmatrix}3&2&2\\2&3&2\\2&2&3\end{pmatrix}$，$\boldsymbol{P}=\begin{pmatrix}0&1&0\\1&0&1\\0&0&1\end{pmatrix}$，$\boldsymbol{B}=$

$P^{-1}A^*P$，求 $B+2E$ 的特征值与特征向量，其中 A^* 为 A 的伴随矩阵，E 为 3 阶单位矩阵.

5. 求正交矩阵 P，使得 $P^{-1}AP$ 为对角矩阵，其中

(1) $A=\begin{pmatrix}1&2&2\\2&-2&-4\\2&-4&-2\end{pmatrix}$；(2) $A=\begin{pmatrix}2&2&-2\\2&5&-4\\-2&-4&5\end{pmatrix}$.

二、提升题

6. 设 $A=\begin{pmatrix}1&0&2\\0&1&4\\m+5&-m-2&2m\end{pmatrix}$，问 A 能否对角化？

7. 设矩阵 $A=\begin{pmatrix}1&-1&1\\x&4&y\\-3&-3&5\end{pmatrix}$，已知 A 有三个线性无关的特征向量，$\lambda=2$ 是 A 的二重特征值. 试求可逆矩阵 P，使得 $P^{-1}AP$ 为对角矩阵.

8. 设矩阵 $A=\begin{pmatrix}1&2&-3\\-1&4&-3\\1&a&5\end{pmatrix}$ 的特征方程有一个二重根，求 a 的值，并讨论 A 是否可相似对角化.

9. 设 3 阶实对称矩阵 A 的各行元素之和都为 3，向量 $\boldsymbol{\alpha}_1=(-1,2,-1)^{\mathrm{T}}$，$\boldsymbol{\alpha}_2=(0,-1,1)^{\mathrm{T}}$ 都是齐次线性方程组 $AX=\mathbf{0}$ 的解.（1）求 A 的特征值和特征向量；（2）求正交矩阵 P 和对角矩阵 $\boldsymbol{\Lambda}$，使得 $P^{\mathrm{T}}AP=\boldsymbol{\Lambda}$.

三、拓展题

10. 设矩阵 $A=\begin{pmatrix}2&1&1\\1&2&1\\1&1&x\end{pmatrix}$ 可逆，向量 $\boldsymbol{\alpha}=\begin{pmatrix}1\\y\\1\end{pmatrix}$ 是矩阵 A^* 的一个特征向量，λ 是 $\boldsymbol{\alpha}$ 对应的特征值，其中 A^* 是矩阵 A 的伴随矩阵. 试求 x,y 和 λ 的值.

11. 设 $A=\begin{pmatrix}3&-2\\-2&3\end{pmatrix}$，求 $\varphi(A)=A^{10}-5A^9$.

12. 证明矩阵 A 有特征值零的充要条件是 $|A|=0$.

13. 设 A,B 都是 n 阶矩阵，且 $R(A)+R(B)<n$，证明：矩阵 A,B 有相同的特征值与特征向量.

第6章 二次型

二次型是线性代数的重要内容之一，它起源于几何学中二次曲线方程和二次曲面方程化为标准形问题的研究. 二次曲线的方程经过平移变换，可表示为

$$ax^2+2bxy+cy^2=1.$$

再通过旋转变换化为标准方程

$$a'x'^2+c'y'^2=1.$$

在本章中，称含有 n 个变量的二次齐次多项式为二次型. 从代数的观点看，化二次型为标准方程实际上就是通过变量的线性变换化简一个二次齐次多项式，使得它只含有平方项. 该问题在数学的其他分支以及物理、力学中也常常碰到. 本章主要介绍二次型的基本性质并解决如何化二次型为标准形的问题.

(二次型的历史)

6.1 二次型及其标准形

【问题导读】

1. 线性变换会将一个二次型化为新的二次型吗?
2. 对比矩阵的等价、相似和合同.
3. 什么是二次型的标准形和规范形?

本节介绍二次型及其矩阵表示，利用非奇异的线性变换化二次型为标准形，并且给出矩阵的合同变换的概念和相关知识.

6.1.1 二次型的概念及矩阵表示

定义 6.1 称含有 n 个变量的二次齐次多项式

$$\begin{aligned}f(x_1,x_2,\cdots,x_n)&=a_{11}x_1^2+2a_{12}x_1x_2+2a_{13}x_1x_3+\cdots+2a_{1n}x_1x_n+\\&\quad a_{22}x_2^2+2a_{23}x_2x_3+\cdots+2a_{2n}x_2x_n+\cdots+a_{nn}x_n^2\\&=\sum_{i=1}^{n}a_{ii}x_i^2+2\sum_{i<j}a_{ij}x_ix_j\end{aligned}$$

为 n 元二次型，简称为**二次型**. 当 a_{ij} 为实数时，称 f 为**实二次型**；当 a_{ij} 为复数时，称 f 为**复二次型**. 本书仅讨论实二次型.

为便于用矩阵讨论二次型，当 $i>j$ 时令 $a_{ij}=a_{ji}$，则二次型可写为

$$\begin{aligned} f(x_1,x_2,\cdots,x_n) &= a_{11}x_1^2+a_{12}x_1x_2+\cdots+a_{1n}x_1x_n+ \\ &\quad a_{21}x_2x_1+a_{22}x_2^2+\cdots+a_{2n}x_2x_n+\cdots+ \\ &\quad a_{n1}x_nx_1+a_{n2}x_nx_2+\cdots+a_{nn}x_n^2 \\ &= \sum_{i,j=1}^{n} a_{ij}x_ix_j. \end{aligned}$$

令 $\boldsymbol{A}=\begin{pmatrix} a_{11} & a_{12} & \cdots & a_{1n} \\ a_{21} & a_{22} & \cdots & a_{2n} \\ \vdots & \vdots & & \vdots \\ a_{n1} & a_{n2} & \cdots & a_{nn} \end{pmatrix}$，$\boldsymbol{X}=\begin{pmatrix} x_1 \\ x_2 \\ \vdots \\ x_n \end{pmatrix}$，则二次型 $f(x_1,x_2,\cdots,x_n)=\boldsymbol{X}^{\mathrm{T}}\boldsymbol{A}\boldsymbol{X}$，其中 $\boldsymbol{A}$ 为实对称矩阵.

由此可见，实对称矩阵 $\boldsymbol{A}$ 与二次型 f 是一一对应关系，称 $\boldsymbol{A}$ 为**二次型 f 的矩阵**，称二次型 f 为实对称矩阵 $\boldsymbol{A}$ 的二次型. 矩阵 $\boldsymbol{A}$ 的秩 $R(\boldsymbol{A})$ 称为**二次型 f 的秩**，记为 $R(f)=R(\boldsymbol{A})$.

例 6.1 （1）已知二次型 $f(x_1,x_2,x_3)=x_1x_2+x_1x_3+2x_2^2-3x_2x_3$，试写出二次型 f 的矩阵 $\boldsymbol{A}$，并求 f 的秩；（2）写出矩阵 $\boldsymbol{B}=\begin{pmatrix} 0 & 1 & 2 \\ 1 & 0 & -1 \\ 2 & -1 & 0 \end{pmatrix}$ 对应的二次型.

解 （1）由二次型的一般形式可知，二次型 $f(x_1,x_2,x_3)$ 中，

$$a_{11}=0,\ a_{12}=\frac{1}{2},\ a_{13}=\frac{1}{2},$$

$$a_{21}=\frac{1}{2},\ a_{22}=2,\ a_{23}=-\frac{3}{2},$$

$$a_{31}=\frac{1}{2},\ a_{32}=-\frac{3}{2},\ a_{33}=0,$$

所以二次型 f 的矩阵 $\boldsymbol{A}=\begin{pmatrix} 0 & \frac{1}{2} & \frac{1}{2} \\ \frac{1}{2} & 2 & -\frac{3}{2} \\ \frac{1}{2} & -\frac{3}{2} & 0 \end{pmatrix}$. 由于 $R(\boldsymbol{A})=3$，所以 $R(f)=3$.

（2）令 $\boldsymbol{X}=\begin{pmatrix} x_1 \\ x_2 \\ x_3 \end{pmatrix}$，由于 $\boldsymbol{X}^{\mathrm{T}}\boldsymbol{B}\boldsymbol{X}=2x_1x_2+4x_1x_3-2x_2x_3$，所以 $\boldsymbol{B}=$

$\begin{pmatrix} 0 & 1 & 2 \\ 1 & 0 & -1 \\ 2 & -1 & 0 \end{pmatrix}$对应的二次型为

$$2x_1x_2+4x_1x_3-2x_2x_3.$$

6.1.2 线性变换

从二次曲线的一般方程得到标准方程，要通过坐标旋转变换，这个变换实际上是两组变量之间的线性变换.

定义 6.2　由变量 $x_1,x_2,\cdots,x_n$ 到变量 $y_1,y_2,\cdots,y_n$ 的线性变换

$$\begin{cases} x_1=c_{11}y_1+c_{12}y_2+\cdots+c_{1n}y_n \\ x_2=c_{21}y_1+c_{22}y_2+\cdots+c_{2n}y_n \\ \quad\vdots \\ x_n=c_{n1}y_1+c_{n2}y_2+\cdots+c_{nn}y_n \end{cases},\tag{6-1}$$

用矩阵乘法表示为 $\boldsymbol{X}=\boldsymbol{CY}$，其中

$$\boldsymbol{X}=\begin{pmatrix} x_1 \\ x_2 \\ \vdots \\ x_n \end{pmatrix},\ \boldsymbol{Y}=\begin{pmatrix} y_1 \\ y_2 \\ \vdots \\ y_n \end{pmatrix},\ \boldsymbol{C}=\begin{pmatrix} c_{11} & c_{12} & \cdots & c_{1n} \\ c_{21} & c_{22} & \cdots & c_{2n} \\ \vdots & \vdots & & \vdots \\ c_{n1} & c_{n2} & \cdots & c_{nn} \end{pmatrix}.$$

若 $|\boldsymbol{C}|\neq 0$，则称其为一个**非退化线性变换**或**可逆线性变换**；否则，称为退化的或不可逆的. 若线性变换是非退化的，便有 $\boldsymbol{Y}=\boldsymbol{C}^{-1}\boldsymbol{X}$.

设 $f(x_1,x_2,\cdots,x_n)$ 的矩阵为 $\boldsymbol{A}$，则

$$g(y_1,y_2,\cdots,y_n)=f(x_1,x_2,\cdots,x_n)=\boldsymbol{X}^{\mathrm{T}}\boldsymbol{AX}=\boldsymbol{Y}^{\mathrm{T}}\boldsymbol{C}^{\mathrm{T}}\boldsymbol{ACY}=\boldsymbol{Y}^{\mathrm{T}}\boldsymbol{BY},$$

其中 $\boldsymbol{B}=\boldsymbol{C}^{\mathrm{T}}\boldsymbol{AC}$，而 $\boldsymbol{B}^{\mathrm{T}}=(\boldsymbol{C}^{\mathrm{T}}\boldsymbol{AC})^{\mathrm{T}}=\boldsymbol{C}^{\mathrm{T}}\boldsymbol{A}^{\mathrm{T}}\boldsymbol{C}=\boldsymbol{C}^{\mathrm{T}}\boldsymbol{AC}=\boldsymbol{B}$. 于是 $g(y_1,y_2,\cdots,y_n)$ 的矩阵为 $\boldsymbol{B}=\boldsymbol{C}^{\mathrm{T}}\boldsymbol{AC}$. 当 $\boldsymbol{C}$ 可逆时，可知 $R(\boldsymbol{A})=R(\boldsymbol{B})$.

定义 6.3　设 $\boldsymbol{A}$，$\boldsymbol{B}$ 为 n 阶方阵，如果存在 n 阶可逆矩阵 $\boldsymbol{C}$，使得 $\boldsymbol{C}^{\mathrm{T}}\boldsymbol{AC}=\boldsymbol{B}$，则称矩阵 $\boldsymbol{A}$ 与 $\boldsymbol{B}$ **合同**.

容易知道：二次型 $f(x_1,x_2,\cdots,x_n)=\boldsymbol{X}^{\mathrm{T}}\boldsymbol{AX}$ 的矩阵 $\boldsymbol{A}$ 与经过非退化线性变换 $\boldsymbol{X}=\boldsymbol{CY}$ 得到的矩阵 $\boldsymbol{C}^{\mathrm{T}}\boldsymbol{AC}$ 是合同的.

两个二次型可以用非退化线性变换互相转化的充分必要条件是它们的矩阵合同.

矩阵合同的性质有：

(1) 反身性：任意方阵 $\boldsymbol{A}$ 都与自身合同；

(2) 对称性：如果 $\boldsymbol{A}$ 与 $\boldsymbol{B}$ 合同，则 $\boldsymbol{B}$ 与 $\boldsymbol{A}$ 合同；

(3) 传递性：如果 $\boldsymbol{A}$ 与 $\boldsymbol{B}$ 合同，$\boldsymbol{B}$ 与 $\boldsymbol{C}$ 合同，则 $\boldsymbol{A}$ 与 $\boldsymbol{C}$ 合同.

【思考】 自行证明上述关于矩阵合同的性质.

6.1.3 二次型的标准形

定义 6.4 如果二次型 $f(x_1,x_2,\cdots,x_n)=\boldsymbol{X}^{\mathrm{T}}\boldsymbol{A}\boldsymbol{X}$，经过非退化线性变换 $\boldsymbol{X}=\boldsymbol{C}\boldsymbol{Y}$ 化为

$$f(x_1,x_2,\cdots,x_n)=\boldsymbol{X}^{\mathrm{T}}\boldsymbol{A}\boldsymbol{X}=\boldsymbol{Y}^{\mathrm{T}}\boldsymbol{C}^{\mathrm{T}}\boldsymbol{A}\boldsymbol{C}\boldsymbol{Y}=\boldsymbol{Y}^{\mathrm{T}}\boldsymbol{\Lambda}\boldsymbol{Y},$$

其中 $\boldsymbol{\Lambda}=\mathrm{diag}(d_1,d_2,\cdots,d_n)$，则称 $\boldsymbol{Y}^{\mathrm{T}}\boldsymbol{\Lambda}\boldsymbol{Y}=d_1y_1^2+d_2y_2^2+\cdots+d_ny_n^2$ 为二次型 f 的标准形.

由定义 6.3 和 6.4 可知，二次型的标准形的矩阵为对角矩阵

$$\boldsymbol{\Lambda}=\begin{pmatrix} d_1 & & & \\ & d_2 & & \\ & & \ddots & \\ & & & d_n \end{pmatrix},$$

且 $\boldsymbol{\Lambda}=\boldsymbol{C}^{\mathrm{T}}\boldsymbol{A}\boldsymbol{C}$，即 $\boldsymbol{A}$ 与对角矩阵 $\boldsymbol{\Lambda}$ 合同.

6.1.4 二次型的规范形

不管是通过哪一种方法得到的二次型的标准形，都可以进一步化简. 先看一个实例.

例 6.2 对于三元标准二次型 $f=2y_1^2-3y_2^2+0\cdot y_3^2$，经过非退化线性变换____________必可变为 $f=z_1^2-z_2^2$.

【填空】 将例 6.2 中下划线部分的内容补全.（答案：$z_1=\sqrt{2}y_1$，$z_2=\sqrt{3}y_2$，$z_3=y_3$.）

这个问题用矩阵可表示为

$$\begin{pmatrix} \frac{1}{\sqrt{2}} & 0 & 0 \\ 0 & \frac{1}{\sqrt{3}} & 0 \\ 0 & 0 & 1 \end{pmatrix}\begin{pmatrix} 2 & 0 & 0 \\ 0 & -3 & 0 \\ 0 & 0 & 0 \end{pmatrix}\begin{pmatrix} \frac{1}{\sqrt{2}} & 0 & 0 \\ 0 & \frac{1}{\sqrt{3}} & 0 \\ 0 & 0 & 1 \end{pmatrix}=\begin{pmatrix} 1 & 0 & 0 \\ 0 & -1 & 0 \\ 0 & 0 & 0 \end{pmatrix}.$$

这是一种最简单的标准形，它只含变量的平方项，而且其系数是 1,-1 和 0.

定义 6.5　所有平方项的系数均为 1，-1 或 0 的标准二次型称为规范二次型. 由二次型化得的规范二次型，简称为二次型的规范形.

在二次型的标准形中，将带正号的项与带负号的项相对集中，得到

$$d_1x_1^2+d_2x_2^2+\cdots+d_px_p^2-d_{p+1}x_{p+1}^2-\cdots-d_rx_r^2,$$

其中 $d_i>0, i=1,2,\cdots,r, r\leqslant n$.

再做线性变换

$$x_i=\begin{cases}\dfrac{1}{\sqrt{d_i}}y_i, & i=1,2,\cdots,r\\ y_i, & i=r+1,r+2,\cdots,n\end{cases},$$

则原二次型化为规范形

$$y_1^2+y_2^2+\cdots+y_p^2-y_{p+1}^2-\cdots-y_r^2.$$

这个规范形，可以根据标准形中系数的正、负性和零直接写出来. 对于给定的 n 元二次型，它的标准形不唯一，但它的规范形是唯一的.

定理 6.1（惯性定理）　任意一个 n 元二次型 $f=\boldsymbol{X}^{\mathrm{T}}\boldsymbol{AX}$，一定可以经过非退化线性变换化为规范形

$$f=z_1^2+\cdots+z_p^2-z_{p+1}^2-\cdots-z_r^2,$$

其中 p 和 r 由 $\boldsymbol{A}$ 唯一确定，p 是规范形中系数为 1 的项数，r 是 $\boldsymbol{A}$ 的秩.

惯性定理的矩阵表述形式　对于任意一个 n 阶实对称矩阵 $\boldsymbol{A}$，一定存在 n 阶可逆矩阵 $\boldsymbol{C}$，使得

$$\boldsymbol{C}^{\mathrm{T}}\boldsymbol{AC}=\begin{pmatrix}\boldsymbol{E}_p & & \\ & -\boldsymbol{E}_{r-p} & \\ & & \boldsymbol{0}\end{pmatrix}.$$

定义 6.6　规范形中的 p 称为二次型 $f=\boldsymbol{X}^{\mathrm{T}}\boldsymbol{AX}$（或对称矩阵 $\boldsymbol{A}$）的**正惯性指数**，$q=r-p$ 称为**负惯性指数**，$p-q=2p-r$ 称为**符号差**.

定理 6.2　实对称矩阵 $\boldsymbol{A}$ 与 $\boldsymbol{B}$ 合同当且仅当它们有相同的秩和相同的正惯性指数.

（知识探索）

【知识探索】　矩阵等价、相似和合同的异同点.

【转化思想】　将二次型和实对称矩阵建立对应，搭建桥梁，借助实对称矩阵研究二次型.

关于二次型，是依据变量的非退化线性变换，研究二次型向特殊形式转化. 在线性代数的论证推理或计算中，特殊元、特殊形式的作用是很大的，是建立一般与特殊转化的桥梁，借助它们可使一般化特殊，化繁为简，化难为易.

习题 6.1

一、基础题

1. 写出下列二次型的矩阵：

(1) $f=x^2+4xy+4y^2+2xz+z^2+4yz$；

(2) $f=x_1^2+2x_2^2-x_3^2+2x_1x_2-2x_2x_3$；

(3) $f=2x_1x_2+2x_1x_3+2x_1x_4+2x_3x_4$.

2. 写出二次型 $f=(x_1,x_2,x_3)\begin{pmatrix}2&-3&1\\1&0&1\\2&11&3\end{pmatrix}\begin{pmatrix}x_1\\x_2\\x_3\end{pmatrix}$ 的矩阵.

3. 写出下列对称矩阵的二次型：

(1) $\begin{pmatrix}2&-1&1\\-1&0&-2\\1&-2&3\end{pmatrix}$；(2) $\begin{pmatrix}0&1&-2&0\\1&-2&1&1\\-2&1&0&1\\0&1&1&2\end{pmatrix}$.

二、提升题

4. 求把二次型

$f(x_1,x_2,x_3)=2x_1^2+9x_2^2+4x_3^2+3x_1x_2-4x_1x_3-6x_2x_3$

化为

$f(x_1,x_2,x_3)=2y_1^2+y_2^2+y_3^2+y_1y_2-2y_1y_3-y_2y_3$

的非退化线性变换.

6.2 化二次型为标准形

【问题导读】

1. 将二次型化成标准形有几种方法，你最擅长哪种？为什么？

2. 能根据二次型矩阵的特征值直接写出规范形吗？

将二次型化为标准形，常用的方法有配方法、初等变换法和正交变换法.

6.2.1 配方法

下面通过举例来说明如何用配方法将二次型化为标准形. 给定一个二次型 $f=\boldsymbol{X}^{\mathrm{T}}\boldsymbol{A}\boldsymbol{X}$，分如下两种情况.

1. 二次型中至少含有一个平方项

例 6.3　化二次型 $f(x_1,x_2,x_3)=x_1^2+2x_2^2-3x_3^2+4x_1x_2-4x_1x_3-4x_2x_3$ 为标准形，并求出所作的非退化线性变换.

解　先把所有含 x_1 的项配成一个完全平方项，由

$$f(x_1,x_2,x_3)=x_1^2+4(x_2-x_3)x_1+4(x_2-x_3)^2-4(x_2-x_3)^2+2x_2^2-3x_3^2-4x_2x_3$$

$$=(x_1+2x_2-2x_3)^2-2x_2^2-7x_3^2+4x_2x_3,$$

再把剩余的含 x_2 项配成一个完全平方项，有

$$f(x_1,x_2,x_3)=(x_1+2x_2-2x_3)^2-2(x_2-x_3)^2-5x_3^2.$$

令

$$\begin{cases} y_1=x_1+2x_2-2x_3 \\ y_2=\qquad x_2-\ x_3, \\ y_3=\qquad\qquad x_3 \end{cases}$$

即

$$\begin{pmatrix} y_1 \\ y_2 \\ y_3 \end{pmatrix}=\begin{pmatrix} 1 & 2 & -2 \\ 0 & 1 & -1 \\ 0 & 0 & 1 \end{pmatrix}\begin{pmatrix} x_1 \\ x_2 \\ x_3 \end{pmatrix}.$$

令

$$\boldsymbol{C}^{-1}=\begin{pmatrix} 1 & 2 & -2 \\ 0 & 1 & -1 \\ 0 & 0 & 1 \end{pmatrix},$$

则

$$\boldsymbol{C}=\begin{pmatrix} 1 & -2 & 0 \\ 0 & 1 & 1 \\ 0 & 0 & 1 \end{pmatrix}.$$

通过线性变换 $\boldsymbol{X}=\boldsymbol{C}\boldsymbol{Y}$，即

$$\begin{pmatrix} x_1 \\ x_2 \\ x_3 \end{pmatrix}=\begin{pmatrix} 1 & -2 & 0 \\ 0 & 1 & 1 \\ 0 & 0 & 1 \end{pmatrix}\begin{pmatrix} y_1 \\ y_2 \\ y_3 \end{pmatrix},$$

原实二次型 $\boldsymbol{X}^{\mathrm{T}}\boldsymbol{A}\boldsymbol{X}$ 化为标准形

$$y_1^2-2y_2^2-5y_3^2.$$

2. 二次型中不含平方项

例 6.4　用配方法化二次型 $f(x_1,x_2,x_3)=x_1x_2+x_1x_3+x_2x_3$ 为标准形，并求出所做的非退化线性变换.

(例 6.4)

解　由于二次型 $f(x_1,x_2,x_3)$ 不含平方项，所以先用下列变换把 $f(x_1,x_2,x_3)$ 化成例 6.3 的形式，再配方. 令

$$\begin{cases} x_1=y_1+y_2 \\ x_2=y_1-y_2, \\ x_3=\qquad\ y_3 \end{cases}$$

则原二次型化为　$f=y_1^2-y_2^2+2y_1y_3.$

再按前例的方法有

$$\begin{aligned} f &= y_1^2 - y_2^2 + 2y_1y_3 \\ &= y_1^2 + 2y_1y_3 + y_3^2 - y_3^2 - y_2^2 \\ &= (y_1+y_3)^2 - y_2^2 - y_3^2, \end{aligned}$$

令

$$\begin{cases} z_1 = y_1 + y_3 \\ z_2 = y_2 \\ z_3 = y_3 \end{cases},$$

则原二次型化为 $f=$____________.

其中的非退化线性变换为两个线性变换的合成，即：

由第一次变换 $\begin{cases} x_1 = y_1 + y_2 \\ x_2 = y_1 - y_2 \\ x_3 = y_3 \end{cases}$，得

$$\begin{pmatrix} x_1 \\ x_2 \\ x_3 \end{pmatrix} = \underline{\qquad\qquad\qquad} \begin{pmatrix} y_1 \\ y_2 \\ y_3 \end{pmatrix}.$$

由第二次变换 $\begin{cases} z_1 = y_1 + y_3 \\ z_2 = y_2 \\ z_3 = y_3 \end{cases}$，得

$$\begin{pmatrix} y_1 \\ y_2 \\ y_3 \end{pmatrix} = \underline{\qquad\qquad\qquad} \begin{pmatrix} z_1 \\ z_2 \\ z_3 \end{pmatrix}.$$

所以有合成的非退化线性变换为

$$\begin{pmatrix} x_1 \\ x_2 \\ x_3 \end{pmatrix} = \begin{pmatrix} 1 & 1 & 0 \\ 1 & -1 & 0 \\ 0 & 0 & 1 \end{pmatrix} \begin{pmatrix} y_1 \\ y_2 \\ y_3 \end{pmatrix} = \begin{pmatrix} 1 & 1 & 0 \\ 1 & -1 & 0 \\ 0 & 0 & 1 \end{pmatrix} \begin{pmatrix} 1 & 0 & -1 \\ 0 & 1 & 0 \\ 0 & 0 & 1 \end{pmatrix} \begin{pmatrix} z_1 \\ z_2 \\ z_3 \end{pmatrix},$$

即

$$\begin{pmatrix} x_1 \\ x_2 \\ x_3 \end{pmatrix} = \begin{pmatrix} 1 & 1 & -1 \\ 1 & -1 & -1 \\ 0 & 0 & 1 \end{pmatrix} \begin{pmatrix} z_1 \\ z_2 \\ z_3 \end{pmatrix}.$$

【填空】 将例 6.4 中下划线部分的内容补全.

$\left(\text{答案：} z_1^2 - z_2^2 - z_3^2;\ \begin{pmatrix} 1 & 1 & 0 \\ 1 & -1 & 0 \\ 0 & 0 & 1 \end{pmatrix};\ \begin{pmatrix} 1 & 0 & -1 \\ 0 & 1 & 0 \\ 0 & 0 & 1 \end{pmatrix}.\right)$

6.2.2 初等变换法

用非退化线性变换 $\boldsymbol{X}=\boldsymbol{CY}$ 化二次型 $f=\boldsymbol{X}^{\mathrm{T}}\boldsymbol{AX}$ 为标准形，相当

于对对称矩阵 $\boldsymbol{A}$ 找一个可逆矩阵 $\boldsymbol{C}$，使 $\boldsymbol{C}^{\mathrm{T}}\boldsymbol{A}\boldsymbol{C}=\boldsymbol{\Lambda}$ 为对角矩阵. 由于可逆矩阵可以写成若干初等矩阵的乘积，不妨设

$$\boldsymbol{C}=\boldsymbol{P}_1\boldsymbol{P}_2\cdots\boldsymbol{P}_s,$$

其中 $\boldsymbol{P}_1,\boldsymbol{P}_2,\cdots,\boldsymbol{P}_s$ 为初等矩阵. 从而有

$$\boldsymbol{P}_s^{\mathrm{T}}\cdots\boldsymbol{P}_2^{\mathrm{T}}\boldsymbol{P}_1^{\mathrm{T}}\boldsymbol{A}\boldsymbol{P}_1\boldsymbol{P}_2\cdots\boldsymbol{P}_s=\boldsymbol{\Lambda},$$

$$\boldsymbol{E}\boldsymbol{P}_1\boldsymbol{P}_2\cdots\boldsymbol{P}_s=\boldsymbol{C}.$$

由于用初等矩阵左(右)乘一个矩阵相当于对其施行一次初等行(列)变换，由此可得到用初等变换法化二次型为标准形的步骤如下：

(1) 写出二次型 f 的矩阵 $\boldsymbol{A}$，并构造 $2n\times n$ 矩阵 $\begin{pmatrix}\boldsymbol{A}\\ \boldsymbol{E}\end{pmatrix}$；

(2) 对 $\boldsymbol{A}$ 进行初等行变换和同样类型的初等列变换，把 $\boldsymbol{A}$ 化为对角矩阵 $\boldsymbol{\Lambda}$，并对 $\boldsymbol{E}$ 施行与 $\boldsymbol{A}$ 相同的初等列变换化为矩阵 $\boldsymbol{C}$，此时 $\boldsymbol{C}^{\mathrm{T}}\boldsymbol{A}\boldsymbol{C}=\boldsymbol{\Lambda}$；

(3) 写出非退化线性替换 $\boldsymbol{X}=\boldsymbol{C}\boldsymbol{Y}$ 化二次型为标准形 $f=\boldsymbol{Y}^{\mathrm{T}}\boldsymbol{\Lambda}\boldsymbol{Y}$.

这个方法可示意如下：

$$\begin{pmatrix}\boldsymbol{A}\\ \boldsymbol{E}\end{pmatrix}\xrightarrow[\text{对 }\boldsymbol{E}\text{ 只进行其中的初等列变换}]{\text{对 }\boldsymbol{A}\text{ 进行同样的初等行变换和初等列变换}}\begin{pmatrix}\boldsymbol{\Lambda}\\ \boldsymbol{C}\end{pmatrix}.$$

在变换的过程中，这时 $\boldsymbol{A}$ 下面的 $\boldsymbol{E}$ 记录了 $\boldsymbol{A}$ 的列的初等变换的情况，$\boldsymbol{C}$ 即为可逆初等变换的系数矩阵，而 $\boldsymbol{A}$ 变成的对角矩阵即为新二次型(即标准形)的矩阵.

例 6.5　化下面的二次型为标准形，并求出所用的非退化线性变换：

$$f(x_1,x_2,x_3)=x_1^2+2x_1x_2+2x_2^2+4x_2x_3+4x_3^2.$$

(例 6.5)

解　$f(x_1,x_2,x_3)$ 的矩阵为

$$\boldsymbol{A}=\begin{pmatrix}1&1&0\\1&2&2\\0&2&4\end{pmatrix}.$$

$$\begin{pmatrix}\boldsymbol{A}\\ \boldsymbol{E}\end{pmatrix}=\begin{pmatrix}1&1&0\\1&2&2\\0&2&4\\1&0&0\\0&1&0\\0&0&1\end{pmatrix}\underset{\sim}{r_2-r_1}\begin{pmatrix}1&1&0\\0&1&2\\0&2&4\\1&0&0\\0&1&0\\0&0&1\end{pmatrix}\overset{\sim}{c_2-c_1}\begin{pmatrix}1&0&0\\0&1&2\\0&2&4\\1&-1&0\\0&1&0\\0&0&1\end{pmatrix}$$

$$\begin{pmatrix}1&0&0\\0&1&2\\0&0&0\\1&-1&0\\0&1&0\\0&0&1\end{pmatrix}\overset{r_3-2r_2}{\sim}\ \overset{c_3-2c_2}{\sim}\begin{pmatrix}1&0&0\\0&1&0\\0&0&0\\1&-1&2\\0&1&-2\\0&0&1\end{pmatrix},$$

所以 $\boldsymbol{C}=\begin{pmatrix}1&-1&2\\0&1&-2\\0&0&1\end{pmatrix}$，且 $\boldsymbol{C}^{\mathrm{T}}\boldsymbol{A}\boldsymbol{C}=\begin{pmatrix}1&0&0\\0&1&0\\0&0&0\end{pmatrix}$.

即二次型 $f(x_1,x_2,x_3)$ 经可逆线性变换 $\boldsymbol{X}=\boldsymbol{C}\boldsymbol{Y}$ 化成标准形

$$f(x_1,x_2,x_3)=y_1^2+y_2^2.$$

6.2.3 正交变换法

由第4章内容知，对于实对称矩阵 $\boldsymbol{A}$，一定有正交矩阵 $\boldsymbol{P}$，使 $\boldsymbol{P}^{-1}\boldsymbol{A}\boldsymbol{P}=\boldsymbol{P}^{\mathrm{T}}\boldsymbol{A}\boldsymbol{P}=\boldsymbol{\Lambda}$，这样就可将二次型 $f(x_1,x_2,\cdots,x_n)=\boldsymbol{X}^{\mathrm{T}}\boldsymbol{A}\boldsymbol{X}$ 通过正交变换 $\boldsymbol{X}=\boldsymbol{P}\boldsymbol{Y}$ 化为标准形.

对于实对称矩阵，可以利用正交矩阵将其对角化. 由于实二次型的矩阵是实对称矩阵，因此可用正交矩阵将其化为对角矩阵，这种变换称为正交变换.

用定理的形式叙述上面结论.

定理 6.3　对于任一个 n 元二次型 $f=\boldsymbol{X}^{\mathrm{T}}\boldsymbol{A}\boldsymbol{X}(\boldsymbol{A}^{\mathrm{T}}=\boldsymbol{A})$，都存在正交变换 $\boldsymbol{X}=\boldsymbol{P}\boldsymbol{Y}$，使得

$$f=\boldsymbol{X}^{\mathrm{T}}\boldsymbol{A}\boldsymbol{X}=d_1y_1^2+d_2y_2^2+\cdots+d_ny_n^2,$$

其中 $d_1,d_2,\cdots,d_n$ 是实对称矩阵 $\boldsymbol{A}$ 的全部特征值.

具体地，用正交变换法化二次型为标准形的步骤为：

(1) 由 $|\boldsymbol{A}-\lambda\boldsymbol{E}|=0$（或 $|\lambda\boldsymbol{E}-\boldsymbol{A}|=0$），求 $\boldsymbol{A}$ 的 n 个特征值 $\lambda_1,\lambda_2,\cdots,\lambda_n$；

(2) 对 λ_i，求 $\boldsymbol{A}$ 的关于 λ_i 的线性无关的特征向量（$i=1,2,\cdots,n$）；

(3) 对 $k(k>1)$ 重特征值 λ_i，用施密特正交化方法，将其 k 个线性无关的特征向量正交化；

(4) 将所求的 $\boldsymbol{A}$ 的 n 个正交的特征向量单位化；

(5) 以 $\boldsymbol{A}$ 的正交单位化后的特征向量为列向量构成正交矩阵

$\boldsymbol{C}$，并写出相应的正交变换 $\boldsymbol{X}=\boldsymbol{CY}$ 和二次型的标准形.

例 6.6　求正交变换 $\boldsymbol{X}=\boldsymbol{CY}$，化二次型 $f(x_1,x_2,x_3)=x_1x_2+x_1x_3+x_2x_3$ 为标准形.

（例 6.6）

解　二次型的矩阵为 $\boldsymbol{A}=\begin{pmatrix} 0 & \frac{1}{2} & \frac{1}{2} \\ \frac{1}{2} & 0 & \frac{1}{2} \\ \frac{1}{2} & \frac{1}{2} & 0 \end{pmatrix}$.

由 $|\boldsymbol{A}-\lambda\boldsymbol{E}|=0$，求得 $\boldsymbol{A}$ 的特征值为 $\lambda_1=\lambda_2=-\frac{1}{2}$，$\lambda_3=1$.

特征值 $\lambda_1=\lambda_2=-\frac{1}{2}$ 对应的特征向量为 $\boldsymbol{\xi}_1=\begin{pmatrix} -1 \\ 1 \\ 0 \end{pmatrix}$，$\boldsymbol{\xi}_2=\begin{pmatrix} -1 \\ 0 \\ 1 \end{pmatrix}$.

特征值 $\lambda_3=1$ 对应的特征向量为 $\boldsymbol{\xi}_3=\begin{pmatrix} 1 \\ 1 \\ 1 \end{pmatrix}$；显然 $\boldsymbol{\xi}_1,\boldsymbol{\xi}_2$ 与 $\boldsymbol{\xi}_3$ 都正交，但 $\boldsymbol{\xi}_1,\boldsymbol{\xi}_2$ 不正交.

下面将 $\boldsymbol{\xi}_1$ 和 $\boldsymbol{\xi}_2$ 正交化：

取

$$\boldsymbol{\beta}_1=\boldsymbol{\xi}_1=\begin{pmatrix} -1 \\ 1 \\ 0 \end{pmatrix},$$

$$\boldsymbol{\beta}_2=\boldsymbol{\xi}_2-\frac{[\boldsymbol{\xi}_2,\boldsymbol{\beta}_1]}{[\boldsymbol{\beta}_1,\boldsymbol{\beta}_1]}\boldsymbol{\beta}_1=\begin{pmatrix} -1 \\ 0 \\ 1 \end{pmatrix}-\frac{1}{2}\begin{pmatrix} -1 \\ 1 \\ 0 \end{pmatrix}=\frac{1}{2}\begin{pmatrix} -1 \\ -1 \\ 2 \end{pmatrix}.$$

最后，再将 $\boldsymbol{\beta}_1,\boldsymbol{\beta}_2,\boldsymbol{\xi}_3$ 单位化，得

$\eta_1=$________，$\eta_2=$________，$\eta_3=$________.

于是所求正交线性变换为

$$\begin{pmatrix} x_1 \\ x_2 \\ x_3 \end{pmatrix}=\underline{\qquad\qquad\qquad}\begin{pmatrix} y_1 \\ y_2 \\ y_3 \end{pmatrix}.$$

该变换使原二次型化为 $-\frac{1}{2}y_1^2-\frac{1}{2}y_2^2+y_3^2$.

【填空】 将例 6.6 中所有下划线部分的内容补全.

答案：$\boldsymbol{\eta}_1=\begin{pmatrix}-\frac{1}{\sqrt{2}}\\ \frac{1}{\sqrt{2}}\\ 0\end{pmatrix}$，$\boldsymbol{\eta}_2=\begin{pmatrix}-\frac{1}{\sqrt{6}}\\ -\frac{1}{\sqrt{6}}\\ \frac{2}{\sqrt{6}}\end{pmatrix}$，$\boldsymbol{\eta}_3=\begin{pmatrix}\frac{1}{\sqrt{3}}\\ \frac{1}{\sqrt{3}}\\ \frac{1}{\sqrt{3}}\end{pmatrix}$；$\begin{pmatrix}-\frac{1}{\sqrt{2}} & -\frac{1}{\sqrt{6}} & \frac{1}{\sqrt{3}}\\ \frac{1}{\sqrt{2}} & -\frac{1}{\sqrt{6}} & \frac{1}{\sqrt{3}}\\ 0 & \frac{2}{\sqrt{6}} & \frac{1}{\sqrt{3}}\end{pmatrix}$.

【思考】 若例 6.6 中仅要求用一可逆线性变换将二次型化为标准形，那么特征向量 $\boldsymbol{\beta}_1,\boldsymbol{\beta}_2,\boldsymbol{\xi}_3$ 需要正交化和单位化吗？

【注意】 用正交变换化二次型时，得到的标准形并不唯一，这与施行的正交变换或者说与用到的正交矩阵有关. 但由于标准形中平方项的系数只能是 $\boldsymbol{A}$ 的特征值，若不计它们的次序，则标准形是唯一的.

【形变质不变】 矩阵进行合同变换，正、负惯性指数不变.

习题 6.2

一、基础题

1. 用配方法将下列二次型经非退化线性变换化成标准形，并写出所做的非退化线性变换.

(1) $f=x_1^2+2x_2^2+2x_1x_2-2x_1x_3$；

(2) $f=x_1^2-x_3^2+2x_1x_2+2x_2x_3$.

2. 用正交变换方法将二次型化为标准形，并写出所用正交变换.

(1) $f=2x_3^2-2x_1x_2+2x_1x_3-2x_2x_3$；

(2) $f=x_1^2+x_2^2+x_3^2+x_4^2+2x_1x_2-2x_1x_4-2x_2x_3+2x_3x_4$；

(3) $f=x_1^2+2x_2^2+3x_3^2-4x_1x_2-4x_2x_3$.

二、提升题

3. 二次型 $x_1^2+x_2^2+x_3^2-4x_1x_2-4x_1x_3+2ax_2x_3$ 经正交变换后化为标准形 $3y_1^2+3y_2^2+by_3^2$，求 a,b 的值.

4. 已知二次型 $f(x_1,x_2,x_3)=2x_1^2+3x_2^2+3x_3^2+2ax_2x_3(a>0)$ 通过正交变换化为标准形 $f=y_1^2+2y_2^2+5y_3^2$，求 a 的值及所做的正交变换矩阵.

三、拓展题

5. 设二次型 $f(x_1,x_2,x_3)=x_1^2+x_2^2+x_3^2-2x_1x_2-2x_1x_3+2\alpha x_2x_3$ 通过正交变换化为标准形 $f=2y_1^2+2y_2^2+\beta y_3^2$，求常数 α,β，若 $\boldsymbol{X}^{\mathrm{T}}\boldsymbol{X}=3$，求 f 的最大值.

6.3 正定二次型

【问题导读】

1. 什么是正定矩阵?（不要和正交矩阵混淆了）

2. n 元二次型 $f(x_1,x_2,\cdots,x_n)=\boldsymbol{X}^{\mathrm{T}}\boldsymbol{A}\boldsymbol{X}$ 是正定二次型的充要条件是什么?（从特征值、规范形、正惯性指数等不同角度阐释）

3. 在判定一个实对称矩阵是否为正定矩阵时，常用的是特征值法和顺序主子式法. 对于数字矩阵，你擅长哪一种方法? 对于含有字符的矩阵呢?

本节介绍一类重要的二次型——正定二次型.

6.3.1 正定二次型与正定矩阵

定义 6.7 二次型 $f(x_1,x_2,\cdots,x_n)$ 称为正定二次型，如果当 x_1, $x_2,\cdots,x_n$ 不全为 0 时，一定有 $f(x_1,x_2,\cdots,x_n)>0$. 如果实对称矩阵 $\boldsymbol{A}$ 所确定的二次型正定，则称 $\boldsymbol{A}$ 为正定矩阵. 于是 $\boldsymbol{A}$ 为正定矩阵当且仅当 $\boldsymbol{X}\neq\boldsymbol{0}$ 时，有 $\boldsymbol{X}^{\mathrm{T}}\boldsymbol{A}\boldsymbol{X}>0$.

二次型的正定性在非退化线性变换中保持不变，即实对称矩阵的正定性在合同变换下保持不变.

定义 6.8 二次型 $f(x_1,x_2,\cdots,x_n)$ 称为半正定二次型，如果当 $x_1,x_2,\cdots,x_n$ 不全为 0 时，一定有 $f(x_1,x_2,\cdots,x_n)\geqslant 0$. 如果实对称矩阵 $\boldsymbol{A}$ 所确定的二次型半正定，则称 $\boldsymbol{A}$ 为半正定矩阵.

【思考】 模仿定义 6.7 和 6.8，定义负定二次型、半负定二次型、不定二次型、负定矩阵、半负定矩阵与不定矩阵.

二次型 $f(x_1,x_2,\cdots,x_n)$ 称为负定二次型，如果当 $x_1,x_2,\cdots,x_n$ 不全为 0 时，一定有 $f(x_1,x_2,\cdots,x_n)<0$. 负定二次型对应的实对称矩阵 $\boldsymbol{A}$ 称为负定矩阵.

二次型 $f(x_1,x_2,\cdots,x_n)$ 称为半负定二次型，如果当 $x_1,x_2,\cdots,x_n$ 不全为 0 时，一定有 $f(x_1,x_2,\cdots,x_n)\leqslant 0$. 半负定二次型对应的实对称矩阵 $\boldsymbol{A}$ 称为半负定矩阵.

二次型 $f(x_1,x_2,\cdots,x_n)$ 称为不定二次型，如果既存在一组 x_1, $x_2,\cdots,x_n$ 不全为 0 使得 $f(x_1,x_2,\cdots,x_n)>0$，也存在另一组 x_1, $x_2,\cdots,x_n$ 不全为 0 使得 $f(x_1,x_2,\cdots,x_n)<0$. 不定二次型对应的实对称矩阵 $\boldsymbol{A}$ 称为不定矩阵.

例 6.7 填空

(1) 二次型 $f(x_1,x_2,x_3)=x_1^2+x_2^2+x_3^2$ 是正定二次型，对应的正定矩阵 $\boldsymbol{A}=$________;

(2) 二次型 $f(x_1,x_2,x_3)=x_1^2+x_2^2$ 是半正定二次型，对应的半正定矩阵 $\boldsymbol{A}=$________;

(3) 二次型 $f(x_1,x_2,x_3)=-x_1^2-x_2^2-x_3^2$ 为负定二次型，对应的负定矩阵 $\boldsymbol{A}=$________;

(4) 二次型 $f(x_1,x_2,x_3)=-x_1^2-x_2^2$ 为半负定二次型，对应的半负定矩阵 $\boldsymbol{A}=$________;

(5) 二次型 $f(x_1,x_2,x_3)=x_1^2-x_2^2$ 为不定二次型，对应的矩阵 $\boldsymbol{A}=$________为不定矩阵.

解 $\boldsymbol{E}_3$; $\begin{pmatrix}1&0&0\\0&1&0\\0&0&0\end{pmatrix}$; $-\boldsymbol{E}_3$; $\begin{pmatrix}-1&0&0\\0&-1&0\\0&0&0\end{pmatrix}$; $\begin{pmatrix}1&0&0\\0&-1&0\\0&0&0\end{pmatrix}$.

例 6.8 如果 $\boldsymbol{A},\boldsymbol{B}$ 都是 n 阶正定矩阵，证明 $\boldsymbol{A}+\boldsymbol{B}$ 也是正定矩阵.

证明 因为 $\boldsymbol{A},\boldsymbol{B}$ 为正定矩阵，所以 $\boldsymbol{X}^{\mathrm{T}}\boldsymbol{A}\boldsymbol{X}$，$\boldsymbol{X}^{\mathrm{T}}\boldsymbol{B}\boldsymbol{X}$ 为正定二次型，且对 $\boldsymbol{X}\neq\boldsymbol{0}$，有

$$\boldsymbol{X}^{\mathrm{T}}\boldsymbol{A}\boldsymbol{X}>0,\quad \boldsymbol{X}^{\mathrm{T}}\boldsymbol{B}\boldsymbol{X}>0.$$

因此对 $\boldsymbol{X}\neq\boldsymbol{0}$，

$$\boldsymbol{X}^{\mathrm{T}}(\boldsymbol{A}+\boldsymbol{B})\boldsymbol{X}=\boldsymbol{X}^{\mathrm{T}}\boldsymbol{A}\boldsymbol{X}+\boldsymbol{X}^{\mathrm{T}}\boldsymbol{B}\boldsymbol{X}>0,$$

于是 $\boldsymbol{X}^{\mathrm{T}}(\boldsymbol{A}+\boldsymbol{B})\boldsymbol{X}$ 必为正定二次型，从而 $\boldsymbol{A}+\boldsymbol{B}$ 为正定矩阵. □

6.3.2 正定二次型的判定

对于给定的二次型，如何判定它是正定二次型？下面给出一些常用的判别方法.

定理 6.4 n 元二次型 $f(x_1,x_2,\cdots,x_n)=\boldsymbol{X}^{\mathrm{T}}\boldsymbol{A}\boldsymbol{X}$ 是正定二次型的充要条件是其矩阵 $\boldsymbol{A}$ 的 n 个特征值全大于零.

证明 根据实对称矩阵的基本定理，对于实对称矩阵 $\boldsymbol{A}$，一定存在 n 阶正交矩阵 $\boldsymbol{P}$ 使得

$$\boldsymbol{P}^{-1}\boldsymbol{A}\boldsymbol{P}=\boldsymbol{P}^{\mathrm{T}}\boldsymbol{A}\boldsymbol{P}=\boldsymbol{\Lambda}=\begin{pmatrix}\lambda_1&&&\\&\lambda_2&&\\&&\ddots&\\&&&\lambda_n\end{pmatrix},$$

其中 $\lambda_1,\lambda_2,\cdots,\lambda_n$ 为 $\boldsymbol{A}$ 的 n 个特征值. 有 $\boldsymbol{A}=\boldsymbol{P}\boldsymbol{\Lambda}\boldsymbol{P}^{-1}=\boldsymbol{P}\boldsymbol{\Lambda}\boldsymbol{P}^{\mathrm{T}}$.

令 $\boldsymbol{Y}=\boldsymbol{P}^{\mathrm{T}}\boldsymbol{X}$，对 $\boldsymbol{X}=(x_1,x_2,\cdots,x_n)^{\mathrm{T}}\neq\boldsymbol{0}$，有 $\boldsymbol{Y}=(y_1,y_2,\cdots,y_n)^{\mathrm{T}}\neq\boldsymbol{0}$. 从而

$$\boldsymbol{X}^{\mathrm{T}}\boldsymbol{A}\boldsymbol{X}=\boldsymbol{X}^{\mathrm{T}}\boldsymbol{P}\boldsymbol{\Lambda}\boldsymbol{P}^{\mathrm{T}}\boldsymbol{X}=(\boldsymbol{X}^{\mathrm{T}}\boldsymbol{P})\boldsymbol{\Lambda}(\boldsymbol{P}^{\mathrm{T}}\boldsymbol{X})=\boldsymbol{Y}^{\mathrm{T}}\boldsymbol{\Lambda}\boldsymbol{Y}=\lambda_1y_1^2+\lambda_2y_2^2+\cdots+\lambda_ny_n^2.$$

显然，当 $\boldsymbol{A}$ 的 n 个特征值 $\lambda_1,\lambda_2,\cdots,\lambda_n$ 全大于零时，有 $\boldsymbol{X}^{\mathrm{T}}\boldsymbol{A}\boldsymbol{X}>0$.

当 $\boldsymbol{A}$ 是正定矩阵时，可知，对任意 $\boldsymbol{X}=(x_1,x_2,\cdots,x_n)^{\mathrm{T}}\neq\boldsymbol{0}$，一定有 $\boldsymbol{X}^{\mathrm{T}}\boldsymbol{A}\boldsymbol{X}>0$. 若取 $\boldsymbol{X}_i=(0,\cdots,0,1,0,\cdots,0)^{\mathrm{T}}$，满足其第 i 个分量为 1，其余分量为 0，则 $\lambda_i=\boldsymbol{X}_i^{\mathrm{T}}\boldsymbol{A}\boldsymbol{X}_i>0$，$i=1,2,\cdots,n$. □

推论 6.1 n 元二次型 $f(x_1,x_2,\cdots,x_n)=\boldsymbol{X}^{\mathrm{T}}\boldsymbol{AX}$ 是正定二次型的充要条件是其规范形为

$$z_1^2+z_2^2+\cdots+z_n^2.$$

推论 6.2 n 元二次型 $f(x_1,x_2,\cdots,x_n)=\boldsymbol{X}^{\mathrm{T}}\boldsymbol{AX}$ 是正定二次型的充要条件是其矩阵 $\boldsymbol{A}$ 合同于单位矩阵，即存在可逆矩阵 $\boldsymbol{C}$，使得 $\boldsymbol{A}=\boldsymbol{C}^{\mathrm{T}}\boldsymbol{C}$.

推论 6.3 n 元二次型 $f(x_1,x_2,\cdots,x_n)=\boldsymbol{X}^{\mathrm{T}}\boldsymbol{AX}$ 是正定二次型的充要条件是其正惯性指数为 n.

由上述定理和推论可得到判别二次型是否为正定二次型的两种方法——配方法和特征值法.

1. 配方法

例 6.9 判断二次型 $f(x_1,x_2,x_3)=x_1^2+2x_1x_2+2x_2^2+4x_2x_3+x_3^2$ 是否是正定二次型.

解 用配方法得到

$$\begin{aligned}f(x_1,x_2,x_3)&=x_1^2+2x_1x_2+2x_2^2+4x_2x_3+x_3^2\\&=(x_1+x_2)^2+(x_2+2x_3)^2-3x_3^2.\end{aligned}$$

令

$$\begin{cases}x_1+x_2=y_1\\x_2+2x_3=y_2,\\x_3=y_3\end{cases}$$

经过这个非退化线性变换，得到

$$f(x_1,x_2,x_3)=y_1^2+y_2^2-3y_3^2.$$

所以 $f(x_1,x_2,x_3)$ 的正惯性指数等于 2，从而可知 $f(x_1,x_2,x_3)$ 不是正定二次型.

2. 特征值法

例 6.10 判断二次型 $f(x_1,x_2,x_3)=x_1^2+2x_1x_2+2x_2^2+4x_2x_3+x_3^2$ 是否是正定二次型.

解 $f(x_1,x_2,x_3)$ 的矩阵 $\boldsymbol{A}=\begin{pmatrix}1&1&0\\1&2&2\\0&2&1\end{pmatrix}$,

$$由\ |\lambda \boldsymbol{E}-\boldsymbol{A}|=\begin{vmatrix} \lambda-1 & -1 & 0 \\ -1 & \lambda-2 & -2 \\ 0 & -2 & \lambda-1 \end{vmatrix}=(\lambda-1)(\lambda^2-3\lambda-3)=0$$

解有

$$\lambda_1=1,\ \lambda_2=\frac{3+\sqrt{21}}{2},\ \lambda_3=\frac{3-\sqrt{21}}{2}.$$

因为 $\lambda_3<0$，所以 $f(x_1,x_2,x_3)$ 不是正定二次型.

下面介绍判别二次型是否为正定二次型的一种新方法——顺序主子式法.

3. 顺序主子式法

定义 6.9 设矩阵 $\boldsymbol{A}=(a_{ij})_{n\times n}$ 为一个 n 阶方阵，称 k 阶行列式

$$\begin{vmatrix} a_{11} & a_{12} & \cdots & a_{1k} \\ a_{21} & a_{22} & \cdots & a_{2k} \\ \vdots & \vdots & & \vdots \\ a_{k1} & a_{k2} & \cdots & a_{kk} \end{vmatrix}$$

为矩阵 $\boldsymbol{A}$ 的第 k 阶顺序主子式($1\leqslant k\leqslant n$). 称

$$\begin{vmatrix} a_{i_1i_1} & a_{i_1i_2} & \cdots & a_{i_1i_k} \\ a_{i_2i_1} & a_{i_2i_2} & \cdots & a_{i_2i_k} \\ \vdots & \vdots & & \vdots \\ a_{i_ki_1} & a_{i_ki_2} & \cdots & a_{i_ki_k} \end{vmatrix}$$

为矩阵 $\boldsymbol{A}$ 的一个 k 阶主子式($1\leqslant k\leqslant n$).

定理 6.5 n 元二次型 $f(x_1,x_2,\cdots,x_n)=\boldsymbol{X}^{\mathrm{T}}\boldsymbol{A}\boldsymbol{X}$ 是正定二次型的充要条件是其矩阵 $\boldsymbol{A}$ 的各阶顺序主子式都大于零.

证明 用数学归纳法(略).

例 6.11 判断下列二次型是否是正定二次型.

(1) $7x_1^2+8x_2^2+6x_3^2-4x_1x_2-4x_2x_3$;

(2) $2x_1^2+8x_1x_2+4x_1x_3+2x_2^2-8x_2x_3+x_3^2$.

解 (1)

$$\boldsymbol{A}=\underline{\qquad\qquad\qquad},$$

因为 $\Delta_1=|7|>0$，$\Delta_2=\underline{\qquad\qquad}>0$，$\Delta_3=|\boldsymbol{A}|=284>0$，所以 $f(x_1,x_2,x_3)$ 是正定二次型.

(例 6.11)

(2)

$$A = \underline{\qquad\qquad\qquad},$$

因为 $\Delta_1 = |2| > 0$，$\Delta_2 = \underline{\qquad\qquad} < 0$，所以 $f(x_1, x_2, x_3)$ 不是正定二次型.

【填空】 将例 6.11 中下划线部分的内容补全. $\left(\text{答案：}\begin{pmatrix} 7 & -2 & 0 \\ -2 & 8 & -2 \\ 0 & -2 & 6 \end{pmatrix};\ \begin{vmatrix} 7 & -2 \\ -2 & 8 \end{vmatrix} = 52;\ \begin{pmatrix} 2 & 4 & 2 \\ 4 & 2 & -4 \\ 2 & -4 & 1 \end{pmatrix};\ \begin{vmatrix} 2 & 4 \\ 4 & 2 \end{vmatrix} = -12.\right)$

【量变与质变】 根据二次型矩阵的特征值来判断二次型是否正定，是根据它们的“量”来确定它们对应的“质”.

6.3.3 二次型的几个判定定理

下面是正定二次型、半正定二次型和负定二次型的判定条件.

定理 6.6 n 元实二次型 $f(x_1, x_2, \cdots, x_n)$ 的矩阵是实对称矩阵 $\boldsymbol{A}$，以下条件等价：

(1) 对任意 $x_1, x_2, \cdots, x_n$ 不全为 0，有 $f(x_1, x_2, \cdots, x_n) > 0$；

(2) $\boldsymbol{A}$ 的特征值都大于零；

(3) $\boldsymbol{A}$ 的顺序主子式都大于零；

(4) 存在可逆矩阵 $\boldsymbol{C}$，使 $\boldsymbol{C}^{\mathrm{T}}\boldsymbol{A}\boldsymbol{C} = \boldsymbol{E}$；

(5) $\boldsymbol{A}$ 的正惯性指数为 n.

【拓展任务】 仿照二次型是否正定的判别方法，你能给出判断二次型是否半正定的方法吗？能给出判断二次型是否负定的方法吗？

(拓展任务)

定理 6.7 n 元实二次型 $f(x_1, x_2, \cdots, x_n)$ 的矩阵是实对称矩阵 $\boldsymbol{A}$，以下条件等价：

(1) 对任意 $x_1, x_2, \cdots, x_n$ 不全为 0，有 $f(x_1, x_2, \cdots, x_n) \geqslant 0$；

(2) $\boldsymbol{A}$ 的特征值都大于或等于零；

(3) $\boldsymbol{A}$ 的主子式都大于零；

(4) 存在可逆矩阵 $\boldsymbol{C}$，使 $\boldsymbol{C}^{\mathrm{T}}\boldsymbol{A}\boldsymbol{C} = \begin{pmatrix} \boldsymbol{E}_r & \boldsymbol{O} \\ \boldsymbol{O} & \boldsymbol{O} \end{pmatrix}$；

(5) $\boldsymbol{A}$ 的正惯性指数 $p = r = R(\boldsymbol{A})$（或负惯性指数为 0）.

定理 6.8 n 元实二次型 $f(x_1,x_2,\cdots,x_n)$ 的矩阵是实对称矩阵 $\boldsymbol{A}$，以下条件等价：

（1）对任意 $x_1,x_2,\cdots,x_n$ 不全为 0，有 $f(x_1,x_2,\cdots,x_n)<0$；

（2）$\boldsymbol{A}$ 的特征值都小于零；

（3）$\boldsymbol{A}$ 的奇数阶顺序主子式都小于零，偶数阶顺序主子式都大于零；

（4）存在可逆矩阵 $\boldsymbol{C}$，使 $\boldsymbol{C}^{\mathrm{T}}\boldsymbol{A}\boldsymbol{C}=-\boldsymbol{E}$；

（5）$\boldsymbol{A}$ 的负惯性指数为 n.

习题 6.3

一、基础题

1. 判别下列二次型是否为正定二次型：

（1）$f=5x_1^2+6x_2^2+4x_3^2-4x_1x_2-4x_2x_3$；

（2）$f=10x_1^2+2x_2^2+x_3^2+8x_1x_2+24x_1x_3-28x_2x_3$；

（3）$f=-2x_1^2-6x_2^2-4x_3^2+2x_1x_2+2x_1x_3$.

2. 当 t 为何值时，下列二次型为正定二次型：

（1）$f=x_1^2+4x_2^2+x_3^2+2tx_1x_2+10x_1x_3+6x_2x_3$；

（2）$f=2x_1^2+x_2^2+x_3^2+2x_1x_2+tx_2x_3$.

3. 设 $\boldsymbol{A}$ 是可逆矩阵，证明 $\boldsymbol{A}^{\mathrm{T}}\boldsymbol{A}$ 为正定矩阵.

二、提升题

4. 试证：二次型

$$f(x_1,x_2,\cdots,x_n)=2\sum_{i=1}^{n}x_i^2+2\sum_{1\leqslant i<j\leqslant n}x_ix_j$$

为正定二次型.

5. 设 $\boldsymbol{A}$ 为 m 阶正定矩阵，$\boldsymbol{B}$ 为矩阵，证明：$\boldsymbol{B}^{\mathrm{T}}\boldsymbol{A}\boldsymbol{B}$ 为正定矩阵的充分必要条件为 $R(\boldsymbol{B})=n$.

6. 设 $\boldsymbol{A}$ 为实对称矩阵，且 $\boldsymbol{A}^3-4\boldsymbol{A}^2+5\boldsymbol{A}-2\boldsymbol{E}=\boldsymbol{O}$，问 $\boldsymbol{A}$ 是否为正定矩阵？

三、拓展题

7. 设分块矩阵 $\begin{pmatrix}\boldsymbol{A} & \boldsymbol{B}^{\mathrm{T}}\\ \boldsymbol{B} & \boldsymbol{D}\end{pmatrix}$ 正定，证明：$\boldsymbol{D}-\boldsymbol{B}\boldsymbol{A}^{-1}\boldsymbol{B}^{\mathrm{T}}$ 也正定.

8. 设 $\boldsymbol{A}$ 是 n 阶正定矩阵，$\boldsymbol{E}$ 是 n 阶单位矩阵，证明 $\boldsymbol{A}+\boldsymbol{E}$ 的行列式大于 1.

6.4 用 MATLAB 进行二次型的运算

【问题导读】

1. 求特征值和特征向量用什么命令？
2. 如何判断一个方阵是否可以相似对角化？
3. 如何将一个实对称矩阵正交相似对角化？

化二次型为标准形和规范形，无论用哪种方法，计算量都比较烦琐，尤其是当阶数较高时，计算量很大，这时候，MATLAB 的应用就显得特别重要.

6.4.1　化二次型为标准形

在第 5 章我们曾经用“eig( )”来求矩阵的特征值和特征向量. 这个函数也可以用来化二次型为标准形.

对于二次型 $f(x_1,x_2,\cdots,x_n)=\boldsymbol{X}^{\mathrm{T}}\boldsymbol{A}\boldsymbol{X}$，其中 $\boldsymbol{A}$ 是一个实对称矩阵. 用函数“[V,D] = eig(A)”可返回矩阵 $\boldsymbol{A}$ 的相似对角矩阵 $\boldsymbol{D}$ 和正交矩阵 $\boldsymbol{V}$，满足 $\boldsymbol{V}^{-1}\boldsymbol{A}\boldsymbol{V}=\boldsymbol{V}^{\mathrm{T}}\boldsymbol{A}\boldsymbol{V}=\boldsymbol{D}$，进而写出其标准形.

例 6.12　化二次型 $f=x_1^2+x_2^2+x_3^2+x_4^2+2x_1x_2-2x_1x_4-2x_2x_3+2x_3x_4$ 为标准形.

【编写代码】 分组查资料，了解 MATLAB 中化二次型为标准形的方法，并利用 MATLAB 进行计算.

(例 6.12)

解　在 MATLAB 命令行窗口中输入：

```
>>A=[1,1,0,-1;1,1,-1,0;0,-1,1,1;-1,0,1,1];
>>syms y1 y2 y3 y4 real;
>>[V,D]=eig(A);
>>y=[y1;y2;y3;y4];
>>f=y' * D * y
```

得到结果：

```
f=
    -y1^2+y2^2+y3^2+3 * y4^2
```

6.4.2　正定二次型的判定

要判定一个对称矩阵是否是正定的，只要看其正特征值的个数即可，可以用“eig(A)”求出矩阵 $\boldsymbol{A}$ 的特征值，进而判定其正定性.

例 6.13　判定二次型 $f=10x_1^2+2x_2^2+x_3^2+8x_1x_2+24x_1x_2-28x_2x_3$ 是否为正定二次型.

【编写代码】 分组查资料，了解 MATLAB 中判定二次型正定性的方法，并利用 MATLAB 进行判定.

(例 6.13)

解　在 MATLAB 命令行窗口中输入：

```
>>A=[10,4,12;4,2,-14;12,-14,1];
>>d=eig(A);
```

得到结果：

```
  -6167/354
   5360/527
41047/2027
```

由于有一个负特征值，所以这个二次型不是正定的.

6.5 应用案例

6.5.1 二次函数的条件极值

条件极值问题经常出现在生活实践中. 初等数学对这类问题的求解多利用单调性、二次函数、不等式、消元法、数形结合、换元及对称优化等思想，但这些思想的灵活运用往往需要较强的解题技巧. 高等数学对这类问题的求解多利用拉格朗日乘数法，然而当变元较多时，其求解步骤往往过于烦杂. 这里介绍一类特殊的二次型条件极值问题的特征值解法.

可以证明，实二次型 $\sum_{i=1}^{n}\sum_{j=1}^{n}a_{ij}x_ix_j(a_{ij}=a_{ji})$ 在条件 $\sum_{i=1}^{n}x_i^2=c(c>0)$ 下的最大值(最小值)恰是其特征值中最大值(最小值)的 c 倍.

分析 利用拉格朗日乘数法，先构造拉格朗日函数：

$$L(x_1,x_2,\cdots,x_n)=\sum_{i=1}^{n}\sum_{j=1}^{n}a_{ij}x_ix_j-\lambda\left(\sum_{i=1}^{n}x_i^2-c\right),$$

其中 λ 为参数. 再令其关于 $x_1,x_2,\cdots,x_n$ 的一阶偏导数为0，得

$$\begin{cases}\dfrac{\partial L}{\partial x_1}=2\sum_{i=1}^{n}a_{1j}x_j-2\lambda x_1=2[(a_{11}-\lambda)x_1+a_{12}x_2+\cdots+a_{1n}x_n]=0\\ \dfrac{\partial L}{\partial x_2}=2\sum_{j=1}^{n}a_{2j}x_j-2\lambda x_2=2[a_{21}x_1+(a_{22}-\lambda)x_2+\cdots+a_{2n}x_n]=0\\ \qquad\vdots\\ \dfrac{\partial L}{\partial x_n}=2\sum_{j=1}^{n}a_{nj}x_j-2\lambda x_n=2[a_{n1}x_1+a_{n2}x_2+\cdots+(a_{nn}-\lambda)x_n]=0\end{cases},\tag{6-2}$$

由于 $a_{ij}=a_{ji}$，所以上述方程组可以写成

$$\begin{pmatrix}a_{11}-\lambda & a_{12} & \cdots & a_{1n}\\ a_{21} & a_{22}-\lambda & \cdots & a_{2n}\\ \vdots & \vdots & & \vdots\\ a_{n1} & a_{n2} & \cdots & a_{nn}-\lambda\end{pmatrix}\begin{pmatrix}x_1\\ x_2\\ \vdots\\ x_n\end{pmatrix}=\mathbf{0}.$$

这是一个齐次线性方程组，由于 $\sum_{i=1}^{n}x_i^2=c>0$，所以 $x_1,x_2,\cdots,x_n$ 不

全为 0，从而有非零解，即该方程组的系数行列式为 0，即

$$\begin{vmatrix} a_{11}-\lambda & a_{12} & \cdots & a_{1n} \\ a_{21} & a_{22}-\lambda & \cdots & a_{2n} \\ \vdots & \vdots & & \vdots \\ a_{n1} & a_{n2} & \cdots & a_{nn}-\lambda \end{vmatrix}=0,$$

所以 λ 是 $\sum\limits_{i=1}^{n}\sum\limits_{j=1}^{n} a_{ij}x_i x_j(a_{ij}=a_{ji})$ 系数矩阵的特征值.

又依次用 $x_1,x_2,\cdots,x_n$ 分别乘式(6-2)的各个方程再相加得到 $\sum\limits_{i=1}^{n}\sum\limits_{j=1}^{n} a_{ij}x_i x_j-\lambda \sum\limits_{i=1}^{n} x_i^2=0$. 又 $\sum\limits_{i=1}^{n} x_i^2=c$，所以 $\sum\limits_{i=1}^{n}\sum\limits_{j=1}^{n} a_{ij}x_i x_j=\lambda c$.

特别地，实二次型 $\sum\limits_{i=1}^{n}\sum\limits_{j=1}^{n} a_{ij}x_i x_j(a_{ij}=a_{ji})$ 在条件 $\sum\limits_{i=1}^{n} x_i^2=1$ 下的最大值(最小值)恰是其特征值中最大值(最小值).

例如，设 $f(x,y,z)=2x^2+2y^2+z^2+2xz+2yz$，且满足 $x^2+y^2+z^2=1$. f 的矩阵是 $\boldsymbol{A}=\begin{pmatrix} 2 & 0 & 1 \\ 0 & 2 & 1 \\ 1 & 1 & 1 \end{pmatrix}$，其特征多项式为

$$|\boldsymbol{A}-\lambda\boldsymbol{E}|=\begin{vmatrix} 2-\lambda & 0 & 1 \\ 0 & 2-\lambda & 1 \\ 1 & 1 & 1-\lambda \end{vmatrix}=-\lambda(\lambda-2)(\lambda-3).$$

求得 f 的特征值为 $\lambda_1=0,\lambda_2=2,\lambda_3=3$. 所以 f 在条件 $x^2+y^2+z^2=1$ 下的最大值为 3，最小值为 0.

6.5.2　正定二次型在线性回归模型中的应用

线性回归模型是经济管理中计量分析的基础. 线性回归模型的建立、参数估计及其相关性质的论证都是以二次型及有定性理论为基础的.

经济变量之间的关系通过函数形式来表示，就形成了经济模型. 假设根据经济理论，变量 y_i 的变化受 $k-1$ 个变量 $x_{2i},x_{3i},\cdots,x_{ki}$ 的影响，且 y_i 和 $x_{2i},x_{3i},\cdots,x_{ki}$ 之间有如下线性关系：

$$y_i=\beta_1+\beta_2 x_{2i}+\beta_3 x_{3i}+\cdots+\beta_k x_{ki}+u_i, i=1,2,\cdots,n, n\geqslant k.$$

若记

$$\boldsymbol{Y}=\begin{pmatrix} y_1 \\ y_2 \\ \vdots \\ y_n \end{pmatrix},\boldsymbol{\beta}=\begin{pmatrix} \beta_1 \\ \beta_2 \\ \vdots \\ \beta_n \end{pmatrix},\boldsymbol{X}=\begin{pmatrix} 1 & x_{21} & \cdots & x_{k1} \\ 1 & x_{22} & \cdots & x_{k2} \\ \vdots & \vdots & & \vdots \\ 1 & x_{2n} & \cdots & x_{kn} \end{pmatrix},\boldsymbol{U}=\begin{pmatrix} u_1 \\ u_2 \\ \vdots \\ u_n \end{pmatrix},$$

则可以写成矩阵形式 $\boldsymbol{Y}=\boldsymbol{X\beta}+\boldsymbol{U}$.

假设 $\boldsymbol{X}$ 为确定性矩阵, $R(\boldsymbol{X})=k, u_i\sim N(0,\sigma^2), i=1,2,\cdots,n$, 且相互独立. 为了使误差平方和 $f(\beta)=\boldsymbol{U}^{\mathrm{T}}\boldsymbol{U}=(\boldsymbol{Y}-\boldsymbol{X\beta})^{\mathrm{T}}(\boldsymbol{Y}-\boldsymbol{X\beta})$ 最小，根据 $\frac{\partial f}{\partial\beta_1}=\frac{\partial f}{\partial\beta_2}=\cdots=\frac{\partial f}{\partial\beta_n}=0$ 得正规方程 $\boldsymbol{X}^{\mathrm{T}}\boldsymbol{X\beta}=\boldsymbol{X}^{\mathrm{T}}\boldsymbol{Y}$. 由于 $\boldsymbol{X}^{\mathrm{T}}\boldsymbol{X}$ 为正定矩阵，其逆矩阵存在，所以 $\boldsymbol{\beta}$ 有唯一解. 其中参数 $\boldsymbol{\beta}$ 的最小二乘法估计为

$$\boldsymbol{\beta}=(\boldsymbol{X}^{\mathrm{T}}\boldsymbol{X})^{-1}\boldsymbol{X}^{\mathrm{T}}\boldsymbol{Y}.$$

根据 $\boldsymbol{X}^{\mathrm{T}}\boldsymbol{X}$ 是正定矩阵的结论，还可以推出最小二乘估计的分布的一些性质，为线性回归模型中被估计参数的检验、预测和控制提供理论依据. 限于知识背景和篇幅，这里不再展开讨论.

6.5.3 二次型在自由度中的应用

在统计学中，自由度是指总体参数估计量中变量值独立自由变化的个数. 它产生于利用样本量估计参数的时候. 实际上自由度也是对随机变量的二次型(也可以统称为二次统计量)而言的. n 元二次型的秩的大小反映了 n 个变量中能自由变动的无约束变量的多少，因此我们所说的自由度就是二次型的秩.

例如，求统计量 $\sum_{i=1}^{n}(x_i-\bar{x})^2$ 的自由度. 我们有

$$\begin{aligned}\sum_{i=1}^{n}(x_i-\bar{x})^2 &= \sum_{i=1}^{n}x_i^2-n\bar{x}^2=\sum_{i=1}^{n}x_i^2-\frac{1}{n}\left(\sum_{i=1}^{n}x_i\right)^2\\&=\sum_{i=1}^{n}\left(1-\frac{1}{n}\right)x_i^2+\sum_{i=1}^{n}\left(-\frac{1}{n}\right)x_ix_j\\&=\boldsymbol{X}^{\mathrm{T}}\boldsymbol{AX},\end{aligned}$$

其中

$$\boldsymbol{X}=(x_1,x_2,\cdots,x_n)^{\mathrm{T}},\boldsymbol{A}=\begin{pmatrix}1-\frac{1}{n} & -\frac{1}{n} & \cdots & -\frac{1}{n}\\ -\frac{1}{n} & 1-\frac{1}{n} & \cdots & -\frac{1}{n}\\ \vdots & \vdots & & \vdots\\ -\frac{1}{n} & -\frac{1}{n} & \cdots & 1-\frac{1}{n}\end{pmatrix}.$$

我们可以通过矩阵的初等变换求得 $\boldsymbol{A}$ 的秩为 $n-1$，所以统计量的自由度为 $n-1$.

第6章思维导图

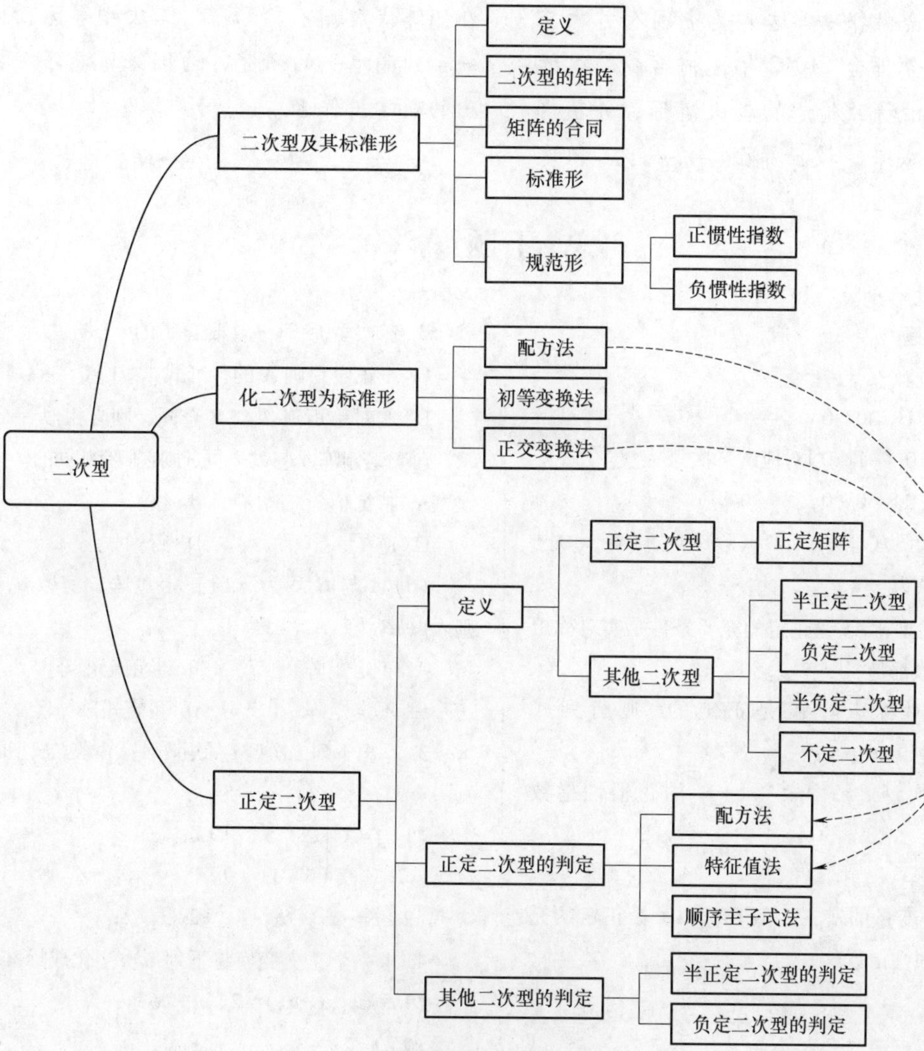

柯召(1910—2002)，字惠棠，出生于浙江温岭. 从20世纪30年代起，柯召就开始潜心研究不定方程. 1935年柯召考取中英"庚款"公费留学生，去英国曼彻斯特大学深

造，师从著名数学家莫德尔. 在莫德尔的指导下柯召研究二次型，并在表二次型为线性型平方和的问题上取得优异成绩，同时应邀在伦敦数学会做报告. 这也是中国人首次登上伦敦数学会讲台. 1962 年，柯召以精湛的方法解决了卡特兰猜想的二次情形，并获得一系列重要成果，被世界数学界誉为“柯氏定理”. 他所运用的方法被称为“柯召方法”，被应用于在不定方程的研究中. 柯召是中国现代数学教育的先驱者之一，带领一批学生在矩阵代数、不定方程、二次型等方面做了一系列高水平的研究，为国家培养了一批杰出的数学工作者.

总习题六

一、基础题

1. 填空题：

(1) $A=\begin{pmatrix}1&0&0\\0&-1&0\\0&0&0\end{pmatrix}$对应的二次型为________.

(2) 二次型 $f(x_1,x_2,x_3)=(x_1+x_2)^2+(x_2-x_3)^2+(x_3+x_1)^2$ 的秩为________.

(3) 二次型 $\boldsymbol{x}^{\mathrm{T}}\boldsymbol{A}\boldsymbol{x}$ 是正定的充要条件是实对称矩阵 $\boldsymbol{A}$ 的特征值都是________.

(4) 实对称矩阵 $\boldsymbol{A}$ 是正定的，则行列式必________.

(5) 二次型 $f=x_1^2+x_2^2-x_3^2+x_4^2$ 的正惯性指数为________.

2. 选择题：

(1) n 个变量的实二次型 $f=\boldsymbol{X}^{\mathrm{T}}\boldsymbol{A}\boldsymbol{X}$ 为正定的充要条件是正惯性指数(　　).

A. $p>\frac{n}{2}$　　B. $p\geqslant\frac{n}{2}$

C. $p=n$　　D. $\frac{n}{2}\leqslant p<n$

(2) 若二次型 $f=\boldsymbol{X}^{\mathrm{T}}\boldsymbol{A}\boldsymbol{X}$ 负定，则(　　).

A. 顺序主子式小于 0

B. 奇数阶顺序主子式大于 0，偶数阶顺序主子式小于 0

C. 顺序主子式大于 0

D. 奇数阶顺序主子式小于 0，偶数阶顺序主子式大于 0

(3) 下列说法正确的是(　　).

A. 若有非零向量 $\boldsymbol{X}$ 使得 $\boldsymbol{X}^{\mathrm{T}}\boldsymbol{A}\boldsymbol{X}>0$，则 $\boldsymbol{A}$ 为正定矩阵

B. 二次型 $f=2x_1^2+x_3^2$ 是正定的

C. $\boldsymbol{A}$ 正定，则 $\boldsymbol{A}$ 的行列式 $|\boldsymbol{A}|>0$

D. 实对称矩阵 $\boldsymbol{A}$ 与 $\boldsymbol{B}$ 合同，则必相似

(4) 若矩阵 $\boldsymbol{A}$ 与 $\boldsymbol{B}$ 合同，则它们有相同的(　　).

A. 特征值　　B. 秩

C. 逆　　D. 行列式

(5) $\boldsymbol{A}$ 与 $\boldsymbol{B}$ 均为 n 阶正定矩阵，实数 $a,b>0$，则 $a\boldsymbol{A}+b\boldsymbol{B}$ 为(　　).

A. 正定矩阵　　B. 半正定矩阵

C. 不定矩阵　　D. 负定矩阵

3. 写出下列二次型 f 的矩阵 $\boldsymbol{A}$，并求二次型的秩：

(1) $f=\boldsymbol{X}^{\mathrm{T}}\begin{pmatrix}1&4&5\\2&5&3\\5&11&9\end{pmatrix}\boldsymbol{X}$；

(2) $f=-2x_1^2-6x_2^2-4x_3^2+2x_1x_2+2x_1x_3$.

4. 求一个正交变换将下列二次型化成标准形：

(1) $f(x_1,x_2,x_3)=2x_1x_2-2x_2x_3$；

(2) $f=2x_1^2+3x_2^2+3x_3^2+4x_2x_3$.

5. 判定下列二次型的正定性：

(1) $f(x_1,x_2,x_3)=-2x_1^2-6x_2^2-4x_3^2+2x_1x_2+2x_1x_3$；

(2) $f(x_1,x_2,x_3)=2x_1^2+3x_2^2+3x_3^2+4x_2x_3$.

6. 已知二次型 $f(x_1,x_2,x_3)=(1-a)x_1^2+(1-a)x_2^2+2x_3^2+2(1+a)x_1x_2$ 的秩为 2.

(1) 求 a 的值；

(2) 求正交变换 $\boldsymbol{X}=\boldsymbol{P}\boldsymbol{Y}$，把 $f(x_1,x_2,x_3)$ 化成标准形；

(3) 求方程 $f(x_1,x_2,x_3)=0$ 的解.

二、提升题

7. 设二次型 $f(x_1,x_2,x_3)=ax_1^2+ax_2^2+(a-1)x_3^2+$

$2x_1x_3-2x_2x_3$，

（1）求二次型 f 的矩阵的所有特征值；

（2）若二次型 f 的规范形为 $y_1^2+y_2^2$，求 a 的值.

8. 设二次型

$$f(x_1,x_2,x_3)=\boldsymbol{X}^{\mathrm{T}}\boldsymbol{A}\boldsymbol{X}=ax_1^2+2x_2^2-2x_3^2+2bx_1x_3(b>0)$$

的矩阵 $\boldsymbol{A}$ 的特征值之和为 1，特征值之积为 -12.

（1）求 a,b 的值；

（2）利用正交变换将二次型 f 化为标准形，并写出所用的正交变换和对应的正交矩阵.

9. 设 $\boldsymbol{A}$ 是正定矩阵，证明 $k\boldsymbol{A}(k>0)$，$\boldsymbol{A}^{\mathrm{T}}$，$\boldsymbol{A}^{-1}$，$\boldsymbol{A}^*$ 也是正定矩阵.

10. 已知 $\boldsymbol{A}$ 为反对称矩阵，试证 $\boldsymbol{E}-\boldsymbol{A}^2$ 为正定矩阵.

部分习题答案与提示

习题 1.1

一、基础题

1. (1) ab^2-a^2b；(2) 1；(3) 8；(4) $abcd$.

2. (1) 4；(2) 7；(3) $\dfrac{n(n-1)}{2}$.

二、提升题

3. (1) 24；(2) 12；(3) $-abcd$.

4. $a_{11}a_{23}a_{32}a_{44}$；$a_{14}a_{23}a_{31}a_{42}$；$a_{12}a_{23}a_{34}a_{41}$.

5. (1) $\dfrac{n(n-1)}{2}$；(2) $n(n-1)$.

三、拓展题

6. 含有 x^3 的项有 $-5x^3$，含有 x^4 的项有 $10x^4$.

7. 0，因为不等于 0 的元素个数小于 n.

习题 1.2

一、基础题

1. (1) $-ka$；(2) 2.

2. (1) -13877000；(2) 21；(3) 8；(4) 160.

二、提升题

3. (1) 0；(2) $[x+(n-2)a](x-2a)^{n-1}$；(3) $n!$.

4. (1) 提示：将行列式其余各列都加到第一列，再提取第一列的公因子；

   (2) 提示：将行列式其余各行都加到第一行提取公因子，然后将第一行乘以 -1 加到其余各行.

三、拓展题

5. 提示：第一行乘以 100 加到第三行，第二行乘以 10 加到第三行.

习题 1.3

一、基础题

1. (1) -2；(2) 0；(3) 0.

2. (1) -10；(2) 0；(3) 144.

3. (1) 8；(2) 1；(3) 0.

二、提升题

4. (1) $x^n+(-1)^{n+1}y^n$；(2) $(a_1+a_2+\cdots+a_n-b)(-b)^{n-1}$.

5. $n!\prod\limits_{1\leqslant j<i\leqslant n}(i-j)$.

三、拓展题

6. $n+1$(可以按行(或列)展开，得到递归公式).

习题 1.4

一、基础题

1. (1) $x=3$，$y=-1$；(2) $x=3$，$y=-2$，$z=2$.

二、提升题

2. (1) $x_1=1$，$x_2=2$，$x_3=2$，$x_4=-1$；(2) $x=-a$，$y=b$，$z=c$.

3. $a=1$ 或 $b=0$.

三、拓展题

4. $$\begin{cases} y_1=\dfrac{A_{11}}{D}x_1+\dfrac{A_{21}}{D}x_2+\dfrac{A_{31}}{D}x_3+\dfrac{A_{41}}{D}x_4 \\ y_2=\dfrac{A_{12}}{D}x_1+\dfrac{A_{22}}{D}x_2+\dfrac{A_{32}}{D}x_3+\dfrac{A_{42}}{D}x_4 \\ y_3=\dfrac{A_{13}}{D}x_1+\dfrac{A_{23}}{D}x_2+\dfrac{A_{33}}{D}x_3+\dfrac{A_{43}}{D}x_4 \\ y_4=\dfrac{A_{14}}{D}x_1+\dfrac{A_{24}}{D}x_2+\dfrac{A_{34}}{D}x_3+\dfrac{A_{44}}{D}x_4 \end{cases}.$$

总习题一

一、基础题

1. (1) $i=8,k=3$；(2) $i=3,k=1$；(3) $-a_{12}a_{24}a_{31}a_{43},a_{12}a_{24}a_{33}a_{41}$；(4) $2M$.

2. (1) A；(2) D；(3) B；(4) C.

二、提升题

3. (1) 0；(2) 126；(3) 144；(4) -11；(5) $(a+4x)(a-x)^4$.

4. 略.

5. (1) $x_1=1,x_2=3,x_3=2,x_4=-1$；(2) $x_1=1,x_2=-1,x_3=1,x_4=-1,x_5=1$.

三、拓展题

6. (1) $a^{n-2}(a^2-1)$；(2) $(n+1)a_1a_2\cdots a_n$；(3) $\prod\limits_{1\leqslant j<i\leqslant n+1}(i-j)$.

7. $(1+a)^2=4b$.

习题 2.1

一、基础题

1. (1) $\boldsymbol{A}+\boldsymbol{B}=\begin{pmatrix}0 & 2 & -1\\ 3 & -2 & 3\end{pmatrix}$；(2) $\boldsymbol{A}=\begin{pmatrix}-2 & 0 & 3\\ -4 & -6 & 2\end{pmatrix}$.

2. (1) $\boldsymbol{AB}=\begin{pmatrix}0 & 14 & -3\\ 17 & 13 & 10\end{pmatrix}$；(2) $\boldsymbol{AB}=\begin{pmatrix}1 & -1 & 3\\ 2 & -2 & 6\\ 3 & -3 & 9\end{pmatrix}$；$\boldsymbol{BA}=(8)$.

3. $(\boldsymbol{A}+\boldsymbol{B})^2-(\boldsymbol{A}^2+2\boldsymbol{AB}+\boldsymbol{B}^2)=\boldsymbol{BA}-\boldsymbol{AB}=\begin{pmatrix}10 & 4 & 7\\ -6 & -14 & -4\\ 7 & -5 & 4\end{pmatrix}$.

4. (1) $\boldsymbol{A}^2-\boldsymbol{B}^2=\begin{pmatrix}-4 & -8 & 0\\ -3 & -11 & 7\\ -8 & -12 & -16\end{pmatrix}$；(2) $(\boldsymbol{A}+\boldsymbol{B})(\boldsymbol{A}-\boldsymbol{B})=\begin{pmatrix}-8 & -12 & 0\\ -8 & -8 & 8\\ -5 & -13 & -15\end{pmatrix}$；

(3) $\boldsymbol{B}^{\mathrm{T}}\boldsymbol{A}^{\mathrm{T}}=\begin{pmatrix}4 & 2 & 2\\ 6 & 2 & 0\\ 4 & 2 & 6\end{pmatrix}$；(4) $3\boldsymbol{AB}-2\boldsymbol{A}=\begin{pmatrix}10 & 16 & 10\\ 8 & 4 & 4\\ 4 & 2 & 16\end{pmatrix}$.

二、提升题

5. (1) 取 $\boldsymbol{A}=\begin{pmatrix}0 & 1\\ 0 & 0\end{pmatrix}$；(2) 取 $\boldsymbol{A}=\begin{pmatrix}1 & 1\\ 0 & 0\end{pmatrix}$；(3) 取 $\boldsymbol{A}=\begin{pmatrix}1 & 0\\ 0 & 0\end{pmatrix}$，$\boldsymbol{X}=\begin{pmatrix}1 & 1\\ -1 & 1\end{pmatrix}$，$\boldsymbol{Y}=\begin{pmatrix}1 & 1\\ 0 & 1\end{pmatrix}$.

6. $\boldsymbol{A}^2=\begin{pmatrix}1 & 0\\ 2\lambda & 1\end{pmatrix},\boldsymbol{A}^3=\begin{pmatrix}1 & 0\\ 3\lambda & 1\end{pmatrix},\cdots,\boldsymbol{A}^k=\begin{pmatrix}1 & 0\\ k\lambda & 1\end{pmatrix}$.

三、拓展题

7. $\boldsymbol{A}=\begin{pmatrix}18 & 0 & 0\\ -12 & 6 & 0\\ -2 & -5 & 3\end{pmatrix}$.

习题 2.2

一、基础题

1. (1) $\begin{pmatrix}3 & -5\\ -1 & 2\end{pmatrix}$；(2) $\begin{pmatrix}-4 & 2 & -1\\ 4 & -1 & 2\\ 3 & -1 & 1\end{pmatrix}$；(3) $\begin{pmatrix}1 & 1 & 3\\ 2 & 3 & 7\\ 3 & 4 & 9\end{pmatrix}$.

2. (1) $\boldsymbol{X}=\begin{pmatrix}0 & 2\\ 1 & 1\end{pmatrix}$；(2) $\boldsymbol{X}=\begin{pmatrix}9 & 7\\ -10 & -8\end{pmatrix}$.

3. $\boldsymbol{X}=\begin{pmatrix}3 & 0\\ 7 & -1\\ 1 & 1\end{pmatrix}$.

二、提升题

4. $\boldsymbol{X}=\begin{pmatrix}2 & -1 & 0\\ 2 & 3 & 4\\ 3 & 4 & 2\end{pmatrix}$.

5. $\boldsymbol{X}=\dfrac{1}{6}\begin{pmatrix}6 & 3 & 0\\ -2 & 6 & 0\\ 0 & 0 & 12\end{pmatrix}$.

6. $(\boldsymbol{A}+\boldsymbol{E})^{-1}=\boldsymbol{A}-3\boldsymbol{E}$.

7. 证明略.

8. 提示：利用矩阵可逆的充分必要条件是其行列式不等于零.

三、拓展题

9. $\boldsymbol{X}=[(\boldsymbol{A}-\boldsymbol{B})^{-1}]^2=\begin{pmatrix}1&2&5\\0&1&2\\0&0&1\end{pmatrix}$.

习题 2.3

一、基础题

1. (1) $\begin{pmatrix}1&0&0\\0&1&0\\0&0&1\end{pmatrix}$；(2) $\begin{pmatrix}1&-1&0\\0&0&1\end{pmatrix}$；(3) $\begin{pmatrix}1&0&5&0\\0&1&-1&2\\0&0&0&0\end{pmatrix}$.

2. (1) $\begin{pmatrix}1&0&0&0\\0&1&0&0\\0&0&1&0\end{pmatrix}$；(2) $\begin{pmatrix}1&0&0&0\\0&1&0&0\\0&0&0&0\\0&0&0&0\end{pmatrix}$.

3. (1) $\dfrac{1}{9}\begin{pmatrix}-2&4&1\\6&-3&-3\\1&-2&-5\end{pmatrix}$；(2) $\begin{pmatrix}1&0&0\\-1&1&0\\0&-1&1\end{pmatrix}$；(3) $\dfrac{1}{4}\begin{pmatrix}1&1&1&1\\1&1&-1&-1\\1&-1&1&-1\\1&-1&-1&1\end{pmatrix}$.

4. $\boldsymbol{X}=\begin{pmatrix}1&\dfrac{3}{2}&4\\2&0&-6\\2&\dfrac{1}{2}&-5\end{pmatrix}$.

二、提升题

5. $\boldsymbol{X}=\begin{pmatrix}0&1&0\\-2&1&1\end{pmatrix}$.

习题 2.4

一、基础题

1. (1) ×；(2) ×；(3) √；(4) ×；(5) √；(6) ×；(7) √；(8) ×.

2. (1) 秩为 2，二阶子式 $\begin{vmatrix}3&1\\1&-1\end{vmatrix}=-4\neq0$；(2) 秩为 2，二阶子式 $\begin{vmatrix}3&2\\2&-1\end{vmatrix}=-7\neq0$；

3. 当 $\lambda\neq3$ 时，$\boldsymbol{A}$ 的秩为 3；当 $\lambda=3$ 时，$\boldsymbol{A}$ 的秩为 2.

4. $x=0$，$y=2$.

二、提升题

5. $R(\boldsymbol{A}-2\boldsymbol{E})+R(\boldsymbol{A}-\boldsymbol{E})=4$.

习题 2.5

一、基础题

1. $A+B=\begin{pmatrix}2&0&1&0\\0&1&0&1\\0&0&2&1\\1&0&-1&-1\end{pmatrix}$；$AB=\begin{pmatrix}1&0&1&0\\0&0&0&1\\0&0&1&3\\1&0&0&-2\end{pmatrix}$.

2. $AB=\begin{pmatrix}1&0&1&0\\-1&2&0&1\\-2&4&3&3\\-1&1&3&1\end{pmatrix}$.

二、提升题

3. (1) $A^{-1}=\begin{pmatrix}5&-2&0&0&0\\-2&1&0&0&0\\0&0&\frac{1}{3}&0&0\\0&0&0&1&0\\0&0&0&0&1\end{pmatrix}$；(2) $B^{-1}=\begin{pmatrix}0&0&\frac{1}{5}&\frac{1}{5}\\0&0&-\frac{2}{5}&\frac{3}{5}\\\frac{3}{8}&-\frac{1}{8}&0&0\\\frac{1}{4}&\frac{1}{4}&0&0\end{pmatrix}$；

(3) $C^{-1}=\begin{bmatrix}\frac{1}{2}&0&-\frac{1}{2}&0&-1\\0&\frac{1}{2}&0&-\frac{1}{2}&-\frac{3}{2}\\0&0&1&0&0\\0&0&0&1&0\\0&0&0&0&1\end{bmatrix}$.

4. $|B|=2$.

三、拓展题

5. B.

总习题二

一、基础题

1. (1) $\begin{pmatrix}1&0&0\\0&1&0\\0&0&\frac{1}{2}\end{pmatrix}$；(2) $\begin{pmatrix}2&-1&0\\-1&2&0\\0&0&3\end{pmatrix}$；(3) 2；(4) 1.

2. (1) B; (2) C; (3) D; (4) C; (5) A; (6) A; (7) A; (8) B; (9) D; (10) B.

3. (1) $\begin{pmatrix} 6 & -7 & 8 \\ 20 & -5 & -6 \end{pmatrix}$; (2) $a_{11}x_1^2+a_{22}x_2^2+a_{33}x_3^2+2a_{12}x_1x_2+2a_{13}x_1x_3+2a_{23}x_2x_3$;

(3) $\begin{pmatrix} \lambda^k & C_k^1\lambda^{k-1} & C_k^2\lambda^{k-2} \\ 0 & \lambda^k & C_k^1\lambda^{k-1} \\ 0 & 0 & \lambda^k \end{pmatrix}$; (4) $\begin{pmatrix} 1 & -5 \\ 0 & -3 \\ 0 & -11 \end{pmatrix}$.

4. 证明略.

5. $A^{-1}=\begin{pmatrix} 1 & 0 & 0 & 0 \\ -a & 1 & 0 & 0 \\ 0 & -a & 1 & 0 \\ 0 & 0 & -a & 1 \end{pmatrix}$.

6. (1) $X=\begin{pmatrix} 1 & 2 & 5 \\ 2 & -9 & -8 \\ 0 & -4 & -6 \end{pmatrix}$; (2) $X=\begin{pmatrix} 0 & 3 & 3 \\ -1 & 2 & 3 \\ 1 & 1 & 0 \end{pmatrix}$.

7. $A^{-1}=\frac{1}{2}(A-E)$, $(A+2E)^{-1}=\frac{1}{4}(3E-A)$.

8. -16.

9. $\begin{pmatrix} 2731 & 2732 \\ -683 & -684 \end{pmatrix}$.

10. (1) $P^{-1}=\frac{1}{2}\begin{pmatrix} -1 & 1 & 1 \\ 2 & 0 & 2 \\ -1 & 1 & -1 \end{pmatrix}$; (2) $A=\begin{pmatrix} 1 & -1 & 1 \\ 2 & -2 & 2 \\ -1 & 1 & -1 \end{pmatrix}$; (3) $\phi(A)=\begin{pmatrix} -4 & 4 & -4 \\ -8 & 8 & -8 \\ 4 & -4 & 4 \end{pmatrix}$.

11. (1) $R(A)=3$; (2) $R(A)=2$.

二、提升题

12. 证明略.

13. (1) $A^{-1}=\begin{pmatrix} 1 & 0 & 0 & 0 \\ 0 & \frac{1}{2} & 0 & 0 \\ 0 & 0 & \frac{1}{2} & -\frac{1}{6} \\ 0 & 0 & -\frac{1}{2} & \frac{1}{2} \end{pmatrix}$; (2) $B^{-1}=\begin{pmatrix} 0 & 0 & 3 & -2 \\ 0 & 0 & -1 & 1 \\ 1 & -1 & 0 & 0 \\ -1 & 2 & 0 & 0 \end{pmatrix}$.

14. 提示：利用$\begin{pmatrix} E_m & O \\ -A_2A_1^{-1} & E_n \end{pmatrix}\begin{pmatrix} A_1 & O \\ A_2 & A_3 \end{pmatrix}=\begin{pmatrix} A_1 & O \\ O & A_3 \end{pmatrix}$及$A_1, A_3$可逆，即得$\begin{pmatrix} A_1 & O \\ A_2 & A_3 \end{pmatrix}$可逆，且

$\begin{pmatrix} A_1 & O \\ A_2 & A_3 \end{pmatrix}^{-1}=\begin{pmatrix} A_1^{-1} & O \\ -A_3^{-1}A_2A_1^{-1} & A_3^{-1} \end{pmatrix}$.

习题 3.1

一、基础题

1. $(1,0,-1)^{\mathrm{T}}$，$(0,1,2)^{\mathrm{T}}$.

2. （1）$\boldsymbol{\beta}=\frac{1}{8}(1,12,17,33)$；（2）$\boldsymbol{\beta}=\frac{1}{5}(3,1,9,14)$，$\boldsymbol{\gamma}=\frac{1}{10}(3,-14,-1,-11)$.

二、提升题

3. 能，$\boldsymbol{\beta}=-11\boldsymbol{\alpha}_1+14\boldsymbol{\alpha}_2+9\boldsymbol{\alpha}_3$.

三、拓展题

4. D.

习题 3.2

一、基础题

1. （1）×；（2）×；（3）√；（4）√；（5）×；（6）×.

2. （1）线性相关；（2）线性无关.

3. $a=9$ 时线性相关，$a\neq 9$ 时线性无关.

4. 略.

二、提升题

5. 略.

6. 略.

三、拓展题

7. 略.

8. 略.

习题 3.3

一、基础题

1. $k=3$.

2. $a=0$ 或 3.

3. （1）$r=2$，向量组线性相关，极大线性无关组 $\boldsymbol{\alpha}_1,\boldsymbol{\alpha}_2,\boldsymbol{\alpha}_3=\boldsymbol{\alpha}_1+\boldsymbol{\alpha}_2$；

   （2）$r=2$，向量组线性相关，极大线性无关组 $\boldsymbol{\alpha}_1,\boldsymbol{\alpha}_2,\boldsymbol{\alpha}_3=\frac{3}{2}\boldsymbol{\alpha}_1-\frac{7}{2}\boldsymbol{\alpha}_2,\boldsymbol{\alpha}_4=\boldsymbol{\alpha}_1+2\boldsymbol{\alpha}_2$.

4. （1）$r=3$，第 1,2,3 列构成一个极大线性无关组；

   （2）$r=3$，第 1,2,3 列构成一个极大线性无关组.

二、提升题

5. 当 $a\neq 2$ 时，线性无关，此时 $\boldsymbol{\alpha}=2\boldsymbol{\alpha}_1+\frac{3a-12}{a-2}\boldsymbol{\alpha}_2+\boldsymbol{\alpha}_3+\frac{5-a}{a-2}\boldsymbol{\alpha}_4$.

6. $a=0$ 或 $a=-10$ 时，线性相关，$a=0$ 时极大线性无关组 $\boldsymbol{\alpha}_1,\boldsymbol{\alpha}_2=2\boldsymbol{\alpha}_1,\boldsymbol{\alpha}_3=3\boldsymbol{\alpha}_1,\boldsymbol{\alpha}_4=4\boldsymbol{\alpha}_1$；$a=-10$ 时极大线性无关组 $\boldsymbol{\alpha}_1,\boldsymbol{\alpha}_2,\boldsymbol{\alpha}_3,\boldsymbol{\alpha}_4=19\boldsymbol{\alpha}_1-\boldsymbol{\alpha}_2-\boldsymbol{\alpha}_3$.

三、拓展题

7. 略.

8. 略.

习题 3.4

一、基础题

1. (1) 是; (2) 否; (3) 是.

2. V_1 是向量空间, V_2 不是向量空间; 不满足向量空间定义.

3. $\begin{pmatrix}1\\1\\-1\end{pmatrix}$.

二、提升题

4. $\boldsymbol{\beta}=2\boldsymbol{\alpha}_1+3\boldsymbol{\alpha}_2-\boldsymbol{\alpha}_3$.

5. $\begin{pmatrix}2&3&4\\0&-1&0\\-1&0&-1\end{pmatrix}$.

6. 维数为 3.

总习题三

一、基础题

1. (1) $\frac{1}{2}$; (2) 6; (3) $\begin{pmatrix}2&3\\-1&-2\end{pmatrix}$.

2. (1) A; (2) C; (3) D; (4) A; (5) A; (6) A; (7) A; (8) B; (9) A.

二、提升题

3. (1) $a=0$; (2) $a\neq0,a\neq b$, $\boldsymbol{\beta}=\left(1-\frac{1}{a}\right)\boldsymbol{\alpha}_1+\frac{1}{a}\boldsymbol{\alpha}_2$;

   (3) $a=b\neq0$, $\boldsymbol{\beta}=\left(1-\frac{1}{a}\right)\boldsymbol{\alpha}_1+\left(\frac{1}{a}+c\right)\boldsymbol{\alpha}_2+c\boldsymbol{\alpha}_3$, 其中 c 为任意常数.

4. 略.

三、拓展题

5. (1) 略; (2) $k=0$, $\boldsymbol{\xi}=k_1\boldsymbol{\alpha}_1-k_1\boldsymbol{\alpha}_3,k_1\neq0$.

6. 略.

习题 4.1

一、基础题

1. 求解下列线性方程组:

   (1) $\begin{pmatrix}x_1\\x_2\\x_3\\x_4\end{pmatrix}=c\begin{pmatrix}0\\2\\1\\0\end{pmatrix}$; (2) 无解; (3) 唯一解 $x_1=6,x_2=3,x_3=-2$; (4) 无解.

2. 当 $\lambda=0$ 或 $\lambda=1$ 时，方程组有非零解.

当 $\lambda=0$ 时，通解为 $\begin{pmatrix}x_1\\x_2\\x_3\end{pmatrix}=c\begin{pmatrix}-1\\1\\1\end{pmatrix}$（$c$ 为任意常数）；

当 $\lambda=1$ 时，通解为 $\begin{pmatrix}x_1\\x_2\\x_3\end{pmatrix}=c\begin{pmatrix}-1\\2\\1\end{pmatrix}$（$c$ 为任意常数）.

二、提升题

3. 当 $\lambda=1$ 或 $\lambda=-2$ 时，方程组有解.

当 $\lambda=1$ 时，通解为 $\begin{pmatrix}x_1\\x_2\\x_3\end{pmatrix}=c\begin{pmatrix}1\\1\\1\end{pmatrix}+\begin{pmatrix}1\\0\\0\end{pmatrix}$（$c$ 为任意常数）；

当 $\lambda=-2$ 时，通解为 $\begin{pmatrix}x_1\\x_2\\x_3\end{pmatrix}=c\begin{pmatrix}1\\1\\1\end{pmatrix}+\begin{pmatrix}2\\2\\0\end{pmatrix}$（$c$ 为任意常数）.

4. 当 $\lambda\neq1$ 且 $\lambda\neq10$ 时，方程组有唯一解；

当 $\lambda=10$ 时，方程组无解；

当 $\lambda=1$ 时，方程组有无穷多解，通解为 $\begin{pmatrix}x_1\\x_2\\x_3\end{pmatrix}=c_1\begin{pmatrix}-2\\1\\0\end{pmatrix}+c_2\begin{pmatrix}2\\0\\1\end{pmatrix}+\begin{pmatrix}1\\0\\0\end{pmatrix}$（$c_1,c_2$ 为任意常数）.

习题 4.2

一、基础题

1. (1) 基础解系 $\boldsymbol{\xi}_1=\begin{pmatrix}-\frac{3}{2}\\\frac{7}{2}\\1\\0\end{pmatrix}$，$\boldsymbol{\xi}_2=\begin{pmatrix}-1\\-2\\0\\1\end{pmatrix}$，通解为 $\begin{pmatrix}x_1\\x_2\\x_3\\x_4\end{pmatrix}=c_1\begin{pmatrix}-\frac{3}{2}\\\frac{7}{2}\\1\\0\end{pmatrix}+c_2\begin{pmatrix}-1\\-2\\0\\1\end{pmatrix}$（$c_1,c_2$ 为任意常数）；

(2) 基础解系 $\boldsymbol{\xi}=\begin{pmatrix}0\\0\\0\\1\\1\end{pmatrix}$，通解为 $\begin{pmatrix}x_1\\x_2\\x_3\\x_4\\x_5\end{pmatrix}=c\begin{pmatrix}0\\0\\0\\1\\1\end{pmatrix}$（$c$ 为任意常数）.

二、提升题

2. $\boldsymbol{AX}=\mathbf{0}$ 的通解为 $\begin{pmatrix}x_1\\x_2\\x_3\end{pmatrix}=c_1\begin{pmatrix}3\\1\\-1\end{pmatrix}+c_2\begin{pmatrix}2\\0\\-2\end{pmatrix}$（$c_1,c_2$ 为任意常数）.

习题 4.3

一、基础题

1. （1）特解为 $\boldsymbol{\eta}=\begin{pmatrix}8\\0\\0\\-10\end{pmatrix}$，通解为 $\begin{pmatrix}x_1\\x_2\\x_3\\x_4\end{pmatrix}=c_1\begin{pmatrix}-9\\1\\0\\11\end{pmatrix}+c_2\begin{pmatrix}-4\\0\\1\\5\end{pmatrix}+\begin{pmatrix}8\\0\\0\\-10\end{pmatrix}$（$c_1,c_2$ 为任意常数）；

（2）特解为 $\boldsymbol{\eta}=\begin{pmatrix}-8\\13\\0\\2\end{pmatrix}$，通解为 $\begin{pmatrix}x_1\\x_2\\x_3\\x_4\end{pmatrix}=c\begin{pmatrix}-1\\1\\1\\0\end{pmatrix}+\begin{pmatrix}-8\\13\\0\\2\end{pmatrix}$（$c$ 为任意常数）.

2. 通解为 $\begin{pmatrix}x_1\\x_2\\x_3\\x_4\end{pmatrix}=c\begin{pmatrix}3\\4\\5\\6\end{pmatrix}+\begin{pmatrix}2\\3\\4\\5\end{pmatrix}$（$c$ 为任意常数）.

二、提升题

3. 通解为 $\begin{pmatrix}x_1\\x_2\\x_3\end{pmatrix}=c\begin{pmatrix}1\\5\\-2\end{pmatrix}+\begin{pmatrix}1\\4\\-1\end{pmatrix}$（$c$ 为任意常数）.

三、拓展题

4.（1）证明略；（2）通解为 $\begin{pmatrix}x_1\\x_2\\x_3\end{pmatrix}=c\begin{pmatrix}1\\0\\-1\end{pmatrix}+\begin{pmatrix}-1\\1\\1\end{pmatrix}$（$c$ 为任意常数）.

5. 证明略.

总习题四

一、基础题

1. （1）B；（2）D；（3）B；（4）D.

2. 当 $a=1$ 时，方程组无解；

当 $a=-1$ 时，方程组有无穷多个解，通解为 $X=c\begin{pmatrix}1\\1\\1\\1\end{pmatrix}+\begin{pmatrix}0\\-1\\0\\0\end{pmatrix}$（$c$ 为任意常数）.

3. 当 $a=0$ 或 $a=-\dfrac{n(n+1)}{2}$ 时，方程组有非零解.

当 $a=0$ 时，通解为 $\boldsymbol{X}=c_1\begin{pmatrix}-1\\1\\0\\\vdots\\0\end{pmatrix}+c_2\begin{pmatrix}-1\\0\\1\\\vdots\\0\end{pmatrix}+\cdots+c_{n-1}\begin{pmatrix}-1\\0\\0\\\vdots\\1\end{pmatrix}$ ($c_1,c_2,\cdots,c_{n-1}$ 为任意常数)；

当 $a=-\dfrac{n(n+1)}{2}$ 时，通解为 $\boldsymbol{X}=c\begin{pmatrix}1\\2\\\vdots\\n\end{pmatrix}$ (c 为任意常数).

4. (1) 证明略；

(2) $a=2,b=3$，方程组的通解为 $\boldsymbol{X}=c_1\begin{pmatrix}-2\\1\\1\\0\end{pmatrix}+c_2\begin{pmatrix}4\\-5\\0\\1\end{pmatrix}+\begin{pmatrix}2\\-3\\0\\0\end{pmatrix}$ (c_1,c_2 为任意常数).

5. 当 $a=1$ 或 $a=2$ 时有公共解.

当 $a=1$ 时，公共解为 $\boldsymbol{X}=c\begin{pmatrix}1\\0\\-1\end{pmatrix}$；当 $a=2$ 时，公共解为 $\boldsymbol{X}=c\begin{pmatrix}0\\1\\-1\end{pmatrix}$.

二、提升题

6. (1) $\lambda=-1,a=-2$；(2) $\boldsymbol{AX}=\boldsymbol{b}$ 的通解为 $\boldsymbol{X}=c\begin{pmatrix}1\\0\\1\end{pmatrix}+\begin{pmatrix}\frac{3}{2}\\-\frac{1}{2}\\0\end{pmatrix}$ (c 为任意常数).

7. (1) 当 $b\neq0$ 且 $b+\sum\limits_{i=1}^{n}a_i\neq0$ 时，方程组仅有零解；

(2) 当 $b=0$ 时，此方程组的一个基础解系为

$$\boldsymbol{\xi}_1=\begin{pmatrix}-\frac{a_2}{a_1}\\1\\0\\\vdots\\0\end{pmatrix},\boldsymbol{\xi}_2=\begin{pmatrix}-\frac{a_3}{a_1}\\0\\1\\\vdots\\0\end{pmatrix},\cdots,\boldsymbol{\xi}_{n-1}=\begin{pmatrix}-\frac{a_n}{a_1}\\0\\0\\\vdots\\1\end{pmatrix};$$

当 $b+\sum_{i=1}^{n} a_i=0$ 时，此方程组的一个基础解系为 $\boldsymbol{\xi}=\begin{pmatrix}1\\1\\1\\\vdots\\1\end{pmatrix}$.

习题 5.1

一、基础题

1. (1) -4；(2) $\frac{1}{2}$.

2. (1) $\left(\frac{2}{\sqrt{30}},0,-\frac{5}{\sqrt{30}},-\frac{1}{\sqrt{30}}\right)^{\mathrm{T}}$；(2) $\left(-\frac{1}{\sqrt{2}},\frac{1}{3\sqrt{2}},\frac{2}{3\sqrt{2}},-\frac{2}{3\sqrt{2}}\right)^{\mathrm{T}}$.

3. (1) $(1,-2,2)^{\mathrm{T}}$，$\left(-\frac{2}{3},-\frac{2}{3},-\frac{1}{3}\right)^{\mathrm{T}}$，$(6,-3,-6)^{\mathrm{T}}$；

   (2) $(1,2,2,-1)^{\mathrm{T}}$，$(2,3,-3,2)^{\mathrm{T}}$，$(2,-1,-1,-2)^{\mathrm{T}}$.

4. $\left(\frac{1}{\sqrt{3}},0,\frac{1}{\sqrt{3}},\frac{1}{\sqrt{3}}\right)^{\mathrm{T}},\left(\frac{2}{\sqrt{33}},\frac{3}{\sqrt{33}},-\frac{2}{\sqrt{33}},-\frac{4}{\sqrt{33}}\right)^{\mathrm{T}},\left(-\frac{7}{\sqrt{110}},\frac{6}{\sqrt{110}},\frac{4}{\sqrt{110}},\frac{3}{\sqrt{110}}\right)^{\mathrm{T}}$.

5. (1)不是；(2)是.

二、提升题

6. $\boldsymbol{\alpha}_2=(1,0,-1)^{\mathrm{T}}$，$\boldsymbol{\alpha}_3=\frac{1}{2}(-1,2,-1)^{\mathrm{T}}$.

7. 略.

三、拓展题

8. 略.

9. 略.

习题 5.2

一、基础题

1. (1) $9,\frac{1}{4}$；(2) $\frac{1}{6},-\frac{1}{6},-\frac{1}{3}$；(3) -5.

2. (1) 特征值 $\lambda_1=1,\lambda_2=-5$；对应于 $\lambda_1=1$ 的全部特征向量为 $k_1(1,1)^{\mathrm{T}}(k_1\neq 0)$，对应于 $\lambda_2=-5$的全部特征向量为 $k_2(-2,1)^{\mathrm{T}}(k_2\neq 0)$.

   (2) 特征值 $\lambda_1=\lambda_2=7,\lambda_3=-2$；对应于 $\lambda_1=\lambda_2=7$ 的全部特征向量为 $k_1\left(-\frac{1}{2},1,0\right)^{\mathrm{T}}+k_2(-1,0,1)^{\mathrm{T}}$($k_1,k_2$ 不同时为零)，对应于 $\lambda_3=-2$ 的全部特征向量为 $k_3\left(1,\frac{1}{2},1\right)^{\mathrm{T}}(k_3\neq 0)$.

   (3) 特征值 $\lambda_1=1,\lambda_2=2,\lambda_3=2a-1$；对应于 $\lambda_1=1$ 的全部特征向量为 $k_1\left(\frac{a+2}{3},1,0\right)^{\mathrm{T}}(k_1\neq 0)$，对应于 $\lambda_2=2$ 的全部特征向量为 $k_2(2,2,1)^{\mathrm{T}}(k_2\neq 0)$，对应于 $\lambda_3=2a-1$ 的全部特

征向量为 $k_3(1,1,a-1)^{\mathrm{T}}(k_3\neq 0)$.

3. （1）$\boldsymbol{A}$ 的特征值为 $\lambda_1=\lambda_2=1,\lambda_3=-5$；（2）矩阵 $\boldsymbol{E}+\boldsymbol{A}^{-1}$ 的特征值为 $2,2,\frac{4}{5}$.

4. -25.

二、提升题

5. $\boldsymbol{A}$ 的特征值为 0 或 1.

6. $x=0$.

7. 略.

三、拓展题

8. $x=10,y=-9$；$\boldsymbol{A}^{-1}$的对应于 $\boldsymbol{\alpha}$ 的特征值为$\frac{1}{4}$.

9. $\boldsymbol{A}$ 的特征值为 $\lambda_1=3,\lambda_2=-1,\lambda_3=2$，对应的线性无关的特征向量为$(1,1,1)^{\mathrm{T}},(1,-1,0)^{\mathrm{T}}$，$(1,0,1)^{\mathrm{T}}$.

习题 5.3

一、基础题

1. （1）相似，$\boldsymbol{\Lambda}=\begin{pmatrix}1&0\\0&3\end{pmatrix},\boldsymbol{P}=\begin{pmatrix}-1&1\\1&1\end{pmatrix}$；（2）不与对角矩阵相似；

（3）相似，$\boldsymbol{\Lambda}=\begin{pmatrix}1&0&0\\0&1&0\\0&0&-1\end{pmatrix},\boldsymbol{P}=\begin{pmatrix}0&1&-1\\1&0&0\\0&1&1\end{pmatrix}$.

2. （1）$x=2$；（2）$\boldsymbol{P}=\begin{pmatrix}1&0&1\\-1&0&1\\0&1&0\end{pmatrix}$.

二、提升题

3. 当 $a=-1,b=-3$ 时，$\boldsymbol{A}$ 可对角化.

4. （1）$\boldsymbol{B}$ 的特征值为$-4,2,-10$；（2）$\begin{pmatrix}-4&&\\&2&\\&&-10\end{pmatrix}$；（3）求 $|\boldsymbol{B}|=80$，$|\boldsymbol{A}-3\boldsymbol{E}|=8$.

5. $\boldsymbol{A}^{100}=\begin{pmatrix}2^{100}&0&0\\2^{100}-1&2^{100}&1-2^{100}\\2^{100}-1&0&1\end{pmatrix}$.

三、拓展题

6. $\boldsymbol{A}=\begin{pmatrix}-2&3&-3\\-4&5&-3\\-4&4&-2\end{pmatrix}$，$\boldsymbol{A}^5=\begin{pmatrix}-2^5&2^5+1&-2^5-1\\-2^6&2^6+1&-2^5-1\\-2^6&2^6&-2^5\end{pmatrix}$.

7. 略.

8. 略.

习题 5.4

一、基础题

1. （1）$\boldsymbol{P}=\begin{pmatrix}\frac{1}{\sqrt{2}} & \frac{1}{3\sqrt{2}} & \frac{2}{3}\\ 0 & -\frac{4}{3\sqrt{2}} & \frac{1}{3}\\ -\frac{1}{\sqrt{2}} & \frac{1}{3\sqrt{2}} & \frac{2}{3}\end{pmatrix}$；（2）$\boldsymbol{P}=\begin{pmatrix}0 & \frac{1}{\sqrt{2}} & \frac{1}{\sqrt{2}}\\ 1 & 0 & 0\\ 0 & \frac{1}{\sqrt{2}} & -\frac{1}{\sqrt{2}}\end{pmatrix}$.

二、提升题

2. $k=\begin{pmatrix}1\\2\\1\end{pmatrix}$，$k\neq 0$.

3. $\boldsymbol{A}^n=\frac{1}{2}\begin{pmatrix}1+(-2)^n & 0 & 1-(-2)^n\\ 0 & 2 & 0\\ 1-(-2)^n & 0 & 1+(-2)^n\end{pmatrix}$.

4. $x=4, y=5, \boldsymbol{P}=\begin{pmatrix}\frac{1}{\sqrt{2}} & \frac{2}{3} & \frac{1}{3\sqrt{2}}\\ 0 & \frac{1}{3} & -\frac{4}{3\sqrt{2}}\\ -\frac{1}{\sqrt{2}} & \frac{2}{3} & \frac{1}{3\sqrt{2}}\end{pmatrix}$.

5. 略.

三、拓展题

6. （1）$\boldsymbol{A}$ 的特征值为 $\lambda_1=-1, \lambda_2=1, \lambda_3=0$，对应的线性无关的特征向量

$(1,0,-1)^{\mathrm{T}}, (1,0,1)^{\mathrm{T}}, (0,1,0)^{\mathrm{T}}$；（2）$\boldsymbol{A}=\begin{pmatrix}0 & 0 & 1\\ 0 & 0 & 0\\ 1 & 0 & 0\end{pmatrix}$.

7. （1）能找出属于特征值 3 的两个相互正交的特征向量 $\boldsymbol{\alpha}=(1,0,-1)^{\mathrm{T}}$，$\boldsymbol{\beta}=(1,-2,1)^{\mathrm{T}}$；

（2）$\boldsymbol{A}=\begin{pmatrix}4 & 1 & 1\\ 1 & 4 & 1\\ 1 & 1 & 4\end{pmatrix}$.

总习题五

一、基础题

1. （1）1；（2）2；（3）$n, 0, \cdots, 0$（$n-1$ 个 0）；（4）24；（5）3.

2. (1) B; (2) D.

3. (1) 特征值 $\lambda_1=-1,\lambda_2=1,\lambda_3=2$; 对应于 $\lambda_1=-1$ 的全部特征向量为 $k_1(0,1,-1)^T(k_1\neq0)$; 对应于 $\lambda_2=1$ 的全部特征向量为 $k_2(2,1,-7)^T(k_2\neq0)$; 对应于 $\lambda_3=2$ 的全部特征向量为 $k_3(0,0,1)^T(k_3\neq0)$;

(2) 特征值 $\lambda_1=\lambda_2=1,\lambda_3=10$; 对应于 $\lambda_1=\lambda_2=1$ 的全部特征向量为 $k_1(2,0,1)^T+k_2(-2,1,0)^T$ (k_1,k_2 不同时为零); 对应于 $\lambda_3=10$ 的全部特征向量为 $k_3(1,2,-2)^T(k_3\neq0)$;

(3) 特征值 $\lambda_1=\lambda_2=\lambda_3=-1$; 对应于 $\lambda_1=\lambda_2=\lambda_3=-1$ 的全部特征向量为 $k(1,1,-1)^T(k\neq0)$.

4. $\boldsymbol{B}+2\boldsymbol{E}$ 的特征值 $\lambda_1=\lambda_2=9,\lambda_3=3$; 对应于 $\lambda_1=\lambda_2=9$ 的全部特征向量为 $k_1(1,-1,0)^T+k_2(-1,-1,1)^T$ (k_1,k_2 不同时为零); 对应于 $\lambda_3=3$ 的全部特征向量为 $k_3(0,1,1)^T(k_3\neq0)$.

5. (1) $\boldsymbol{P}=\begin{pmatrix}\frac{2}{\sqrt5} & \frac{2}{3\sqrt5} & -\frac{1}{3}\\ \frac{1}{\sqrt5} & -\frac{4}{3\sqrt5} & \frac{2}{3}\\ 0 & \frac{\sqrt5}{3} & \frac{2}{3}\end{pmatrix}$; (2) $\boldsymbol{P}=\frac{1}{3\sqrt2}\begin{pmatrix}0 & 4 & \sqrt2\\ 3 & -1 & 2\sqrt2\\ 3 & 1 & -2\sqrt2\end{pmatrix}$.

二、提升题

6. 当 $m\neq1$, $\frac{3}{2}$时, $\boldsymbol{A}$ 可对角化; 当 $m=1$, $\frac{3}{2}$时, $\boldsymbol{A}$ 不可对角化.

7. $\boldsymbol{P}=\begin{pmatrix}1 & 1 & 1\\ -1 & 0 & -2\\ 0 & 1 & 3\end{pmatrix}$, $\boldsymbol{P}^{-1}\boldsymbol{AP}=\begin{pmatrix}2 & & \\ & 2 & \\ & & 6\end{pmatrix}$.

8. 当 $a=-2$ 时, $\boldsymbol{A}$ 可相似对角化; 当 $a=-\frac{2}{3}$时, $\boldsymbol{A}$ 不可相似对角化.

9. (1) $\boldsymbol{A}$ 的特征值 $\lambda_1=3,\lambda_2=\lambda_3=0$; 对应于 $\lambda_1=3$ 的全部特征向量为 $k_1(1,1,1)^T(k_1\neq0)$; 对应于 $\lambda_2=\lambda_3=0$ 的全部特征向量为 $k_2\boldsymbol{\alpha}_1+k_3\boldsymbol{\alpha}_2$ (k_2,k_3 不同时为零);

(2) $\boldsymbol{P}=\begin{pmatrix}\frac{\sqrt3}{3} & 0 & \frac{\sqrt6}{3}\\ \frac{\sqrt3}{3} & -\frac{\sqrt2}{2} & \frac{\sqrt6}{6}\\ \frac{\sqrt3}{3} & \frac{\sqrt2}{2} & \frac{\sqrt6}{6}\end{pmatrix}$, $\boldsymbol{\Lambda}=\begin{pmatrix}3 & & \\ & 0 & \\ & & 0\end{pmatrix}$.

三、拓展题

10. $x=2,y=1$ 或 $y=-2$, $\lambda=\frac{4}{3+y}$: 当 $y=1$ 时, $\lambda=1$; 当 $y=-2$ 时, $\lambda=4$.

11. $\varphi(\boldsymbol{A})=\begin{pmatrix}-2 & -2\\ -2 & -2\end{pmatrix}$.

12. 略.

13. 略.

习题 6.1

一、基础题

1. （1）$\begin{pmatrix}1&2&1\\2&4&2\\1&2&1\end{pmatrix}$；（2）$\begin{pmatrix}1&1&0\\1&2&-1\\0&-1&-1\end{pmatrix}$；（3）$\begin{pmatrix}0&1&1&1\\1&0&0&0\\1&0&0&1\\1&0&1&0\end{pmatrix}$.

2. $\begin{pmatrix}2&-1&\frac{3}{2}\\-1&0&6\\\frac{3}{2}&6&3\end{pmatrix}$.

3. （1）$f(x_1,x_2,x_3)=2x_1^2+3x_3^2-2x_1x_2+2x_1x_3-4x_2x_3$；

（2）$f(x_1,x_2,x_3,x_4)=-2x_2^2+2x_4^2+2x_1x_2-4x_1x_3+2x_2x_3+2x_2x_4+2x_3x_4$.

二、提升题

4. $\boldsymbol{X}=\begin{pmatrix}1&0&0\\0&\frac{1}{3}&0\\0&0&\frac{1}{2}\end{pmatrix}\boldsymbol{Y}$.

习题 6.2

一、基础题

1. （1）$\boldsymbol{X}=\begin{pmatrix}1&-1&2\\0&1&-1\\0&0&1\end{pmatrix}\boldsymbol{Y}$，$f=y_1^2+y_2^2-2y_3^2$；

（2）$\boldsymbol{X}=\begin{pmatrix}1&-1&-1\\0&1&1\\0&0&1\end{pmatrix}\boldsymbol{Y}$，$f=y_1^2-y_2^2$.

2. （1）正交变换 $\boldsymbol{X}=\begin{pmatrix}\frac{1}{\sqrt{6}}&\frac{1}{\sqrt{2}}&-\frac{1}{\sqrt{3}}\\-\frac{1}{\sqrt{6}}&\frac{1}{\sqrt{2}}&\frac{1}{\sqrt{3}}\\\frac{2}{\sqrt{6}}&0&\frac{1}{\sqrt{3}}\end{pmatrix}\boldsymbol{Y}$，使得 $f=3y_1^2-y_2^2$；

（2）正交变换 $\boldsymbol{X}=\begin{pmatrix} \frac{1}{2} & \frac{1}{2} & \frac{1}{\sqrt{2}} & 0 \\ -\frac{1}{2} & \frac{1}{2} & 0 & \frac{1}{\sqrt{2}} \\ -\frac{1}{2} & -\frac{1}{2} & \frac{1}{\sqrt{2}} & 0 \\ \frac{1}{2} & -\frac{1}{2} & 0 & \frac{1}{\sqrt{2}} \end{pmatrix}\boldsymbol{Y}$，使得 $f=-y_1^2+3y_2^2+y_3^2+y_4^2$；

（3）正交变换 $\boldsymbol{X}=\frac{1}{3}\begin{pmatrix} -2 & 1 & 2 \\ 1 & -2 & 2 \\ 2 & 2 & 1 \end{pmatrix}\boldsymbol{Y}$，使得 $f=2y_1^2+5y_2^2-y_3^2$.

二、提升题

3. $a=-2,b=-3$.

4. $a=2$，正交变换矩阵为 $\begin{pmatrix} 0 & 1 & 0 \\ \frac{1}{\sqrt{2}} & 0 & \frac{1}{\sqrt{2}} \\ \frac{1}{\sqrt{2}} & 0 & -\frac{1}{\sqrt{2}} \end{pmatrix}$.

三、拓展题

5. $\alpha=-1,\beta=-1$，f 的最大值为 6.

习题 6.3

一、基础题

1. （1）正定；（2）非正定；（3）非正定.
2. （1）不论 t 为何值，此二次型都不是正定的；（2）$-\sqrt{2}<t<\sqrt{2}$.
3. 证明略.

二、提升题

4. 证明略.
5. 证明略.
6. 正定，只需证其特征值都大于零.

三、拓展题

7. 证明略.
8. 证明略.

总习题六

一、基础题

1. （1）$x_1^2-x_2^2$；（2）2；（3）正数；（4）大于零；（5）3.
2. （1）C；（2）D；（3）C；（4）B；（5）A.

3. (1) $\boldsymbol{A}=\begin{pmatrix}1&3&5\\3&5&7\\5&7&9\end{pmatrix}$, $R(\boldsymbol{A})=2$;

(2) $\boldsymbol{A}=\begin{pmatrix}-2&1&1\\1&-6&0\\1&0&-4\end{pmatrix}$, $R(\boldsymbol{A})=3$.

4. (1) 正交变换为 $\boldsymbol{X}=\begin{pmatrix}\frac{1}{\sqrt{2}}&-\frac{1}{2}&-\frac{1}{2}\\0&-\frac{1}{\sqrt{2}}&\frac{1}{\sqrt{2}}\\\frac{1}{\sqrt{2}}&\frac{1}{2}&\frac{1}{2}\end{pmatrix}\boldsymbol{Y}$, 标准形为$\sqrt{2}y_2^2-\sqrt{2}y_3^2$;

(2) 正交变换 $\boldsymbol{X}=\begin{pmatrix}0&1&0\\-\frac{1}{\sqrt{2}}&0&\frac{1}{\sqrt{2}}\\\frac{1}{\sqrt{2}}&0&\frac{1}{\sqrt{2}}\end{pmatrix}\boldsymbol{Y}$, 标准形为 $y_1^2+2y_2^2+5y_3^2$.

5. (1) 负定; (2) 正定.

6. (1) $a=0$; (2) $\boldsymbol{X}=\begin{pmatrix}\frac{1}{\sqrt{2}}&0&\frac{1}{\sqrt{2}}\\\frac{1}{\sqrt{2}}&0&-\frac{1}{\sqrt{2}}\\0&1&0\end{pmatrix}\boldsymbol{Y}$, $f=2y_1^2+2y_2^2$; (3) $\boldsymbol{X}=c\begin{pmatrix}1\\-1\\0\end{pmatrix}$.

二、提升题

7. (1) $\lambda_1=a,\lambda_2=a-2,\lambda_3=a+1$; (2) $a=2$.

8. (1) $a=1,b=2$;

(2) 正交矩阵为 $\boldsymbol{P}=\begin{pmatrix}\frac{2}{\sqrt{5}}&0&\frac{1}{\sqrt{5}}\\0&1&0\\\frac{1}{\sqrt{5}}&0&-\frac{2}{\sqrt{5}}\end{pmatrix}$, 标准形为 $f=2y_1^2+2y_2^2-3y_3^2$.

9. 证明略.

10. 证明略.

参考文献

[1] 同济大学数学系. 线性代数[M]. 第6版. 北京：高等教育出版社，2014.

[2] 张天德，王玮. 线性代数[M]. 北京：人民邮电出版社，2020.

[3] 陈怀琛. 实用大众线性代数：MATLAB版[M]. 西安：西安电子科技大学出版社，2014.

[4] 董晓波. 线性代数[M]. 北京：机械工业出版社，2021.

[5] 林蔚，周双红，国萃，等. 线性代数的工程案例[M]. 哈尔滨：哈尔滨工程大学出版社，2012.

[6] 李文林. 数学史教程[M]. 北京：高等教育出版社，2000.

[7] 王萼芳，石生明. 高等代数[M]. 第5版. 北京：高等教育出版社，2019.

[8] 孙绍权，李秀丽. 线性代数[M]. 北京：化学工业出版社，2016.

[9] 孙绍权，李秀丽，周红燕. 线性代数学习指导[M]. 北京：海洋出版社，2021.

[10] LAY D C，LAY S R，MCDONALD J J. Linear Algebra and Its Applications[M]. 6th ed. New York：Pearson，2021.

[11] STRANG G. Linear Algebra and Its Applications[M]. 4th ed. Seattle：Brooks，2005.